普通高等教育土建学科专业"十二五"规划教材

全国高职高专教育土建类专业教学指导委员会规划推荐教材

热工测量与自动控制

（第二版）

（供热通风与空调工程技术专业适用）

本教材编审委员会组织编写

程广振　主　编

苏长满　副主编

尚久明　主　审

中国建筑工业出版社

图书在版编目（CIP）数据

热工测量与自动控制/程广振主编. —2版. —北京：
中国建筑工业出版社，2012.12（2022.6重印）
普通高等教育土建学科专业"十二五"规划教材. 全国
高职高专教育土建类专业教学指导委员会规划推荐教材
（供热通风与空调工程技术专业适用）
ISBN 978-7-112-14969-8

Ⅰ.①热… Ⅱ.①程… Ⅲ.①热工测量②热力工程-自
动控制 Ⅳ.①TK3

中国版本图书馆 CIP 数据核字（2012）第 289106 号

本书包括热工测量和自动控制两部分。热工测量部分讲述供热通风与空调工程技术中
温度、湿度、压力、流量、流速、液位、热量等热工参数的测量方法，测量仪表以及系统
组成；自动控制部分讲述供热通风与空调工程技术中自动控制系统的组成原理、控制规
律、控制仪表以及自动控制系统的实际应用。

本书可作为高职高专、成人教育供热通风与空调工程技术专业或其他热能类专业的教
材，也可供相关领域工程技术人员参考。

责任编辑：齐庆梅　朱首明
责任设计：董建平
责任校对：姜小莲　刘　钰

普通高等教育土建学科专业"十二五"规划教材
全国高职高专教育土建类专业教学指导委员会规划推荐教材

热工测量与自动控制
（第二版）

（供热通风与空调工程技术专业适用）
本教材编审委员会组织编写
程广振　主　编
苏长满　副主编
尚久明　主　审

＊

中国建筑工业出版社出版、发行（北京西郊百万庄）
各地新华书店、建筑书店经销
北京密云红光制版公司制版
北京建筑工业印刷厂印刷

＊

开本：787×1092毫米　1/16　印张：13　字数：320千字
2013年5月第二版　2022年6月第十六次印刷
定价：**26.00**元
ISBN 978-7-112-14969-8
（23019）

本教材编审委员会名单

主　任：贺俊杰

副主任：刘春泽　张　健

委　员：陈思仿　范柳先　孙景芝　刘　玲　蔡可键

　　　　蒋志良　贾永康　王青山　余　宁　白　桦

　　　　杨　婉　吴耀伟　王　丽　马志彪　刘成毅

　　　　程广振　丁春静　胡伯书　尚久明　于　英

　　　　崔吉福

第 二 版 前 言

本书是住房和城乡建设部普通高等教育土建学科专业"十二五"规划教材。全国高职高专教育土建类专业教学指导委员会规划推荐教材，是根据高等学校土建学科教学指导委员会高等职业教育专业委员会提出的《建设类高等职业教育专业教材编审原则意见》，以及教育部组织制定的《高职高专教育基础课程教学基本要求》、《高职高专教育专业人才培养目标及规格》，由高等学校土建学科高等职业教育专业委员会和中国建筑工业出版社组织编写。

本书针对高等职业教育特点，充分体现高职高专课程教学基本要求，具有如下特点：

1. 突出高职特色，面向生产一线，着力培养懂设计、能施工、会管理的应用型专业技术人才。重点培养施工技术、岗位素质、实际技能。

2. 精选教材内容，突出实际应用，内容反映学科前沿动态，充分体现新技术、新工艺、新材料、新设备的应用。符合现行行业标准、规范。

3. 强化实用内容，精简理论推导，以必须、够用为尺度，以掌握基本概念、仪器仪表使用为重点，做到理论少而精，理论与实际应用相统一。

4. 插图尽量与实物相一致，增强直观性，便于理解仪器仪表结构、安装，以及与其他仪表的连接方式。

5. 注意与相关课程的协调分工，做到无重复，无疏漏。

自 2005 年第一版出版至今已过七年，中间经过多次重印，随着科学技术的发展，新理论、新技术、新工艺、新材料不断出现，国家标准、行业标准不断完善。教材内容必须反映教育教学改革，反映当代科学技术、文化的最新成就，适应新制定的专业规范要求，遵循国家标准、行业标准。在保持第一版特点的基础上，加强了热工测量与自动控制仪表应用方面的内容。

参加本书第二版编写修订的有：内蒙古建筑职业技术学院王文琪讲师（第一、三章），徐州建筑职业技术学院苏长满副教授（第十、十一章），湖州师范学院程广振教授（第五、七、八、九、十二章），贾玉景副教授（第二、四、六章），全书由程广振担任主编，苏长满担任副主编。

本书第二版编写过程中参阅了大量的文献资料，使本书内容丰富充实，在此一并向诸位原作者致以衷心感谢。

由于编者水平有限，书中难免有错误不妥之处，敬请读者批评指正。

为方便选用本书作为教材的任课教师授课，编者制作了配套电子课件，需要的教师可发邮件到邮箱 chgzh169@126.com 索取，编者乐于无偿提供。

第 一 版 前 言

本书是全国高职高专教育土建类专业教学指导委员会规划推荐教材。

是根据全国高职高专教育土建类专业教学指导委员会提出的《建设类高等职业教育专业教材编审原则意见》，以及教育部组织制定的《高职高专教育基础课程教学基本要求》、《高职高专教育专业人才培养目标及规格》编写的。

本书针对高等职业教育的特点，充分体现高职高专教育课程教学的基本要求，具有如下特点：

1. 突出高职特色，面向生产一线，着力培养懂设计、能施工、会管理的应用型专业技术人才，重点培养施工技术、岗位素质、实际技能。

2. 精选教材内容，突出实际应用，内容反映学科前沿动态，充分体现新技术、新工艺、新材料、新设备的应用，符合现行行业标准、规范。

3. 强化实用内容，精简理论推导，以必须、够用为尺度，以掌握基本概念、仪器仪表使用为重点，做到理论少而精，理论与实际应用相统一。

4. 插图尽量与实物相一致，增强直观性，便于理解仪器仪表结构、安装，以及与其他仪表的连接方式。

5. 注意与相关课程的协调分工，做到无重复，无疏漏。

参加本书编写的有：平顶山工学院程广振（第二、五、八、九、十二章），徐州建筑职业技术学院苏长满（第十、十一章），平顶山工业职业技术学院贾玉景（第四、六、七章），内蒙古建筑职业技术学院王文琪（第一、三章），全书由程广振担任主编，苏长满担任副主编。

本书的编写得到了全国高职高专教育土建类专业教学指导委员会的指导和帮助，平顶山工学院建筑环境与热能工程系领导、沈阳建筑大学职业技术学院刘春泽教授、内蒙古建筑职业技术学院贺俊杰教授给予了大力支持，沈阳建筑大学职业技术学院尚久明副教授担任主审并提出了宝贵的修改意见，对此编者表示诚挚的谢意。在编写过程中参阅了大量的文献资料，使本书内容丰富充实，在此一并向诸位原作者致以衷心感谢。

由于编者水平有限，书中难免有错误不妥之处，敬请读者批评指正。

目　录

第二篇　自　动　控　制

绪　　论

热工测量与自动控制是供热通风与空调工程技术专业的一门重要课程，全书分为热工测量与自动控制两篇。热工测量主要讲述测量与测量仪表的基本知识、误差的基本性质与处理、各种热工参数测量仪表的结构、原理与使用。自动控制主要讲述自动控制原理、自动控制仪表、自动控制系统和自动控制在供热通风与空调工程中的应用实例。教学可安排 50～60 学时。

随着现代科学技术的进步和工业生产的迅速发展，人民生活水平不断提高，供热通风空调已成为人们生产、生活的基本条件并得到普及，由此产生的能源消耗在建筑物能耗中占有相当大的比重。为了实现供热通风空调工程的安全、环保、节能、经济运行，热工测量与自动控制已成为供热通风空调工程必不可少的重要组成部分。

在供热通风与空调工程中，使用的自动测控仪表种类很多，需要检测和控制的参数也多种多样。按功能可分为：检测仪表、显示仪表、调节器和执行器；按构造可分为：基地式仪表、电动单元组合式仪表、电子组装式仪表等。利用各类测控仪表，可以构成自动检测、自动保护、自动操纵和自动控制等四种类型的自动化系统。

自动检测系统是利用各种检测仪表自动并连续地对各工艺参数进行测量，并将结果自动地指示或记录下来，以替代操作者对各参数的不断观察与记录的一整套自动化装置。自动检测是判断设备或系统工作状态是否正常，实现自动控制的前提。自动保护系统是为了确保安全生产而对生产过程中某些关键性参数所设置的信号自动报警与连锁的一种安全装置，在事故即将发生前，信号系统自动地发出声和光信号，告诫人们注意并及早采取相应的措施。如工况已接近危险状态，连锁系统可立即自动地采取紧急措施，以防止事故的发生和扩大。自动操作系统是根据预先规定的步骤，自动地对生产设备进行某种周期性操作的自动化装置，它可以极大地减轻操作工人的重复性劳动。自动控制系统是在生产过程中，利用一些自动化装置，对某些重要工艺参数进行自动控制，使它们在受到外界干扰的影响而偏离正常状态时，能自动回复到规定的数值范围内的自动化系统。

现代物质文明的发展，使人们对供热通风与空调工程自动化技术提出了更高的要求，同时，自动化技术也将供热通风与空调工程技术推向一个更新、更高的层次。因此，自动化技术与供热通风、制冷、空气调节技术的关系非常密切，从事供热通风与空调工程的工程技术人员必须学习和掌握热工测量与自动控制技术。

本书是根据教育部组织制定的《高职高专教育基础课程教学基本要求》、《高职高专教育专业人才培养目标及规格》，以及全国高职高专教育土建类专业教学指导委员会制定的《热工测量与自动控制》课程教学大纲的要求编写的。本课程的任务与要求是：使学生领会常用热工测控仪表的工作原理和构造，熟悉各种测量仪器、仪表的使用条件和安装方法；掌握热工测量与自动控制系统的组成原理、测量方法、特性分析；能够按照具体供热通风与空调工程选择常用测量仪表，合理组建测量系统，提出本专业对自动控制的基本要求，正确绘制自动控制原理图，并能配合自控专业技术人员进行仪器仪表安装、工程调试、设备维护、运行管理；得到供热通风与空调专业工程师必备的热工测控知识的基本训练。

第一篇 热 工 测 量

第一篇　然工顺量

第一章 测量的基本知识

第一节 测量的意义及方法

一、测量的概念

测量就是用专门的技术工具依靠实验和计算找到测量值（包括正负和大小）。其目的是为了在限定时间内尽可能准确地收集被测对象的有关信息，以便掌握被测对象的参数和控制生产过程。例如用温度计测量恒温室内空气温度的数值；在工业锅炉运行过程中，对其汽包水位的检测；在采暖系统中对蒸汽压力的检测等。

1. 测量的定义

测量就是以同性质的标准量与被测量比较，并确定被测量对标准量的倍数。

上述定义用数学公式表示如下

$$X = aU \tag{1-1}$$

式中　X——被测量；

　　　U——测量单位（标准量）；

　　　a——被测量与标准量的比值（测量值）。

式（1-1）称为测量的基本方程式，从上式可知，测量过程有三个要素：一是测量单位，现在采用国际单位制（SI）；二是测量方法（实验方法），它是将被测量与其单位进行比较的方法；三是测量仪器与设备，它是测量过程的具体体现与实施者，是为了求取比值而实际使用的一些仪器与设备。有些测量仪器输入的是被测量，而输出的是被测量与其单位的比值，比如压力表和温度计。

2. 测量过程及转换

以天平称重为例来分析测量过程。测量开始应调整天平到平衡，即为"调零"；接着将被测重物和标准砝码分别放到两侧称盘中，这叫对比；然后借助于天平中间指针的偏转方向，判别两侧轻重，指针偏离中间位置的大小称为示差；根据示差调整砝码的大小，直到重物与砝码平衡为止，这个动作称为调平衡；上述动作完成后，根据砝码的大小读出重物质量的大小，称为读数。

综上所述，整个测量过程包括调零、对比、示差、调平衡和读数五个动作，它是贯穿在一切测量过程中的。

上述测量过程中的关键在于被测量与标准量的比较，两量之间既可直接比较，又可以某中间量作为参照物进行间接比较，这种比较通常称为测量变换。例如用水银温度计测温时，必须将所测温度变换为玻璃管内水银柱的长度，温度的标准量为玻璃管上直线刻度，此时两量都变换到直线长度这样的中间量，再进行比较。通过变换可以实现测量或使测量简便。所以，变换是测量的核心。测量变换的定义是指把被测量按一定规律变换成另一种物理量的过程，实现该过程的元件称为测量元件。变换元件是以一定的物理规律为基础的，它完成一个特定的变换任务，多个变换元件的有机组合构成了变换器或测量仪表，可将被测量一直变换到测量者能直接感受为止。

二、测量方法

测量方法就是如何实现被测量与标准量（测量单位）比较的方法，测量的方法有很多。

（一）按照获取测量结果的程序分

1. 直接测量

直接测量是将被测量直接与适用的标准量相比较而得出测量值的方法，例如用玻璃水位计测量水箱中水位的高度。

2. 间接测量

间接测量是通过直接测量与被测量有确定的函数关系的一个或几个量，然后计算出被测量的方法。

3. 组合测量

测量中各未知量以不同的组合形式出现，根据直接测量和间接测量所获得的数据，通过求解联立方程组以求得未知量的数值，这类测量称为组合测量，例如用铂电阻温度计测量介质温度时，其电阻值和温度的关系为

$$R_t = R_0(1 + At + Bt^2) \tag{1-2}$$

式中　R_t——t℃时铂电阻值；

　　　R_0——0℃时铂电阻值；

A、B——与电阻材料有关的常数。

（二）按照仪表特点分

1. 非零测量法

通过仪表的测量机构，直接或间接测量被测量所产生的输出信号的大小，输出信号不为零，其显示的数值即为测量值。例如：弹簧管测压时弹簧管自由端位移值（压力），水银温度计液柱高（温度）。

2. 零位法

通过仪表的测量机构，比较被测量和已知标准量的大小与相位。调节已知量的大小，使两者相平衡或抵消，此时显示器显示信号为零，说明被测量的数值与已知量相等。例如天平称重，电位差计测电势，平衡电桥法测电阻等。

比较上述两种方法，前者简单、迅速、直观；后者测量精度高，有较强消除干扰能力，可用于发展精密仪表，但其仪表结构复杂，价格偏高。

3. 微差法

通过仪表的测量机构，用被测值取代另一已知标准值（或接近测量值）后，读出差值及方向，从而得到被测量值。微差法是非零位法和零位法的结合，测量迅速，测量范围小，精度高，如用 U 形管压力计测压。

也可按照仪表是否与被测对象直接接触分为：

1. 接触测量法

通过仪表的传感器与被测对象直接接触，在被测参数的作用下，感受其变化，并输出信号大小，例如用弹簧管压力表、体温计等测量。

2.非接触测量法

仪表的传感器与被测对象不直接接触，在被测对象的间接作用下，感受其变化，获得信息，达到测量的目的。例如辐射温度计，不受被测对象的干扰，对测腐蚀性介质的温度尤其适用、方便、安全和准确。

（三）按被测对象在测量过程中的状态分

1.静态测量

指被测对象处于稳态时测量，被测对象不随时间而变化，所以又称稳态测量。

2.动态测量

指被测对象处于不稳态时测量，此时，被测对象随时间而变化，因此，这种测量是瞬间完成的，只有这样才能得到动态参数的结果。通常情况下，生产过程中的被测对象都是随时间而变的。如果被测参数随时间变化很缓慢，而测量所需时间又很短，被测对象可近似认为处于稳态，相应的测量也可认为是稳态测量。测量某点的被测量值为点参数测量，测量某个场的被测量值（多点）为场参数测量。本书所讨论的测量，若无特殊说明，均为稳态测量和点参数测量。

（四）按测量精度分

1.等精度测量

指在测量条件完全相同的情况下进行测量，其精度相同。例如：某测量者用同一温度计测量不同对象的温度，因测量者与温度计不变，所得测量值精度相同，则此测量称为等精度测量。这种测量的数据处理较简便，也较常见。本书除特殊注明外，均为等精度测量。

2.不等精度测量

指在测量条件不同的情况下进行测量，其测量的精度不同。如同样为温度测量，若测量者不同，或使用的温度计不同，甚至测量方法也不同，则其测量值的精度必不相同，有的准确，有的粗略，这就是不等精度测量。在组合测量时常见，其数据处理较为复杂。

第二节　测　量　系　统

一、测量系统的基本功能

为了测量某一被测对象，往往需要设置由数个仪表或环节组成的测量系统来完成。比如，对蒸汽流量的测量，常用标准孔板发出差压信号输入差压变送器，转换成电量信号，通过导线或压缩空气管道传输至积算装置，其输出再接入显示仪表显示被测流量值，同时还可以记录或图示，这就组成完整的蒸汽流量测量系统。系统方块图如图 1-1 所示。

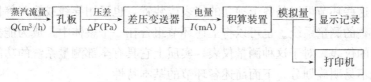

图 1-1　蒸汽流量测量系统方块图

任何测量系统都是为实现一定的测量目的，将一定的测量设备按要求进行的组合。所谓测量设备指测量过程中使用的一切设备，包括各种量具、仪表、仪器、测量装置系统及在测量过程中所需的各种元件、器件、附属设备、辅助设备、试验设备等。在供热通风与空调工程中，所测参数种类繁多，范围广，测量要求、方法、精度与安装位置不同，测量设备的原理、外形、结构、价格及自动化程度差别较大，但就其测量过程所具有的功能都可分为四部分，即变换功能、选择功能、比较与运算功能、显示与记录功能。

1. 变换功能

将被测量和标准量都变换到双方便于比较的某个中间量。被测量 X 经变换后与输出量 Y 的函数关系（又称变换函数），一般用 $Y=F(X)$ 表示，但此式为理想情况，实际物理系统中还有其他影响因素，即干扰量（g_1、g_2……g_m）以不同程度影响着 Y，故有 $Y=F(X, g_1, g_2……g_m)$，如图 1-2 所示。所以变换元件的输入量与输出量之间实际上是一个多变量函数。例如相对湿度传感器（变换元件），其输出量除与被测湿度有关外，尚受风速、温度、辐射热、大气压力等干扰因素的影响。

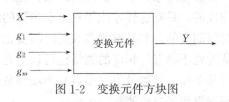

图 1-2　变换元件方块图

2. 选择功能

是测量仪表的重要功能，即仪表应具有选择输入信号，抑制其他一切干扰因素的功能。设计制造仪表时，除特定的输入输出关系外，一般希望尽量减小 g_1、g_2……g_m 等影响因素对 Y 所起的干扰作用。例如，用于测量空气相对湿度的通风干湿表，利用小风机在干湿球温度计的温包周围造成一定的气流速度，用以减小测定场合的风速对测量结果的影响。这种仪表就选择了相对湿度信号，从而排除了测定场合风速对测量的干扰。同时还可采用温度补偿的方法抑制温度对测量结果的影响等。因此，选择功能是测量仪表的重要功能之一。

3. 比较与运算功能

在模拟式仪表中标准量通常表示成仪表的刻度，比较与运算过程由测量者在读数时进行。在数字式仪表中，是先将被测的模拟量转换成数字量，然后与仪表内标准电压脉冲或标准时间脉冲进行比较与运算。比较与运算过程实际上是脉冲的计算过程。

4. 显示与记录功能

将测量结果用指针的转角、记录笔的位移、数字值及符号文字（或图像）等形式显示与记录出来，是人—机联系的方法之一，具体方法有：指示、记录、打印、图示等多种形式。

二、测量系统的组成

测量系统具有前述的四个基本功能，相应的必须由传感器、变换器和显示装置三个基本环节组成，这些环节可以是各个独立的仪表或装置，也可用导线或管路等传输通道联系起来，组成完整的测量系统。也可以将上述环节组合在一个整体中，成为能独自完成对被测量进行测量的仪表，对于这种测量仪表，实质上它具有全部测量系统的功能，但其环节间的界线功能不易明确划分，下面简述各环节的基本特性。

1. 传感器

是测量系统与被测对象直接发生联系的部分，其作用是感受被测量的大小，输出一个相应的原始信号，以提供给后续环节。所以，传感器能否准确而快速地给出信号，很大程度上决定了测量系统的测量质量，因此，对传感器应具有以下几方面要求：

（1）输入与输出之间具有稳定而准确的单值函数关系。

（2）应尽量少消耗被测对象的能量，即不干扰或极小干扰对象的状态。

（3）非被测量（干扰量）对传感器作用时，应使其对输出的影响得以忽略。

2. 中间变换器

变换器的作用是将传感器输入的信号转换成可以与标准量相比较的信号。如压力表中的杠杆齿轮机构就是变换器，它将弹性元件的小变形转换成指针在标尺上的转动，并与标准量标尺进行比较，在自动化仪表中为了使传感器的输出信号具有进行远距离传输、线性化与变成统一信号等功能，常把变换器作成独立的仪表，称为变送器，它的输出信号为系列化的单元组合仪表的标准信号，可与同系列的其他仪表相连接组成测量或调节系统，例如：DDZ—Ⅲ型电动单元组合仪表的变送器输出的标准信号为 $4\sim20mA$ 的直流电流信号，变换器处理输入信号时，除稳定性、准确性要求外，还应使信息损失最小，以尽量减少系统误差。

3. 显示装置

又称测量终端，作用是向观测者显示被测参数的数值和量值，显示可以是瞬时量指示，累积量指示，越限或极限指示（报警）；也可以是相应的记录。常见的显示与记录仪表有模拟式、数字式和屏幕式三种。

（1）模拟式显示最常见的结构是指示器在标尺上移动，连续指示被测量，读数的最低位由测量者估计，存在主观因素，容易产生视差，记录时以曲线形式给出数据。

（2）数字式显示是直接以数字形式给出被测量值，不会产生视差，记录时可直接打印出数据，在测量中逐渐得到广泛采用，但这种显示直观形象差。

（3）屏幕显示是电视技术在测量中的应用，也是目前最先进的显示形式，既能给出曲线，又能给出数字量，或两者同时显示，并且还能同时在屏幕上显示一种参数或数种参数的大量数据，有利于比较判断，屏幕显示具有形象性和易于读数的优点。

三、热工测量仪表的分类

热工测量仪表由于用途、原理及结构不同，常按以下几种方法分类：

（1）按被测参数分类：有温度、湿度、压力、流量、液位以及成分分析仪表等。

（2）按显示记录形式及功能分类：有模拟式仪表与数字式仪表两大类，按显示功能分为指示仪表与记录仪表两大类。指示仪表有指针指示仪表、数字显示仪表与屏幕显示仪表等，记录仪表有模拟式信号记录仪表与数字式打印记录仪表等，一个仪表可以同时有多种显示功能。

（3）按工作原理分类：有机械式、电子式、气动式、液动式仪表等。

（4）其他分类：按用途分有标准仪表、实验常用仪表和工程用仪表；按装置地点分有就地安装仪表和盘用仪表；按使用方法分有固定式仪表和携带式仪表等。

工程用仪表是在工业生产中广泛采用的测量仪表，它的结构简单、牢固抗振、工作比较可靠，但精度较低；实验室用仪表通常用于科研测量工作，也常用来检验工程用仪表，其精度较高；标准表则测量精度更高，用来复现和保持测量单位，亦可用来检验和刻度新工程用仪表。

第三节　测量误差与测量精度

测量的目的是求得被测未知量的值，然而在测量过程中得到的全部测量值都不可避免地与真值存在着差异，即存在测量误差，无论采用任何先进的测量工具，应用任何先进的测量技术也不可能使误差为零，因而也就不能获得被测量的真值。但是我们可以在稳定条件下，找出测量值与真值间误差的分布规律，从而由一组测量值中求得一个最优概值，用它来代表被测量的真值，然后对这一最优概值的测量精度做出估计。这种从一组测量值中求取被测量的最优概值，并估计其测量精度的过程称之为数据处理。显然，数据处理的目的和过程是为了尽量减小随机误差对测量结果的影响，使求得的测量值尽量逼近被测量的真值，从而获得正确合理的测量结果。

一、测量误差

测量误差是测量结果与被测量的真值之间的差，按表示方法分为绝对误差和相对误差，按误差产生的原因及其性质的不同，误差又分为系统误差、随机误差和粗大误差。

绝对误差的数学表达式为

$$\Delta = X - X_0 \tag{1-3}$$

式中　Δ——绝对误差；

X——测量结果；

X_0——被测量真值。

相对误差的数学表达式为

$$\delta = \frac{\Delta}{X_0} \times 100\% \tag{1-4}$$

式中　δ——相对误差。

由于真值 X_0 无法测量，上式也无法列出，若知道测量误差范围 Δ_{max}（$\Delta_{max} \geqslant \Delta$），据此将 X_0 的范围写作

$$X_0 = X \pm \Delta_{max} \tag{1-5}$$

X_0 为一不确定值，X_0 的实际值在此区间内，只有当给出了测量结果、误差范围 $\pm\Delta_{max}$ 及其单位，测量才算完成。

（一）系统误差

是指在同一条件下多次测量同一个量时，误差的绝对值和符号保持恒定不变，或在条件改变时，按某一确定规律变化的误差。

所谓确定的规律是，这种误差可以归结为某一个因素或几个因素的函数，这种函数一般可以用解析公式、曲线或数值来表示。例如采用标准孔板测量蒸汽流量，由于实际测量时的蒸汽压力和温度与计算孔板孔径时所采用的数值存在差异而引起的测量误差，这种误差属于系统误差，它可以表示为蒸汽压力和温度的函数。根据这个函数关系，如果已知实际测量时的蒸汽压力和温度，就可以算出系统误差，然后采用对仪表指示值加以修正的方法来消除，所以，系统误差是一种有规律的固定误差，可通过引入补偿值或规定其最大范围加以修正，以提高测量的精度和可靠性。

系统误差的主要来源是在测量仪器的使用中产生的。

（1）校验仪表时标准仪表误差过大，刻度不准，使读数值产生读数误差。

（2）选择测点不当，被测参数不能反映实际参数值，或有一定差值。

（3）仪器测量方法不甚合理，引起的静态、动态及负载效应误差。

（4）仪表使用不当，测试人员未能按操作程序调整、安装、读数。

（5）未能满足仪表的使用环境条件，如温度、湿度、电场、磁场等。环境条件改变产生的系统误差又称附加误差，这是仪表确定的基本误差之外的误差。

按对系统误差掌握的程度、使用上的便利，将它分为已定系统误差（方向和绝对值均已知）与未定系统误差（未定值可划定其变化范围）。

（二）随机误差

随机误差是在实际相同条件下多次测量同一量时，误差的绝对值时大时小，符号时正时负，没有确定的规律，也不可能预知，但它是具有抵偿性的误差。例如，对同一个被测量进行多次重复测量时，每次测量不可能完全相符，每一个测量值或多或少地与被测量的真值之间存在着一定的差别。这类误差的产生是由于测量过程中偶然原因引起的，故有时也称为偶然误差。

虽然随机误差在等精度测量中无规律性，但在测量次数足够多时，服从统计规律，即误差的代数和有正负抵消的机会，随着测量次数的增加，误差的平均值趋近于零。因此，多次测量的平均值，其随机误差比单个测量值的随机误差小，这种性质通常称之为抵偿性。

随机误差的产生原因可以认为是大量、微小、无规律的随机因素作用的结果，它的数值大小与符号（方向）均是随机的，这种误差始终存在，愈是精确测量，愈难以消除，它产生的原因有以下几种情况：

（1）仪表本身的设计、制造、材料、间隙与摩擦等原因，无规律变化与出现的结果。

（2）测试人员总对最后一位估数不准。

（3）使用条件与环境的变化，如产生的误差较大，可通过实验方法加以校正，属系统误差，如仅是微量的随机变化，使被测参数在数值尾数上随机波动，仪器愈精密，分辨的微量愈小，此值在读数上读出，即产生了随机误差。

（三）粗大误差

粗大误差是明显歪曲测量结果的误差，有时也称过失误差，粗差的出现往往是由于测量和计算时，测量者粗心失误，发生读错、记错、算错，或者未达稳态而误认为是稳态测量所造成的。这种误差的特点是偏离被测量的真值过大，误差极为明显，含有粗差的测量称为坏值，测量结果不应包含粗差，即所有的坏值必须剔除，这类误差无规则可循，但却是完全可以通过主观努力加以克服的。

二、测量精度

在各种各样的科学测量中，当利用专门的仪表或测量系统测量被测量时，由于仪表的性能、测量系统的合理性与科学水平，以及人的认识能力的限制，使得测量值与被测量的真值并不一致。测量的最终目的是求得被测未知量的值。由于真值永远测量不到，只能以不同的精度逼近真值，所以测量的精度是用来描述测量值偏离真值的程度，它与测量误差的大小相对应。随着科学技术水平及人对客观事物认识能力的提高，误差可以被控制得愈来愈小，但不能使误差降低为零，故任何测量也必定存在不同程度的测量精度，因此，测量误差与测量精度客观上表示了测量系统对于测量结果的精确性与可靠性。

测量结果中，随机误差的大小用"精密度"来表示，精密度是指在一定条件下进行的多次测量时，所得测量结果彼此之间符合的程度；系统误差的大小用"正确度"表示，正确度是指在规定条件下，在测量中所有系统误差的综合；随机误差与系统误差的综合用"精确度"来表示，它表示测量结果与真值的一致程度。对于测量来说，正确度高的，精密度不一定高；精密度高的，正确度也不一定高，但精确度高则正确度和精密度都高。

以上三种误差，可以从射击弹落点图进行分析。

如图 1-3（a）、（b）、（c）所示。

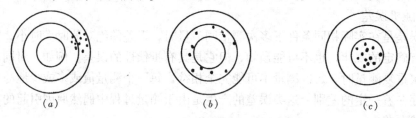

图 1-3　三种射击弹落点情况图

（a）表示系统误差大而随机误差小，即正确度低而精密度高；（b）表示系统误差小而随机误差大，即正确度高而精密度低；（c）表示系统误差与随机误差都小，即精确度高。在测量中都希望得到精确度高的结果。

综上所述，实现准确测量必须做到：

（1）尽量避免过失误差。

（2）尽量减小系统误差到可以忽略的程度。

（3）仔细地设计测量，并尽可能地进行多次。

如在测得值中消除了系统误差，余下的误差就可当随机误差处理，随机误差的处理通常用统计方法，在工程中，包括热工测量，如无特殊作用影响，均可用正态分布规律处理，并将其结果用于随机误差的处理上。

三、随机误差的特性与处理

（一）随机误差的特性

对某被测量进行多次等精度重复测量而得一系列不同的测量值 X_i，当测量次数 i 趋向于无穷大时，它的算术平均值 $\overline{X}$ 就是被测参数的真值。

在工程中，观测的次数都是有限的。用有限几次的测量值得到算术平均值，只能近似等于真值 X_0，称为几次测量后的最佳值或最优概值，可用公式表示为

$$\overline{X} = \frac{X_1 + X_2 + X_3 + \cdots + X_n}{n} = \frac{\sum\limits_{i=1}^{n} X_i}{n} \tag{1-6}$$

对某被测量进行多次重复测量而得到测量列 $\{X_i\}$，这个测量列所对应的随机误差，就大多数情况来说，服从正态分布规律，可以从随机误差的公理出发来推得它们遵循的正态分布规律。

其分布密度函数为

$$y(\Delta) = \frac{1}{\sigma\sqrt{2\pi}} \exp\left(-\frac{\Delta^2}{2\sigma^2}\right) \tag{1-7}$$

其正态分布函数为：

$$Y(\Delta) = \frac{1}{\sigma\sqrt{2\pi}} \int_{-\infty}^{\Delta} \exp\left(-\frac{\Delta^2}{2\sigma^2}\right) d\Delta \tag{1-8}$$

以上两式中 σ 为测量列的标准误差值

$$\sigma = \sqrt{\frac{\sum\limits_{i=1}^{n}(X_i - X_0)^2}{n}} = \sqrt{\frac{\sum\limits_{i=1}^{n}(X_i - \overline{X})^2}{n-1}} \tag{1-9}$$

由此得出算术平均值的标准误差 σ_x

$$\sigma_{\overline{X}} = \frac{\sigma}{\sqrt{n}} = \sqrt{\frac{\sum\limits_{i=1}^{n}(X_i - \overline{X})^2}{n(n-1)}} \tag{1-10}$$

根据式（1-7）所作出随机误差的正态分布曲线如图 1-4 所示。对式（1-7）和图 1-4 分析可以得出随机误差的几个性质：

（1）随机误差的正负值分布具有对称性。

（2）随机误差数值分布的规律性，即绝对值小的误差，出现的几率多，绝对值大的误差出现的几率少。

（3）随机误差绝对值的有限性。因为曲线向 Δ 轴迅速收敛，所以大误差出现的可能性小，即随机误差的出现有一定的范围。

（4）曲线的对称性，可知随机误差的总和有一定的补偿性，用公式表示即为：

$$\frac{1}{n} \lim_{n\to\infty} \sum_{i=1}^{n} \Delta_i = 0 \tag{1-11}$$

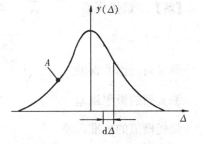

图 1-4　正态分布的随机误差
概率密度曲线

（二）随机误差的处理

由概率积分可知，随机误差的正态分布曲线下的全部面积相当于全部误差出现的概率，即

$$\frac{1}{\sigma\sqrt{2\pi}} \int_{-\infty}^{\infty} \exp\left(-\frac{\Delta^2}{2\sigma^2}\right) d\Delta = 1 \tag{1-12}$$

而随机误差 Δ_i 落在 $-\Delta$ 到 Δ 区间内的概率为

$$Y(\pm\Delta) = \frac{1}{\sigma\sqrt{2\pi}} \int_{-\Delta}^{\Delta} \exp\left(-\frac{\Delta^2}{2\sigma^2}\right) d\Delta = \frac{2}{\sigma\sqrt{2\pi}} \int_{0}^{\Delta} \exp\left(-\frac{\Delta^2}{2\sigma^2}\right) d\Delta \tag{1-13}$$

对于标准化随机误差，$\sigma=1$，则有

$$Y(\pm Z) = \frac{2}{\sqrt{2\pi}} \int_{0}^{z} \exp\left(-\frac{z^2}{2}\right) dz \tag{1-14}$$

式中　$z = \dfrac{\Delta}{\sigma}$。

此时，标准正态分布的分布函数为

$$\phi(z) = \frac{1}{\sqrt{2\pi}} \int_0^z \exp\left(-\frac{z^2}{2}\right) dz \tag{1-15}$$

对不同的 z 值可由表 1-1 查出不同的概率值 $\phi(z)$

正态分布积分表 表 1-1

z	$\phi(z)$	$2\phi(z)$	z	$\phi(z)$	$2\phi(z)$	z	$\phi(z)$	$2\phi(z)$
0.00	0.0000	0.0000	1.05	0.3531	0.7062	2.10	0.4821	0.9642
0.50	0.1915	0.3829	1.50	0.4332	0.8664	2.50	0.4938	0.9876
0.75	0.2734	0.5468	1.75	0.4599	0.9198	2.70	0.4965	0.9930
1.00	0.3413	0.6826	2.00	0.4773	0.9546	3.00	0.49865	0.9973

被测量的真值落在 $(\overline{X} - \sigma_{\overline{X}}, \overline{X} + \sigma_{\overline{X}})$ 内的可能性是 68.3%，也称置信度为 68.3%。被测量的真值落在 $(\overline{X} - 2\sigma_{\overline{X}}, \overline{X} + 2\sigma_{\overline{X}})$ 内的置信度为 95.5%；被测量的真值落在 $(\overline{X} - 3\sigma_{\overline{X}}, \overline{X} + 3\sigma_{\overline{X}})$ 内的置信度为 99.7%。在有限次的测量中，认为不出现大于 3σ 的误差，所以 3σ 定为测量列的极限误差，对应的最优概值的极限误差为 $3\sigma_{\overline{X}}$。

【例 1-1】 对恒温水箱的水温进行等精度测量，得到如下一组数据（单位：℃）：90.9，91.2，91.5，90.2，91.8，91.3，91.6，92.1，90.7，91.4。试求恒温水箱水温的最优概值，测量列的极限误差，最优概值的标准误差。

【解】 最优概值 $\overline{X} = \dfrac{\sum\limits_{i=1}^{10} X_i}{10} = \dfrac{912.7}{10} = 91.3℃$

测量列的标准误差 $\sigma = \sqrt{\dfrac{\sum\limits_{i=1}^{10}(X_i - \overline{X})^2}{10 - 1}} = \dfrac{1.6}{3} = 0.6℃$

测量列的极限误差 $3\sigma = 3 \times 0.6 = 1.8℃$

最优概值的标准误差 $\sigma_{\overline{X}} = \dfrac{\sigma}{\sqrt{10}} = 0.2℃$

第四节 测量仪表的基本技术指标

能否完成预定的测量任务和精度要求，选择与评价测量仪表，均需要了解仪表的基本性能，衡量仪表测量技术性能的指标有测量范围、精度、稳定性、静态与动态特性等。

一、仪表的精度与稳定性

仪表的精度表示了仪表的准确程度，它能估计测量结果与真实值的差距，即估计测量值的误差和大小。数值上它是以测量误差的相对值表示的。因此，在叙述仪表的精度之前先介绍仪表误差的几种表示方法。

1. 测量误差

本节介绍的几种仪表常用误差是按单位来进行分类的。

（1）示值绝对误差。

仪表的指示值或测量值 X 与被测量的真值（一般在测量中常采用约定真值或最优概

值）X_0 之间的代数差值称为示值绝对误差，用 Δ 表示

$$\Delta = X - X_0 \tag{1-16}$$

（2）示值相对误差。

示值的绝对误差与被测量的真值之比，称为示值相对误差，用 δ 表示

$$\delta = \frac{\Delta}{X_0} \times 100\% \frac{X - X_0}{X_0} \times 100\% \tag{1-17}$$

（3）引用误差。

引用误差是指绝对误差与仪表量程的比值，以百分数表示，用公式表示为

$$\delta_y = \frac{\Delta}{X_m} \times 100\% \tag{1-18}$$

（4）基本误差。

基本误差是指测量范围中最大的绝对误差和该仪表的测量上限或量程之比，以百分数表示，用公式表示为

$$\delta_j = \frac{|\Delta_{max}|}{X_m} \times 100\% \tag{1-19}$$

基本误差表征了测量仪表在规定的正常工作条件下所具有的误差，它能很好地说明仪表的准确度，是仪表的主要质量指标。

（5）允许误差。

允许误差是指对测量仪表所允许的误差界限，即出厂的仪表都要保证基本误差不超过某一规定值，此规定值叫允许误差。

2. 仪表的精度

仪表出厂时根据设计及制造质量的不同，要求基本误差不超过某一规定值，即前面提到的允许误差，基本误差去掉百分号的数值称为仪表的精度等级。一般模拟量仪表盘上都注有这一数值。精度等级是由国家规定的一系列数字表示的，其序列为：0.005、0.01、0.02、（0.035）、0.04、0.05、0.1、0.2、（0.35）、0.5、1.0、1.5、2.5、4.0、5.0。

仪表的精度等级是衡量仪表测量示值正确度的重要指标，科学研究用的仪表其精度等级值为 0.1～0.001，有时甚至更高；工业检测用的仪表其精度等级值约为 0.1～4.0，应根据被测量的测量要求合理地选用不同精度等级的测量仪表。

掌握仪表精度这一概念时，还必须注意以下几点：

（1）用户不能按自己检定的基本误差随意给仪表升级使用，但在某种情况下可降级使用，另外，精度等级的标志说明了引用误差允许值的大小，但绝不意味着该仪表在实际测量中出现的误差。

（2）在测量中使用同一精度等级、量程又相同的仪表，那么仪表的绝对误差与被测参数的数值大小无关，例如，某一温度仪表的精度为 1.0 级，测量范围为 50～100℃，如果使用这一温度表来测量温度，无论测的温度值是 60℃ 还是 80℃，其所产生的仪表的绝对误差均为 0.5℃。

（3）同一精度的仪表，如果量程不等，则在测量中可能产生的绝对误差是不同的。例如，两只精度均为 1.0 级的温度表，一个测量范围是 0～50℃，另一个为 0～100℃，用这两个仪表去测量同一温度，得到的测量结果均为 40℃，而所产生的误差分别为

$$\Delta t_1 = \pm (50 - 0) \times 1\% = \pm 0.5℃$$

$$\Delta t_2 = \pm (100-0) \times 1\% = \pm 1℃$$

由此可见，被测值愈接近仪表的上限值，其测量愈准确，反之亦然。所以，选用仪表时，在满足被测量的数值范围前提下，尽可能选择量程小的仪表，并使测量值在上限至量程的三分之二左右，避免使测量值出现在仪表的下限至量程的三分之二以内，这样既能满足测量误差的要求，又能选择精度等级较低的测量仪表，降低成本。

鉴定仪表的精度，可用示值比较法和标准物质法。示值比较法将标准仪表的指示值作为真值，被检测仪表的指示值作为被测量的指示值，两者之差即为被检测仪表的绝对误差，标准仪表的误差应为被校仪表的 1/5 （或 1/3～1/20）。标准物质法是利用标准物质提供的某种量作为标准量来校正仪表，如纯水的三相点，标准成分气样等，此法严格、准确，多用在研究与实验室中，工程中应用极少。

3. 稳定性

示值的稳定性可以由两个指标来表示：一是稳定度；二是各环境影响系数。

当仪表在稳定的测量状态下，对某一标准量进行测量，间隔一定时间后，再对同一标准量进行测量，所得 2 次测量的示值差反映了该仪表的稳定度。它是由于仪表中的元件或环节的性能参数随机性变动、周期性变动等因素造成的。一般稳定度用示值差与其时间间隔的数值一起表示。例如某毫伏表在开始测量时为某示值，当 8h 后，在同样状态下测量示值增大了 1.3mV，则此仪表的稳定度为 $\delta_w = 1.3mV/8h$，示值差愈小，说明稳定度愈高。

由于室温、大气压、振动以及电源电压与频率等的仪表外部状态及工作条件变化对其示值的影响，统称为环境影响，用各种环境影响系数来表示。例如周围环境温度变化引起仪表的示值变化，用温度系数 β_t（示值变化值/温度变化值）表示；电源电压引起仪表的示值变化可用电源电压系数 β_u（示值变化值/电压变化值）来表示。例如某毫伏表当温度变化 10℃ 引起的示值变化为 0.1mV 时，其温度系数为 $\beta_t = 0.1mV/10℃$

二、仪表的特性

所谓静态特性是指被测量在不随时间变化或变化极慢的情况下，用一组与时间无关的参数来描述测量仪表的特性，仪表的静特性有灵敏度、灵敏限、线性度、变差等主要性能指标。

1. 灵敏度

灵敏度表示的是测量仪表反映被测量变化的灵敏程度，对于给定的被测量值，测量仪表的灵敏度用被测变量的输出增量与相应的输入增量之比来表示

$$K = \frac{\Delta Y}{\Delta X} \tag{1-20}$$

式中　K——灵敏度；

　　　ΔY——被测量的输出增量；

　　　ΔX——被测量的输入增量。

对于不同用途的仪表，灵敏度的量纲各不相同，当输入与输出量纲相同时，灵敏度也称放大比或放大系数。

2. 灵敏限

仪表的灵敏限是指能够引起测量仪表输出量变化（如指针发生动作）的被测量最小

（极限）变化量，又称分辨率。它表征了仪表响应与分辨输入量微小变化的能力。一般灵敏限的数值应不大于仪表最大示值绝对误差 $\Delta_{\max}$ 的绝对值的一半。灵敏限用字符 Δ_L 表示，它的单位与测量值的单位相同。

3. 线性度

线性度用来说明输出量与输入量的实际关系曲线偏离理想线性刻度特性的程度。无论模拟式仪表，还是数字式仪表，都希望输出量与输入量是线性关系。这样模拟式仪表的刻度就可做成均匀的刻度，而数字式仪表就可以不必采用线性化环节，但线性刻度的测量仪表会由于各种因素的影响，使其实际特性偏离其理论上的线性特性，如图 1-5 所示。线性度用 E 来表示

$$E = \frac{\Delta L_{\max}}{Y_{\max}} \times 100\% \tag{1-21}$$

式中　$\Delta L_{\max}$——实际曲线与理想曲线之间的最大偏差；

$\quad\quad\ Y_{\max}$——仪表量程。

4. 变差

在外界条件不变的情况下，使用同一仪表对某被测量进行正反行程（即逐渐由小到大和逐渐由大到小）测量时，发现其结果是：相同的被测量值所得到的仪表指示值却不相等，二者之差为变差，如图 1-6 所示。它以在同一被测量值下正反行程间指示值的最大差值与仪表满量程之比的百分数表示

$$\varepsilon = \frac{\Delta H_{\max}}{Y_{\max}} \times 100\% \tag{1-22}$$

式中　$\Delta H_{\max}$——同一被测量值下正反行程间指示值的最大差值；

$\quad\quad\ \varepsilon$——变差；

$\quad\quad\ Y_{\max}$——仪表量程。

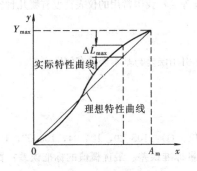

图 1-5　仪表的静特性曲线

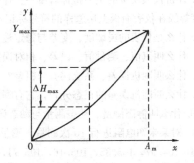

图 1-6　测量仪表变差示意图

5. 温度误差

非温度测量时，测量中温度变化带来的示值变化，称为温度干扰或温度误差。通常，将仪表在高、低温度下的输出值与标准温度（20℃）下输出值间的差值，称作温度误差。

三、动态特性

动态特性是指仪表对随时间变化的被测参数的响应特性。动态特性好的仪表，其输出量随时间变化的曲线与被测量随同一时间变化的曲线一致或者相近，然而，实际被测量随时间变化的形式可能是各种各样的，所以，在研究动态特性时通常根据"标准"输入特性

来考虑仪表的响应特性。标准输入有正弦变化和阶跃变化等，仪表的动态特性分析和动态标定，通常都以上述两种标准信号为输入，动态输出量（读数）和它在同一瞬间的相应的输入量之间的差值称为仪表的动态误差，因此，测量仪表的动态误差愈小，其动态特性愈好。

当被测量作频率较高的周期性变化时，仪表的指针或数字显示值也将随之变化，但其变化不同于静态测量，其幅度将减小，而时间相位将出现滞后的现象，这种动态误差一方面取决于仪表的惯性，另一方面在仪表已选定的条件下还取决于被测量的变化频率。所以，在进行动态测量时，为了取得准确的测量结果，首先要求传感器在设计上应力求减少惯性，同时仪表也应具有良好的动态特性，因此，显示仪表大都采用电子仪器。

综上所述，为了提高动态测量的精确度，传感器和显示仪表等的惯性越小越好，而对于静态量来说，精确度与传感器等的惯性无关。

【例 1-2】　一台精度为 0.5 的电位差计，量程范围为 $600 \sim 1200℃$，用它测量量程范围内最大允许误差为 4℃ 的某温度是否合适？

【解】　该电位差计最大绝对误差为

$$\Delta_{max} = \frac{1200-600}{100} \times 0.5 = 3℃$$

仪表最大绝对误差小于测量允许误差 4℃，所以是合适的。

思 考 题 与 习 题

1. 结合所学过的专业课程，举例说明热工仪表与自动调节在供热通风与空调中所起作用。

2. 测量与调节有何联系？

3. 热工仪表由哪几部分组成？各部分之间关系如何？

4. 何为仪表的相对百分误差和允许的相对百分误差？

5. 评价仪表质量的主要指标有哪些？什么是仪表的精度等级？我国常用的仪表精度有哪几种？仪表的精度等级在仪表面板上用怎样的符号标记？

6. 什么是仪表的灵敏度、变差与稳定性？

7. 什么叫真值、测量值、误差、相对误差与引用误差？引用误差与基本误差有何区别？

8. 什么叫随机误差、系统误差与粗差？

9. 什么叫随机误差的正态分布，它有哪几条重要特征？

10. 什么叫静态测量、动态测量与动态误差？

11. 对某未知电阻进行 10 次测量，测量数据如下（单位：Ω）：105.30，104.94，105.63，105.24，104.86，104.97，105.35，105.16，105.71，105.36。求测量标准误差；最优概值的标准误差；置信度分别为 95.5%，99.7% 的测量结果。

12. 测力传感器的一组检测数据见下表

拉力（N）	0	10	20	30	40	50	40	30	20	10	0
应变（$\mu\varepsilon$）	0	76	152	228	310	400	330	252	168	84	2

求：（1）传感器的灵敏度；

（2）传感器的线性度；

（3）传感器的滞后量。

第二章 温度测量

第一节 测温仪表的分类

一、温度和温标

温度是表征物体或系统的冷热程度的物理量。从微观上讲是物质分子运动平均动能大小的标志，它反映物质内部分子无规则运动的剧烈程度。

温标是用来衡量温度高低的标准尺度。它规定温度的读数起点和测量单位。各种测温仪表的刻度数值由温标确定。国际上常用温标有摄氏温标、华氏温标、国际实用温标等。国际实用温标是国际单位制中七个基本单位之一。

（一）摄氏温标

摄氏温标是把标准大气压下水的冰点定为0摄氏度，把水的沸点定为100摄氏度的一种温标。把0摄氏度到100摄氏度之间分成100等分，每一等分为一摄氏度。常用代号 t 表示，单位符号为℃。

（二）华氏温标

华氏温标规定标准大气压下纯水的冰点温度为32度，沸点温度为212度，中间划分180等分，每一等分称为华氏一度。常用代号 F 表示，单位符号为℉。摄氏度与华氏度的换算关系为

$$t = \frac{5}{9}(F - 32) \tag{2-1}$$

摄氏温标、华氏温标都是用水银作为温度计的测温介质，是依据液体受热膨胀的原理来建立温标和制造温度计的。由于不同物质的性质不同，它们受热膨胀的情况也不同，测得的温度数值就会不同，温标难以统一。

（三）热力学温标

热力学温标规定物质分子运动停止时的温度为绝对零度，是仅与热量有关而与测温物质无关的温标。因是开尔文总结出来的，故又称为开尔文温标，用符号 K 表示。由于热力学中的卡诺热机是一种理想的机器，实际上能够实现卡诺循环的可逆热机是没有的。所以说，热力学温标是一种理想温标，是不可能实现的。

（四）国际实用温标

为了解决国际上温度标准的统一问题及实用方便，国际上协商决定，建立一种既能体现热力学温度，又使用方便、容易实现的温标，这就是国际实用温标，又称国际温标，用代号 T 表示，单位符号为K。国际实用温标规定水三相点热力学温度为273.16K，1K定义为水三相点热力学温度的1/273.16。水三相点是指化学纯水在固态、液态及气态三相平衡时的温度。现行国际实用温标是国际计量委员会1990年通过的，简称ITS-90。摄氏温度与国际实用温度的换算关系为

$$T = t + 273.15 \qquad (2\text{-}2)$$

这里摄氏温度的分度值与开氏温度分度值相同，即温度间隔 1K 等于 1℃，T_0 是在标准大气压下冰的融化温度，$T_0 = 273.15$K。即水的三相点的温度比冰点高出 0.01℃，由于水的三相点温度易于复现，复现精度高，而且保存方便，是冰点不能比拟的，所以国际实用温标规定，建立温标的唯一基准点选用水的三相点。

二、温度检测的主要方法及分类

温度检测方法一般可以分为两大类，即接触测量法和非接触测量法。接触测量法是测温敏感元件直接与被测介质接触，使被测介质与测温敏感元件进行充分地热交换，使两者具有同一温度，达到测量的目的。非接触测量法是利用物质的热辐射原理，测温敏感元件不与被测介质接触。通过辐射和对流实现热交换，达到测量的目的。各种温度检测方法各有自己的特点和测温范围，常用的测温方法、类型及特点见表 2-1 所示。常用温度计主要是根据物质的热膨胀效应、热辐射效应、热电势特性、热电阻特性等制成的。

常用测温方法、类型及特点　　　　　　　　　　　　　　　　　　表 2-1

测温方式	温度计或传感器类型		测量范围（℃）	精度（%）	特　　点
接触式	热膨胀式	水银	−50～650	0.1～1	简单方便，易损坏（水银污染）；感温部大
		双金属	0～300	0.1～1	结构紧凑、牢固可靠
		压力 液体	−30～600	1	耐振、坚固、价廉；感温部大
		压力 气体	−20～350		
	热电偶	铂铑—铂 其他	0～1600 −200～1100	0.2～0.5 0.4～1.0	种类多、适应性强、结构简单、经济方便、应用广泛。须注意寄生热电势及动圈式仪表电阻对测量结果的影响
	热电阻	铂 镍 铜	−260～600 −500～300 0～180	0.1～0.3 0.2～0.5 0.1～0.3	精度及灵敏度均较好，感温部大，须注意环境温度的影响
		热敏电阻	−50～350	0.3～0.5	体积小，响应快，灵敏度高，线性差，须注意环境温度的影响
非接触式	辐射温度计 光学高温计		800～3500 700～3000	1 1	非接触测温，不干扰被测温度场，辐射率影响小，应用简便
	热探测器 热敏电阻探测器 光子探测器		200～2000 −50～3200 0～3500	1 1 1	非接触测温，不干扰被测温度场，响应快，测温范围大，适于测温度分布，易受外界干扰，标定困难
其他	示温涂料	碘化银、二碘化汞、氯化铁、液晶等	−35～2000	<1	测温范围大，经济方便，特别适于大面积连续运转零件上的测温，精度低，人为误差大

第二节　双金属片温度计

图 2-1 中所示就是双金属温度计敏感元件。它们是两种热膨胀系数不同的金属片组

合而成，将两片粘贴在一起，一端固定，另一端为自由端，自由端与指示系统相连接。当

温度由 t_0 变化到 t 时，由于两种不同的金属片热膨胀不一致而发生弯曲，即双金属片由 t_0 时初始位置变化到 t 时的相应位置，最后导致自由端产生一定的角位移 α

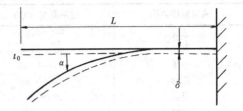

$$\alpha = f(t - t_0) \qquad (2-3)$$

图 2-1 双金属温度计敏感元件

即 α 大小与温度差成一定的函数关系，通过标定刻度，即可测量温度。双金属温度计一般应用在 $-80 \sim 600℃$ 范围内，最好情况下，精度可达 $0.5 \sim 1.0$ 级，常被用作恒定温度的控制元件，如一般用途的恒温箱、加热炉等就是采用双金属片来控制和调节"恒温"的。双金属温度计的突出特点是：抗振性能好，结构简单，牢固可靠，读数方便，但它的精度不高，测量范围也不大。

第三节 玻璃液柱温度计

一、玻璃液柱膨胀式温度计的分类、结构形式和特点

玻璃液柱膨胀式温度计是利用液体体积随温度升高而膨胀，导致玻璃管内液柱长度增长的原理制成的。将测温液体封入带有感温包和毛细管的玻璃内，在毛细管旁加上刻度即构成玻璃液柱膨胀式温度计。其特点为结构简单，测量准确，价廉，读数和使用方便，因而得到广泛应用。其缺点为易损坏，热惯性大，对温度波动跟随性差，不能远传信号和自动记录。玻璃液体膨胀式温度计类型如下：

按感温液体分类：

(1) 水银玻璃温度计

(2) 有机液体玻璃温度计

按用途精度分类：

(1) 普通型玻璃温度计

(2) 精密型玻璃温度计

(3) 贝克曼玻璃温度计

(4) 电接点玻璃温度计

按结构形式分类：

(1) 棒式玻璃温度计

(2) 内标式玻璃温度计

(3) 可调电接点玻璃温度计

(4) 固定电接点玻璃温度计

液体膨胀式温度计的玻璃管均采用优质玻璃，对测温上限超过 $300℃$ 的采用硅硼玻璃，超过 $500℃$ 的采用石英玻璃。常用测温液体及其性能见表 2-2。

毛细管中未加压的水银玻璃温度计的测量上限一般为 $300℃$。如毛细管中充以 $2MPa$ 的氮气，可将测量上限提高到 $500℃$；如充以 $8MPa$ 的氮气，可将测量上限提高到 $750℃$。

常用测温液体及其性能 表 2-2

测温液体名称	使用温度（℃）	体膨胀系数	视膨胀系数①
汞铊	−62～0	0.000177	0.000157
水银	−30～+600	0.00018	0.00016
甲苯	−80～+100	0.00109	0.00107
乙醇	−80～+80	0.00105	0.000103
煤油	0～300	0.00095	0.00093
石油醚	−120～20	0.00142	0.00140
戊烷	−200～20	0.00092	0.00090

① 视膨胀系数等于测温液体的体膨胀系数与玻璃体膨胀系数之差。

（一）棒式玻璃温度计

棒式玻璃温度计的结构见图 2-2 (a)，由玻璃温包及与之相连的厚壁玻璃毛细管组成，标尺直接刻在毛细管外表面上。它一般用作为标准温度计，测温精确度较高。

（二）内标式玻璃液体温度计

内标式玻璃液体温度计的结构见图 2-2 (b)。长方形的乳白色玻璃片标尺置于毛细管后面，两者均装在玻璃外壳内。玻璃外壳一端熔接于玻璃温包上，外壳的另一端密封。这种温度计一般用来测量室温，读数方便、清晰，但因标尺板与毛细管易发生微量相对位移，会降低温度计准确性。

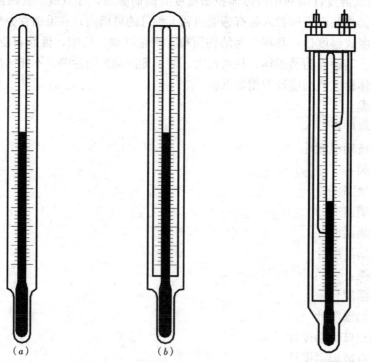

图 2-2 玻璃液体温度计
(a) 棒式温度计；(b) 内标式温度计

图 2-3 电接点温度计

（三）电接点玻璃温度计

电接点玻璃温度计不仅用于指示，还可用来控制温度和信号报警。图 2-3 所示为一种固定电接点玻璃温度计的结构。由图可见两个金属接点熔封入毛细管中，再通过导线与终端接头相连。当工作液体水银上升到与两个接点接触时，电路接通，并输出信号进行温度调节或报警。电接点玻璃温度计也可制成可调的，在这种温度计中，下端接点制成固定的，上端接点制成可动的，这样可根据需要调节控制温度点。

（四）贝克曼玻璃温度计

贝克曼玻璃温度计是一种高精度温度计，用于微小温度变化的测量，其标尺的全部测量范围约5℃，其分度值为0.01℃或更小。

二、玻璃液体膨胀式温度计的使用

（一）玻璃液体膨胀式温度计的允许误差

玻璃液体膨胀式温度计的示值误差表明其显示值与真实值之间的偏差。普通型玻璃温度计与精密型玻璃温度计的允许示值误差见表2-3。

玻璃温度计的允许示值误差　　　　　　　　　　　表2-3

感温液体	温度测量范围（℃）	精密温度计分度值（℃）				普通温度计分度值（℃）				
		0.1	0.2	0.5	1.0	0.5	1.0	2.0	5.0	10
		允许示值误差（±℃）								
有机液体	−100～−60	1.0	1.0	—	—	1.5	2	—	—	—
	−60～−30	0.6	0.8	—	—	1.0	2	—	—	—
	−30～0	0.4	0.6	—	—	1.0	1	—	—	—
	0～100	—	—	—	—	1.0	1	—	—	—
水　银	−30～0	0.2	0.4	—	—	0.5	1	2	—	—
	0～100	0.2	0.3	—	—	1.0	1	2	—	—
	100～200	0.4	0.5	—	—	1.0	1.5	3	—	—
	200～300	0.6	0.7	—	—	1.0	2	3	—	—
	300～400	—	1.0	1.5	3	—	—	4	10	—
	400～500	—	1.2	2.0	3	—	—	4	10	—
	500～600	—	—	—	—	—	—	6	10	10

（二）玻璃液体膨胀式温度计的误差原因及处理

使用玻璃液体膨胀式温度计时会产生各种误差，因此在使用时应经常检查，以保证测温准确。这些误差一般是由于零点位移、标尺位移、液柱断裂、温度计惰性、浸没深度变动、读数方法不正确等因素造成的。对各种误差成因的处理方法见表2-4。

玻璃液体温度计的误差成因及处理方法　　　　　　表2-4

误差成因名称	误差原因	处　理　方　法
零点位移	由于玻璃的热后效应引起	如发现零点位移，应将位移值加到以后所有读数上
标尺位移	内标式温度计的标尺与毛细管之间会因热膨胀或标尺固定位置变化而引起相对位移	因热膨胀引起的位移，数值小，可忽略不计，因标尺固定位置变化生成相对位移，且位移量较大，则应将温度计报废
液柱断裂	因工作液体夹有气泡或搬运不慎等原因引起	毛细管中液柱断裂会引起很大误差。可将温度计加热，使液柱连接起来。如不能使其连接，应将温度计报废。此外，还可采用冷却法、重力法和离心法使断裂液柱连接

续表

误差成因名称	误差原因	处 理 方 法
温度计惰性	由于测温液体的粘附性和毛细管内壁不干净引起	读数前用带橡皮头的木棒沿温度计轻敲，可改善惰性
浸入深度	由于温度计未浸入到规定深度而引起	全浸式温度计（测量时温度计液柱全部浸入介质的温度计）应将温度计尽量插入被测介质中；局部浸入式温度计则应浸没到规定深度（不得少于60mm）
读数方法不正确	因错误的读数方法引起误差	应使视线与温度计标尺相垂直。对水银温度计，应按凸出弯月面的最高点读数，对酒精等有机液体，应按凹月面的最低点读数

第四节 压 力 式 温 度 计

　　压力式温度计虽然属于膨胀式温度计，但它不是靠物质受热膨胀后的体积变化或尺寸变化反映温度，而是靠在密闭容器中液体或气体受热后压力的升高反映被测温度，因此这种温度计的指示仪表实际上就是普通的压力表。如图 2-4 所示，压力式温度计主要由温包、毛细管和压力敏感元件（如弹簧管、膜盒、波纹管等）组成。温包、毛细管和弹簧管三者的内腔共同构成一个封闭容器，其中充满工作物质。温包直接与被测介质接触，它应把温度变化充分地传递给内部工作物质。所以，其材料应具有防腐能力，并有良好的导热率。为了提高灵敏度，温包本身的受热膨胀应远远小于其内部工作物质的膨胀，故材料的体膨胀系数要小。此外，还应有足够的机械强度，以便在较薄的容器壁上承受较大的内外压力差。通常用不锈钢或黄铜制造温包，黄铜只能用在非腐蚀性介质里。温包受热后将使内部工作物质温度升高而压力增大，此压力经毛细管传到弹簧管内，使弹簧管产生变形，并由传动系统带动指针，指示相应的温度值。

　　目前生产的压力温度计根据充入密闭系统内工作物质的不同可分为充气体的压力温度

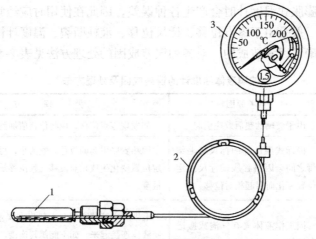

图 2-4 压力式温度计
1—感温包 ；2—毛细管；3—压力表

计和充蒸气的压力温度计。

一、充气体的压力温度计

气体状态方程式 $pV=nRT$ 表明，对一定摩尔数 n 的气体，如果它的体积 V 一定，则它的温度 T 与压力 p 成正比。因此，在密封容器内充以气体，就构成充气体的压力温度计。工业上用的充气体的压力温度计通常充氮气，它能测量的最高温度可达 $500\sim550℃$，在低温下则充氢气，它的测温下限可达 $-120℃$。在过高的温度下，温包中充填的气体会较多地透过金属壁而扩散，这样会使仪表读数偏低。

二、充蒸气的压力温度计

充蒸气的压力温度计是根据低沸点液体的饱和蒸气压只和气液分界面的温度有关这一原理制成的。其感温包中充入约占 2/3 容积的低沸点液体，其余容积则充满液体的饱和蒸气。当感温包温度变化时，蒸气的饱和蒸气压发生相应变化，这一压力变化通过一只插入到感温包底部的毛细管进行传递，在毛细管和弹簧管中充满上述液体，或充满不溶于感温包中液体的、在常温下不蒸发的高沸点液体，称为辅助液体，以传递压力。常用作工作介质的低沸点液体有氯甲烷、氯乙烷和丙酮等。充蒸气的压力温度计的优点是感温包的尺寸比较小、灵敏度高。其缺点是测量范围小、标尺刻度不均匀，而且由于充入蒸气的原始压力与大气压力相差较小，故其测量精度易受大气压力的影响。

压力温度计的主要特点是结构简单，强度较高，抗振性较好。

第五节 热电偶温度计

一、热电偶测温原理

热电偶是目前应用最广泛的、比较简单的温度传感器，热电偶测温是基于热电效应。在两种不同的导体（或半导体）A 和 B 组成的闭合回路中，如果它们两个接点的温度不同，则回路中产生一个电动势，通常称这种现象为热电效应。该电势被称为热电势，如图 2-5 所示。两种不同导体（或半导体）组成的闭合回路，称之为热电偶。导体 A 或 B 称之为热电偶的热电极。热电偶的两个接点中，置于温度为 T 的被测对象中的接点称之为测量端，又称工作端或热端；而温度为参考温度 T_0 的另一接点称之为参比端或参考端，又称自由端或冷端。热电偶产生的热电势由接触电势和温差电势两部分组成。

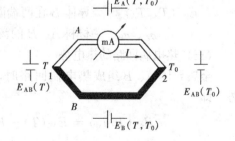

图 2-5　热电偶与热电势

（一）接触电势

接触电势就是由于两种不同导体的自由电子密度不同而在接触处形成的电动势，又称帕尔贴（Peltier）电势。在两种不同导体 A、B 接触时，由于材料不同，两者有不同的电子密度，则在单位时间内，从导体 A 扩散到导体 B 的自由电子数比相反方向的来得多，即自由电子主要从导体 A 扩散到导体 B，这时 A 导体因失去电子而带正电，B 导体因得到电子而带负电，如图 2-6 所示，因而在接触面上形成了自 A 到 B 的内部静电场，产生了电位差，由电子扩散运动而建立的内部静电场将加速电子反方向的转移，使从 B 到 A 的电子转移

加快，并阻止电子扩散运动的继续进行，最后达到动态平衡，即单位时间内从 A 扩散的

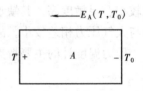

图 2-6 接触电势

电子数目等于反方向转移的电子数目，此时在一定温度 T 下的接触电势 $E_{AB}(T)$ 也就稳定在某值了。其大小可表示为

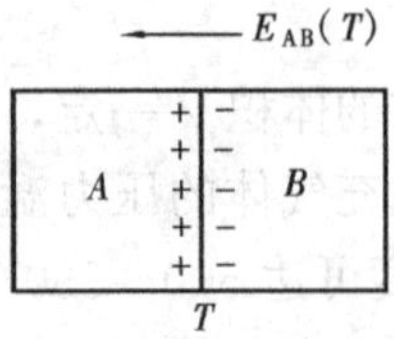

$$E_{AB}(T) = \frac{kT}{e} \ln \frac{N_A}{N_B}$$

$$E_{AB}(T_0) = \frac{kT_0}{e} \ln \frac{N_A}{N_B} \tag{2-4}$$

式中 e——单位电荷，$e = 1.6 \times 10^{-9}$ C；

       k——玻耳兹曼常数，$k = 1.38 \times 10^{-23}$ J/K；

       N_A——材料 A 在温度为 T 时的自由电子密度；

       N_B——材料 B 在温度为 T 时的自由电子密度。

由上式可知：接触电势的大小与温度高低及导体中的电子密度有关。温度越高，接触电势越大；两种导体电子密度的比值越大，接触电势也越大。

（二）温差电势

温差电势是在同一导体的两端因其温度不同而产生的一种热电势，又称汤姆逊（Thomson）电势。设导体两端的温度分别为 T 和 T_0（$T > T_0$），由于高温端 T 的电子能量比低温端 T_0 的电子能量大，因而从高温端扩散到低温端的电子数比从低温端转移到高温端的电子数要多，结果高温端失去电子而带正电荷，低温端得到电子而带负电荷，从而形成了一个从高温端指向低温端的静电场。此时，在导体的两端便产生一个相应的电势差，这就是温差电势。如图 2-7 所示。其大小可根据物理学电磁场理论得到。

图 2-7 温差电势

$$E_A(T, T_0) = \int_{T_0}^{T} \sigma_A \mathrm{d}T \quad E_B(T, T_0) = \int_{T_0}^{T} \sigma_B \mathrm{d}T \tag{2-5}$$

式中 $E_A(T, T_0)$——导体 A 在两端温度分别为 T 和 T_0 时的温差电势；

       $E_B(T, T_0)$——导体 B 在两端温度分别为 T 和 T_0 时的温差电势；

       σ_A、σ_B——材料 A、B 的汤姆逊系数，与材料性质和两端温度有关。

（三）热电偶回路的热电势

金属导体 A、B 组成热电偶回路时，总的热电势包括两个接触电势和两个温差电势，即

$$E_{AB}(T, T_0) = E_{AB}(T) - E_{AB}(T_0) + E_B(T, T_0) - E_A(T, T_0)$$

$$E_{AB}(T, T_0) = \frac{k}{e}(T - T_0) \ln \frac{N_A}{N_B} + \int_{T_0}^{T} (\sigma_A - \sigma_B) \mathrm{d}T \tag{2-6}$$

由于温差电势比接触电势小，又 $T > T_0$，所以在总电势 $E_{AB}(T, T_0)$ 中，以导体 A、B 在 T 端的接触电势所占的比重最大，故总电势的方向取决于该方向。由上式可知，热电偶总电势与电子密度 N_A、N_B 及两接点温度 T、T_0 有关。电子密度不仅取决于热电偶材料的特性，且随温度的变化而变化，但在一定的温度范围内，当热电偶材料一定时，热电偶的总电势为温度 T 和 T_0 的函数差，即

$$E_{AB}(T,T_0) = f(T) - f(T_0) \tag{2-7}$$

如果使冷端温度 T_0 固定，则对一定材料的热电偶，其总电势就只与温度 T 成单值函数关系，即

$$E_{AB}(T,T_0) = f(T) - C \tag{2-8}$$

式中　C——固定温度 T_0 决定的常数。

二、热电偶基本定律

（一）均质导体定律

由一种均质导体或半导体组成的闭合回路，不论其截面、长度如何以及各处的温度如何分布，都不会产生热电势，即热电偶必须采用两种不同材料作为电极。

（二）中间导体定律

在热电偶回路中，接入第三种导体 C，如图 2-8 所示，只要这第三种导体两端温度相同，则热电偶所产生的热电势保持不变，即第三种导体 C 的引入对热电偶回路的总电势没有影响。由式（2-6）可推导出热电偶回路接入中间导体 C 后热电偶回路的总热电势为

$$E_{ABC}(T,T_0) = E_{AB}(T,T_0) \tag{2-9}$$

同理，热电偶回路中接入多种导体后，只要保证接入的每种导体的两端温度相同，则对热电偶的热电势没影响。根据热电偶的这一性质，可以在热电偶的回路中引入各种仪表和连接导线等。例如，在热电偶的自由端接入一只测量电势的仪表，并保证两个接点的温度相等，就可以对热电势进行测量，而且不影响热电势的输出。

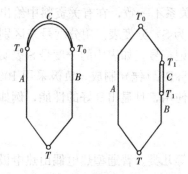

图 2-8　中间导体回路

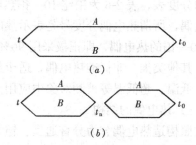

图 2-9　中间温度定律回路

（三）中间温度定律

如图 2-9 所示，在热电偶回路中，两接点温度为 t、t_0 时的热电势等于该热电偶在接点温度为 t、t_n 和 t_n、t_0 时热电势的代数和，即

$$E_{AB}(t,t_0) = E_{AB}(t,t_n) + E_{AB}(t_n,t_0) \tag{2-10}$$

根据这一定律，只要给出自由端为 0℃时的热电势和温度的关系，就可以求出冷端为任意温度 t_n 的热电偶热电势。

（四）连接导体定律

如图 2-10 所示，在热电偶回路中，如果电极 A、B 分别与连接导线 A'、B' 相连，各接点温度为 t、t_n、t_0，则回路的总电势等于热电偶两端处于 t 和 t_n 条件下的热电势 $E_{AB}(t,t_n)$ 与连接导线 A' 和 B' 两端处于 t_n 和 t_0 条件下热

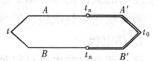

图 2-10　连接导体定律回路

电势 $E_{A'B'}$ （t_n，t_0）的代数和。即

$$E_{ABB'A'}(t,t_n,t_0) = E_{AB}(t,t_n) + E_{A'B'}(t_n,t_0) \qquad (2-11)$$

中间温度定律和连接导体定律是工业热电偶测温中应用补偿导线的理论基础。

三、热电偶的材料、分类与构造

（一）热电偶的材料

从理论上任意两种导体或半导体都可以组成热电偶，但实际上为了使热电偶具有稳定性和足够的灵敏度、可互换性以及具有一定的机械强度等性能，热电极的材料一般应满足如下要求：

（1）在测温范围内，热电性质稳定，不随时间和被测介质变化，物理化学性能稳定，不易氧化或腐蚀。

（2）导电率要高，并且电阻温度系数要小。

（3）它们组成的热电偶，热电势随温度的变化率要大，并且希望该变化率在测温范围内接近常数。

（4）材料的机械强度要高，复制性要好，复制工艺要简单，价格便宜。

（二）热电偶的分类

按照标准化程度，热电偶分为标准热电偶和非标准热电偶。国际电工委员会（简称IEC）对被公认性能较好的材料，制定了统一的标准，共有八种，我国已决定标准热电偶均采用 IEC 标准。表 2-5 所示为常用热电偶简要技术数据。不同材料的热电偶的分度不一致，即在冷端温度为 0℃时，其热电势与热端温度的关系不一致，在有关资料中给出了热电偶的分度表，表 2-6 为铂铑 10—铂热电偶（分度号为 S）分度表。用分度号来区别不同的热电偶，所谓热电偶分度号是表示热电偶材料的标记符号。如表中的分度号 S 表明采用铂铑 10—铂的热电偶，即正极采用 90％Pt（铂），10％Rh（铑）制成，负极采用 100％Pt制成，其他类推。非标准热电偶，适于某些特殊场合使用，且显出良好的性能，例如，在高温、低温、超低温等被测对象中应用。

（三）热电偶的结构

按照构造热电偶分为分普通型、铠装型和薄膜型等几类。普通型热电偶由热电极、绝缘管、保护套管和接线盒等组成，如图 2-11 所示；铠装型是由热电极、绝缘材料和金属套管三者组合经拉伸加工而成的坚实组合体；薄膜型热电偶是为快速测量壁面温度而设计的，尺寸小，反应快。

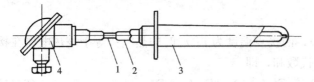

图 2-11　普通型热电偶的构造

1—热电极；2—绝缘管；3—保护套管；4—接线盒

普通型热电偶主要用于测量气体、蒸气、液体等介质的温度。由于使用的条件基本相似，所以这类热电偶已做成标准型，其基本组成部分大致是一样的。通常都是由热电极、绝缘材料、保护套管和接线盒等主要部分组成。

1. 热电极

热电偶常以热电极材料种类来命名，其直径大小是由价格、机械强度、导电率以及热电偶的用途和测量范围等因素来决定的。贵重金属热电极直径大多是 0.13～0.65mm，普通金属热电极直径为 0.5～3.2mm。热电极长度由使用及安装条件，特别是工作端在被测

介质中插入深度来决定，通常为 350～2000mm。

2. 绝缘管

又称绝缘子，用来防止两根热电极短路，其材料的选用要根据使用的温度范围和对绝缘性能的要求而定，常用的是氧化铝和耐火陶瓷。它一般制成圆形，中间有孔，长度为20mm，使用时根据热电极的长度，可多个串起来使用。

常用热电偶简要技术数据　　　　　　表 2-5

热电偶名称	分度号	热电极材料			20℃时的热电偶电阻系数（$\Omega \cdot mm^2 / m$）	100℃时热电势（mV）	使用温度（℃）		允许误差（℃）				等级
		极性	识别	化学成分（名义）			长期	短期	温度（℃）	允许误差（℃）	温度（℃）	允许误差	
铂铑10—铂	S	正	稍硬	Pt:90%，Rh:10%	0.25	0.645	1300	1600	0～1100	±1	1100～1600	±[1+(t−1100)×0.003]	I
		负	柔软	Pt:100%	0.13				0～600	±1.5	600～1600	±0.25%t	II
镍铬—镍硅	K	正	不亲磁	Ni:90%，Cr9%～10%，Si:0.4%，余 Mn,Co	0.7	4.095	1100	1300	0～400	±1.6	400～1100	±0.4%t	I
		负	稍亲磁	Ni:97%，Si2%～3%，Co:0.4%～0.7%	0.23				0～400	±3	400～1300	±0.75%t	II
镍铬—康铜	E	正	色暗	同 K 正极	0.7	6.317	600	800	0～400	±4	400～800	±1%t	II
		负	银白色	Ni:40%，Cu:60%	0.49								
铂铑30—铂铑6	B	正	较硬	Pt:70%，Rh:30%	0.25	0.033	1600	1800	600～1700			±0.25%t	II
		负	较软	Pt:94%，Rh:6%	0.23				600～800	±4	800～1700	±0.5%t	III
铜—康铜	T	正	红色	Cu:100%	0.017	4.277	350	400	−40～350			±0.5 或±0.4%t	I
		负	银白色	Cu:60%，Ni:40%	0.49				−40～350			±1 或±0.75%t	II
									−200～40			±1 或±1.5%t	III

铂铑10—铂热电偶（分度号为 S）分度表　　　　　　表 2-6

热端温度（℃）	0	10	20	30	40	50	60	70	80	90
	热电势（mV）									
0	0.000	0.055	0.113	0.173	0.235	0.299	0.365	0.432	0.502	0.573
100	0.645	0.719	0.795	0.872	0.950	1.029	1.109	1.190	1.273	1.356
200	1.440	1.525	1.611	1.698	1.785	1.873	1.962	2.051	2.141	2.232
300	2.323	2.414	2.506	2.599	2.692	2.786	2.880	2.974	3.069	3.164
400	3.260	3.356	3.452	3.549	3.645	3.743	3.840	3.938	4.036	4.135
500	4.234	4.333	4.432	4.532	4.632	4.732	4.832	4.933	5.034	5.136
600	5.237	5.339	5.442	5.544	5.648	5.751	5.855	5.960	6.064	6.169
700	6.274	6.380	6.486	6.592	6.699	6.805	6.913	7.020	7.128	7.236
800	7.345	7.454	7.563	7.673	7.782	7.892	8.003	8.114	8.225	8.336
900	8.448	8.560	8.673	8.786	8.899	9.012	9.126	9.240	9.355	9.470
1000	9.585	9.700	9.816	9.932	10.048	10.165	10.282	10.400	10.517	10.635
1100	10.754	10.872	10.991	11.110	11.229	11.348	11.467	11.587	11.707	11.827
1200	11.947	12.067	12.188	12.308	12.429	12.550	12.671	12.792	12.913	13.034
1300	13.155	13.276	13.397	13.519	13.640	13.761	13.880	14.004	14.125	14.247
1400	14.368	14.489	14.610	14.731	14.852	14.973	15.094	15.215	15.336	15.456
1500	15.576	15.697	15.817	15.937	16.057	16.176	16.296	16.415	16.534	16.653
1600	16.771									

3. 保护套管

为使热电极与被测介质隔离，并使其免受化学侵蚀或机械损伤，热电极在套上绝缘管后再装入套管内。对保护套管的要求一方面要经久耐用，能耐温度急剧变化，耐腐蚀，不分解出对电极有害的气体，有良好的气密性及足够的机械强度；另一方面是传热良好，传导性能越好，热容量越小，能够改善电极对被测温度变化的响应速度。常用的材料有金属和非金属两类，应根据热电偶类型、测温范围和使用条件等因素来选择保护套管材料。

4. 接线盒

接线盒供热电偶与补偿导线连接用。接线盒固定在热电偶保护套管上，一般用铝合金制成，分普通式和防溅式（密封式）两类。其作用是防止灰尘、水分及有害气体侵入保护套管内。接线端子上注明热电极的正、负极性。

铠装热电偶是由热电极、绝缘材料和金属套管经拉伸加工而成的组合体，分单芯和双芯两种。它可以做得很长、很细，在使用中可以随测量需要进行弯曲。套管材料为铜、不锈钢或镍基高温合金等。热电极和套管之间填满了绝缘材料的粉末，目前常用的绝缘材料有氧化镁、氧化铝等。目前生产的铠装热电偶外径一般为 $0.25 \sim 12\text{mm}$，有多种规格。它的长短根据需要来定，最长的可达 100m 以上。铠装热电偶的主要特点是，测量端热容量小，动态响应快，机械强度高，挠性好，耐高压、耐强烈振动和耐冲击，可安装在结构复杂的装置上，因此已被广泛用在许多工业部门中。

四、热电偶冷端温度补偿

由热电偶的作用原理可知，热电偶热电势的大小，不仅与测量端的温度有关，而且与冷端的温度有关，是测量端温度 t 和冷端温度 t_0 的函数差。为了保证输出电势是被测温度的单值函数，就必须使一个节点的温度保持恒定，而我们使用的热电偶分度表中的热电势值，都是在冷端温度为 0℃时给出的。因此如果热电偶的冷端温度不是 0℃，而是其他某一数值，且又不加以适当处理，那么即使测得了热电势的值，仍不能直接应用分度表，即不可能得到测量端的准确温度，会产生测量误差。但在工业使用时，要使冷端的温度保持为 0℃是比较困难的，通常采用如下一些温度补偿办法。

（一）补偿导线法

随着工业生产过程自动化程度的提高，要求把温度测量的信号从现场传送到集中控制室里，或者由于其他原因，显示仪表不能安装在被测对象的附近，而需要通过连接导线将热电偶延伸到温度恒定的场所。由于热电偶一般做得比较短（除铠装热电偶外），特别是贵重金属热电偶就更短。这样热电偶的冷端离被测对象很近，使冷端温度较高且波动较大，如用很长的热电偶使冷端延长到温度比较稳定的地方，这种办法由于热电极线不便于敷设，且对于贵重金属很不经济，因此是不可行的。所以，一般用一种导线（称补偿导线）将热电偶的冷端延伸出来，如图 2-12 所示。这种导线采用的廉价金属在一定温度范围内（$0 \sim 100$℃）具有和所连接的热电偶相同的热电性能。常用热电偶的补偿导线见表 2-7。表中补偿导线型号的头一个字母与配用热电偶的型号相对应；第二个字母"X"表示延伸型补偿导线（补偿导线的材料与热电偶电极的材料相同）；字母"C"表示补偿型导线。

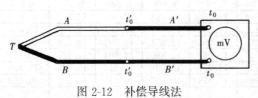

图 2-12　补偿导线法

在使用补偿导线时必须注意以下问题：

（1）补偿导线只能在规定的温度范围内（一般为 $0 \sim 100℃$）与热电偶的热电势相等或相近。

（2）不同型号的热电偶有不同的补偿导线。

（3）热电偶和补偿导线的两个接点处要保持同温度。

（4）补偿导线有正、负极，需分别与热电偶的正、负极相连。

（5）补偿导线的作用只是延伸热电偶的自由端，当自由端 $t_0 \neq 0℃$ 时，还需进行其他补偿与修正。

常用热电偶的补偿导线　　　　　　　　　　　　　　　　　　表 2-7

补偿导线型号	配用热电偶型号	补偿导线		绝缘层颜色	
		正极	负极	正极	负极
SC	S	SPC（铜）	SNC（铜镍）	红	绿
KC	K	KPC（铜）	KNC（康铜）	红	蓝
KX	K	KPX（镍铬）	KNX（镍硅）	红	黑
EX	E	KPX（镍铬）	ENX（铜镍）	红	棕

（二）校正法

当热电偶冷端温度不是 $0℃$，而是 t_0 时，根据热电偶中间温度定律，可得热电势的计算校正公式：

$$E（t，0）＝E（t，t_0）＋E（t_0，0） \tag{2-12}$$

式中　$E（t，0）$——表示冷端为 $0℃$ 而热端为 t 时的热电势；

　　　$E（t，t_0）$——表示冷端为 t_0 而热端为 t 时的热电势，即实测值；

　　　$E（t_0，0）$——表示冷端为 $0℃$ 而热端为 t_0 时的热电势，即冷端温度不为 $0℃$ 时热电势校正值。

因此只要知道了热电偶参比端的温度 t_0，就可以从分度表查出对应于 t_0 的热电势 $E（t_0，0）$，然后将这个热电势值与显示仪表所测的读数值 $E（t，t_0）$ 相加，得出的结果就是热电偶的参比端温度为 $0℃$ 时，对应于测量端的温度为 t 时的热电势 $E（t，0）$，最后就可以从分度表查得对应于 $E（t，0）$ 的温度，这个温度的数值就是热电偶测量端的实际温度。

（三）补偿电桥法

补偿电桥法是利用不平衡电桥产生的电势来补偿热电偶因冷端温度变化而引起的热电势变化值，如图 2-13 所示，不平衡电桥（即补偿电桥）由电阻 R_1、R_2、R_3（锰铜丝绕制）、R_4（铜丝绕制）四个桥臂和桥路稳压电源所组成，串接在热电偶测量回路中。热电偶冷端与电阻 R_4 感受相同的温度，通常取 $20℃$ 时电桥平衡（$R_1＝R_2＝R_3＝R_4$），此时对角线 a、b 两点电位相等（即 $V_{ab}＝0$），电桥对仪表的读数无影响。当环境温度高于 $20℃$ 时，R_4 增加，平衡被破坏，a 点电位高于 b 点，产生一不平衡电压 V_{ab}，与热端电势相叠加，一起送入测量仪表。适当选择桥臂电阻和电流的数值，可使电桥产生的不平衡电压 V_{ab} 正好补偿由于冷端温度变化而引起的热电势变化值，仪表即可指示出正确的温度，由于电桥是在 $20℃$ 时平衡，所以采用这种补偿电桥须把仪表的机械零位调整到 $20℃$。

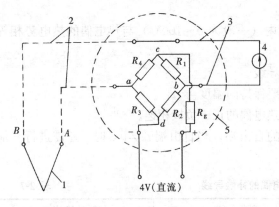

图 2-13 补偿电桥法

1—热电偶；2—补偿导线；3—铜导线；

4—显示仪表；5—补偿器

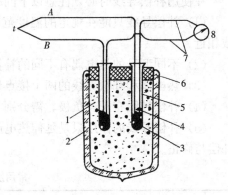

图 2-14 冰浴法

1—冰水；2—保温瓶；3—水银；4—蒸馏水；

5—试管；6—瓶盖；7—导线；8—显示仪表

$$E\ (t,\ 0) = E\ (t,\ t_0)\ + V_{ab} \tag{2-13}$$

（四）冰浴法

冰浴法是在科学实验中经常采用的一种方法，为了测温准确，可以把热电偶的冷端置于冰水混合物的容器里，保证使 $t_0 = 0℃$。这种办法最为妥善，然而不够方便，所以仅限于科学实验中应用。为了避免冰水导电引起 t_0 处的连接点短路，必须把连接点分别置于两个玻璃试管里，浸入同一冰点槽，使之互相绝缘，如图 2-14 所示。

（五）仪表机械零点调整法

在热电偶冷端温度比较稳定，显示仪表机械零点调整比较方便的情况下，预先测出热电偶冷端温度 t_0，对应的把显示仪表机械零点从 0 调至与 t_0 对应的位置。即把冷端温度对应的热电势，事先在显示仪表上指示出来。

第六节 热 电 阻 温 度 计

热电阻温度传感器是利用导体或半导体的电阻率随温度的变化而变化的原理制成的，实现了将温度的变化转化为元件电阻的变化。用于测温的热电阻材料应满足下述要求：1）在测温范围内化学和物理性能稳定；2）复现性好；3）电阻温度系数大，可以得到高灵敏度元件；4）电阻率大，可以得到小体积元件；5）电阻温度特性尽可能接近线性；6）价格低廉。

已被采用的热电阻和半导体电阻温度计有如下特点：1）在中、低温范围内其精度高于热电偶温度计；2）灵敏度高。当温度升高 1℃ 时，大多数金属材料热电阻的阻值增加 $0.4\% \sim 0.6\%$，半导体材料的阻值则降低 $3\% \sim 6\%$；3）热电阻感温部分体积比热电偶的热接点大得多，因此不宜测量点温度和动态温度。而半导体热敏电阻体积虽小，但稳定性和复现性较差。热电阻和半导体热敏电阻温度计主要用于测量温度及与温度有关的参数。若按其制造材料来分，有金属热电阻及半导体热敏电阻。

一、金属热电阻传感器

金属热电阻主要有铂电阻、铜电阻和镍电阻等，其中铂电阻和铜电阻最为常见。

（一）铂热电阻

铂易于提纯、复制性好，在氧化性介质中，甚至高温下，其物理化学性质极其稳定，但在还原性介质中，特别是在高温下很容易被从氧化物中还原出来的蒸气所污染，以致使铂丝变脆，并改变了它的电阻同温度的关系，此外，铂是一种贵重金属，价格较贵，尽管如此，从对热电阻的要求来衡量，铂在极大的程度上能满足上述要求，所以仍然是制造热电阻的好材料。至于它在还原性介质中不稳定的特点可用保护套管设法避免或减轻，铂电阻温度计的使用范围是－200～850℃，铂热电阻和温度的关系如下：

在－200～0℃的范围内

$$R_t = R_0 \left[1 + At + Bt^2 + C(t-100)t^3 \right] \tag{2-14}$$

在 0～850℃的范围内

$$R_t = R_0 (1 + At + Bt^2) \tag{2-15}$$

式中　$A = 3.908 \times 10^{-3}$（℃$^{-1}$）；

　　　$B = 5.802 \times 10^{-7}$（℃$^{-2}$）；

　　　$C = 4.274 \times 10^{-12}$（℃$^{-4}$）；

　　　R_t——温度为 t℃时的电阻值；

　　　R_0——温度为 0℃时的电阻值。

采用高纯度铂丝绕制成的铂电阻具有测温精度高、性能稳定、复现性好、抗氧化强等优点，因此在制作标准电阻、实验室和工业测量中铂电阻元件被广泛应用。但其在高温下容易被还原性气氛所污染，使铂丝变脆，改变其电阻温度特性，所以须用套管保护方可使用。绕制铂电阻感温元件的铂丝纯度是决定温度计精度的关键。铂丝纯度愈高，其稳定性愈高、复现性愈好、测温精度也愈高。铂丝纯度常用 R_{100}/R_0 表示，R_{100} 和 R_0 分别表示 100℃和 0℃条件下的电阻值。对于标准铂电阻温度计，规定 $R_{100}/R_0 \geqslant 1.3925$；对于工业用铂电阻温度计，$R_{100}/R_0 = 1.391$。制作标准电阻或实验室用的铂电阻 R_0 为 10Ω 或 30Ω 左右。国产工业铂电阻温度计主要有 3 种，分别为 Pt$_{50}$、Pt$_{100}$、Pt$_{300}$。其技术指标列于表 2-8。其分度表见表 2-9。

工业用铂电阻温度计的技术指标　　　　　　　　　　　　表 2-8

分度号	R_0（Ω）	R_{100}/R_0	R_0 允许误差（%）	精度等级	最大允许误差（℃）
Pt$_{50}$	50.00	1.3910±0.0007 1.3910±0.001	±0.05 ±0.1	Ⅰ Ⅱ	Ⅰ级： －200～0℃：±（0.15+4.5×10^{-3}t） 0～500℃：±（0.15+3.0×10^{-3}t） Ⅱ级： －200～0℃：±（0.3+6.0×10^{-3}t） 0～500℃：±（0.3+4.5×10^{-3}t）
Pt$_{100}$	100.00	1.3910±0.0007 1.3910±0.001	±0.05 ±0.1	Ⅰ Ⅱ	
Pt$_{300}$	300.00	1.3910±0.001	±0.1	Ⅱ	

（二）铜热电阻

工业上除了铂热电阻被广泛应用外，铜热电阻的使用也很普遍。因为铜热电阻的电阻值与温度近乎呈线性关系，电阻温度系数也较大，且价格便宜，所以在一些测量准确度要求不是很高的场合，就常采用铜电阻。但其在高于 100℃时易被氧化，故多用于测量－50～150℃温度范围。我国统一生产的铜热电阻温度计有两种：Cu$_{50}$ 和 Cu$_{100}$。其技术指标列于表 2-10 中。分度表见表 2-11。Cu$_{50}$ 的分度值乘以 2 即得 Cu$_{100}$ 的分度值。

Pt$_{100}$ 铂热电阻分度表 （Ω）　　　　表 2-9

℃	0	1	2	3	4	5	6	7	8	9
−200	17.28									
−190	21.65	21.21	20.78	20.34	19.91	19.47	19.03	18.59	18.16	17.72
−180	25.98	25.55	25.12	24.69	24.25	23.82	23.39	22.95	22.52	22.08
−170	30.29	29.86	29.43	29.00	28.57	28.14	27.71	27.28	26.85	26.42
−160	34.56	34.13	33.71	33.28	32.85	32.43	32.00	31.57	31.14	30.71
−150	38.80	38.38	37.95	37.53	37.11	36.68	36.26	35.83	35.41	34.89
−140	43.02	42.60	42.18	41.76	41.33	40.91	40.49	40.07	39.65	39.22
−130	47.21	46.79	46.37	45.95	45.53	45.12	44.70	44.28	43.86	43.44
−120	51.38	50.96	50.54	50.13	49.71	49.29	48.88	48.46	48.04	47.63
−110	55.52	55.11	54.69	54.28	53.87	53.45	53.04	52.62	52.21	51.79
−100	59.65	59.23	58.82	58.41	58.00	57.59	57.17	56.76	56.35	55.93
−90	63.75	63.34	62.93	62.52	62.11	61.70	61.29	60.88	60.47	60.06
−80	67.84	67.43	67.02	66.61	66.21	65.80	65.39	64.98	64.57	64.16
−70	71.91	71.50	71.10	70.69	70.28	69.88	69.47	69.06	68.65	68.25
−60	75.96	75.56	75.15	74.75	74.34	73.94	73.53	73.13	72.72	72.32
−50	80.00	79.60	79.20	78.79	78.39	77.99	77.58	77.18	76.77	76.37
−40	84.03	83.63	83.22	82.82	82.42	82.02	81.62	81.21	80.81	80.41
−30	88.04	87.64	87.24	86.84	86.44	86.04	85.63	85.23	84.83	84.43
−20	92.04	91.64	91.24	90.84	90.44	90.04	89.64	89.24	88.84	88.44
−10	96.03	95.68	95.23	94.83	94.43	94.03	93.63	93.24	92.84	92.44
−0	100.00	99.60	99.21	98.81	98.41	98.01	97.62	97.22	96.82	96.42
0	100.00	100.40	100.79	101.19	101.59	101.98	102.38	102.78	103.17	103.57
10	103.96	104.36	10.475	105.15	105.54	105.94	106.33	106.73	107.12	107.52
20	107.91	108.31	108.70	109.10	109.49	109.88	110.28	110.67	111.07	111.46
30	111.85	112.25	112.64	113.03	113.43	113.82	119.21	114.60	115.00	115.39
40	115.78	116.17	116.57	116.96	117.35	117.74	118.13	118.52	118.91	119.31
50	119.70	120.09	120.48	120.87	121.26	121.65	122.04	122.43	122.82	123.21
60	123.60	123.99	124.38	124.77	125.16	125.55	125.94	126.33	126.72	127.10
70	127.49	127.88	128.27	128.66	129.05	129.44	129.82	130.21	130.60	130.99
80	131.37	131.76	132.15	132.54	132.92	133.31	133.70	134.08	134.47	134.86
90	135.24	135.63	136.02	136.40	136.79	137.17	137.56	137.94	138.33	138.72
100	139.10	139.49	139.87	140.26	140.64	141.02	141.41	141.79	142.18	142.56
110	142.95	143.33	143.71	144.10	144.48	144.86	145.25	145.63	146.01	146.40
120	146.78	147.16	147.55	147.93	148.31	148.69	149.07	149.46	149.84	150.22
130	150.60	150.98	151.37	151.75	152.13	152.51	152.89	153.27	153.65	154.03
140	154.41	154.79	155.17	155.55	155.93	156.31	156.69	157.07	157.45	157.83
150	158.21	158.59	158.97	159.35	159.73	160.11	160.49	160.86	161.24	161.62
160	162.00	162.38	162.76	163.13	163.51	163.89	164.27	164.64	165.02	165.40
170	165.78	166.15	166.53	166.91	167.28	167.66	168.03	168.41	168.79	169.16
180	169.54	169.91	170.29	170.67	171.04	171.42	171.79	172.17	172.54	172.92
190	173.29	173.67	174.04	174.41	174.79	175.16	175.54	175.91	176.28	176.66
200	177.03	177.40	177.78	178.15	178.52	178.90	179.27	179.64	180.02	180.39

铜电阻温度计的技术指标　　　　表 2-10

分度号	R_0 （Ω）	精度等级	R_0 的允许误差	R_{100}/R_0	最大允许误差 （℃）
Cu$_{50}$	50	Ⅱ Ⅲ	±0.1%	Ⅱ级：1.425±0.001 Ⅲ级：1.425±0.002	Ⅱ级：±（0.3＋3.5×10^{-3}t） Ⅲ级：±（0.3＋6×10^{-3}t）
Cu$_{100}$	100	Ⅱ Ⅲ			

铜热电阻的分度值是以下式所表示的电阻温度关系为依据的：

Cu₁₀₀铜热电阻分度表 （Ω） 表 2-11

℃	0	1	2	3	4	5	6	7	8	9
−50	78.49									
−40	82.80	82.36	81.94	81.50	81.08	80.64	80.20	79.78	79.34	78.92
−30	87.10	86.68	86.24	85.82	85.38	84.96	84.54	84.10	83.66	83.22
−20	91.40	90.98	90.54	90.12	89.68	89.26	88.82	88.40	87.96	87.54
−10	95.70	95.28	94.84	94.42	93.98	93.56	93.12	92.70	92.26	91.84
−0	100.00	99.56	99.14	98.70	98.28	97.84	97.42	97.00	96.56	96.14
0	100.00	100.42	100.86	101.28	101.72	102.14	102.56	103.00	103.42	103.86
10	104.28	104.72	105.14	105.56	106.00	106.42	106.86	107.28	107.72	108.14
20	108.58	109.00	109.42	109.84	110.28	110.70	111.14	111.56	112.00	112.42
30	112.84	113.28	113.70	114.14	114.56	114.98	115.42	115.84	116.28	116.70
40	117.12	117.56	117.98	118.40	118.84	119.26	119.70	120.12	120.54	120.96
50	121.40	121.84	122.26	122.68	123.12	123.54	123.96	124.40	124.82	125.26
60	125.68	126.10	126.54	126.90	127.40	127.82	128.24	128.68	129.10	129.52
70	129.96	130.38	130.82	131.24	131.66	132.10	132.52	132.06	133.38	133.80
80	134.24	134.66	135.08	135.52	135.94	136.38	136.80	137.24	137.66	138.08
90	138.52	138.94	139.36	139.80	140.22	140.66	141.08	141.52	141.94	142.36
100	142.80	143.22	143.66	144.08	144.50	144.91	145.36	145.80	146.22	146.66
110	147.08	147.50	147.94	148.36	148.80	149.22	149.66	150.08	150.52	150.94
120	151.36	151.80	152.22	152.66	153.08	153.52	153.94	154.38	154.80	155.24
130	155.66	156.10	156.52	156.90	157.38	157.82	158.24	158.68	159.10	159.54
140	159.96	160.40	160.82	161.26	161.68	162.12	162.54	162.98	163.40	163.84
150	164.27									

$$R_t = R_0 \ (1 + At + Bt^2 + Ct^3) \tag{2-16}$$

式中　$A = 4.289 \times 10^{-3} \, ℃^{-1}$；

　　　$B = -2.133 \times 10^{-7} \, ℃^{-2}$；

　　　$C = 1.233 \times 10^{-9} \, ℃^{-3}$。

在−50～150℃范围内，其电阻温度特性非常接近线性，可表示为

$$R_t = R_0 \ (1 + \alpha t) \tag{2-17}$$

式中　$\alpha = 4.25 \times 10^{-3} \sim 4.28 \times 10^{-3}/℃$，为铜电阻的电阻温度系数。

二、半导体热敏电阻温度计

用半导体热敏电阻作感温元件来测量温度的应用日趋广泛。半导体温度计最大优点是具有大的负电阻温度系数−6％～−3％，因此灵敏度高。半导体材料电阻率远比金属材料大得多，故可做成体积小而电阻值大的电阻元件，这就使它具有热惯性小和可测量点温度或动态温度。它的缺点是同种半导体热敏电阻的电阻温度特性分散性大，非线性严重，元件性能不稳定，因此互换性差、精度较低。这些缺点限制了半导体热敏电阻的推广，目前还只用于一些测温要求较低的场合。但随半导体材料和器件的发展，它将成为一种很有前途的测温元件。

其阻值与热力学温度的关系为

$$R_T = R_{T_0} \exp \left[B \ (T^{-1} - T_0^{-1}) \right] \tag{2-18}$$

式中　R_T——热力学温度为 T（K）时的电阻值；

　　　R_{T_0}——热力学温度为 T_0（K）时的电阻值；

　　　B——与半导体热敏电阻的材料有关的常数。

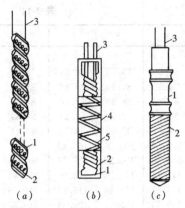

图 2-15 热电阻测温元件结构

(a) 标准铂电阻：1—石英骨架；
2—铂丝；3—引出线

(b) 工业铂电阻：1—云母片骨架；2—
铂丝；3—银丝引出线；4—保护用云母
片；5—绑扎用银带

(c) 铜电阻：1—塑料骨架；
2—漆包线；3—引出线

半导体热敏电阻的材料通常是铁、镍、锰、铂、钛、镁、铜等的氧化物，也可以是它们的碳酸盐、硝酸盐或氯化物等。测温范围约为 $-100\sim300℃$。由于元件的互换性差，所以每支半导体温度计需单独分度。其分度方法是在两个温度分别为 T 和 T_0 的恒温源（一般规定 $T_0=298K$）中测得电阻值 R_T 和 R_{T_0}，再根据（2-18）式计算出

$$B=\frac{\ln R_T-\ln R_{T_0}}{T^{-1}-T_0^{-1}} \tag{2-19}$$

通常 B 在 $1500\sim5000K$ 范围内。

三、热电阻测温元件的结构

铂热电阻体是用细的纯铂丝（直径 $0.03\sim0.07mm$）绕在石英或云母骨架上。铜热电阻体大多是将细铜丝绕在胶木骨架上。其形状如图 2-15 所示。其中图 2-15 (a) 为螺旋形石英骨架，铂丝应无应力，轻附在骨架上，外套以石英套管保护。引出线为直径 $0.2mm$ 过渡到 $0.3mm$ 的铂丝。这种结构形式的感温元件主要用来作标准铂电阻温度计。图 2-15 (b) 是在锯齿状云母薄片上绕细铂丝，外敷一层云母片后缠以银带束紧，最外层用金属套管保护，引出线为直径 $1mm$ 的银丝，这种形式的感温元件多用于 $500℃$ 以下的工业测温中。图 2-15 (c) 是用直径 $0.1mm$ 高强度绝缘漆包铜丝无感双线绕在圆柱形胶木骨架上，后用绝缘漆粘固，装入金属保护套管中，用直径 $1mm$ 的铜丝作为引线。为了改善换热条件，对于图 2-15 (b) 和图 2-15 (c) 结构形式，在电阻体和金属保护套管之间常置有金属片制成的夹持件或铜制内套管。

微型铂电阻元件发展很快。它体积小，热惯性小，气密性好。测温范围在 $-200\sim500℃$ 时，它的支架和保护套管均由特种玻璃制成。铂丝直径为 $0.04\sim0.05mm$，绕在刻有细螺纹的圆柱形玻璃棒上，外面用直径 $4.5mm$ 的玻璃管套封固，引出线直径为 $0.5mm$ 的铂丝。其结构形式如图 2-16 所示。

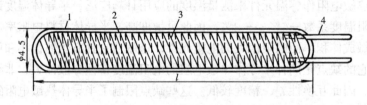

图 2-16 微型铂热电阻元件

1—套管；2—玻璃棒；3—感温铂丝；4—引出线

第七节 温度计的选择及安装

一、温度计的选用

在选用温度计时必须考虑下列问题：

（1）所需测量温度的范围和精度要求；

（2）所选温度计是否便于读数、记录和远传；

（3）感温元件的尺寸是否适合测量现场要求；

（4）对变化的被测温度，所选温度计感温元件的动态性能是否满足测温要求；

（5）所选温度计在测温时是否安全、可靠、使用方便；

（6）所选温度计的使用寿命长短、价格高低。

综合考虑上述问题后，确定采用接触法测温还是采用非接触法测温。接触测温法和非接触测温法的特点比较见表 2-12。

接触测温法与非接触测温法的特点比较　　　　表 2-12

比较项目	接触法	非接触法
必要条件	感温元件必须与被测物体接触；被测物体温度变化小	感温元件必须能接收到被测物体的辐射能量
特点	不宜用于热容量小的物体温度测量，不宜用于动态温度测量；可用于其他各种场所的测温；便于进行多点、集中测量和自动控制	宜用于动态温度测量；宜用于表面温度测量
测温范围	较易测量 1000℃ 以下的温度	适宜于高温测量
误　差	测量范围的 1% 左右	一般为 ±10℃
滞　后	一般较大	一般较小

二、测温元件的安装

测温元件安装前，应根据设计要求核对型号、规格和长度。测温元件应装在能代表被测温度、便于维护和检查、不受剧烈振动和冲击的地方。

（一）测量介质温度的测温元件常用安装形式

测量介质温度的测温元件均有保护套管和固定装置，通常采用插入式安装方法，保护套管直接与被测介质接触。根据测温元件固定装置结构的不同，一般采用以下几种安装形式：

（1）固定装置为固定螺纹的热电偶和热电阻等，可将其固定在有内螺纹的插座内，它们之间的垫片作密封用，安装形式如图 2-17 所示。

（2）固定装置为可动螺纹的双金属温度计，其安装形式如图 2-18 所示。

（3）固定装置采用活动紧固装置，如压力式温度计、无固定装置的热电偶和热电阻（需另外加工一套活动紧固装置），其安装形式如图 2-19 所示。测温元件安装前缠绕石棉绳，由紧固座和紧固螺母压紧石棉绳，以固定测温元件。这种形式只适用于工作压力为常压的情况下，其优点是插入深度可调。

（4）固定装置为法兰的热电偶和热电阻等，可将其法兰与固定在短管上的法兰用螺栓紧固，它们之间的垫片作密封用。其安装形式如图 2-20 所示。

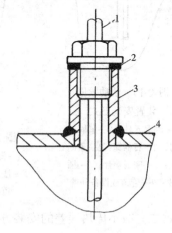

图 2-17　固定螺纹安装形式
1—测温元件；2—密封垫片；3—插座；4—被测介质管道或设备外壁

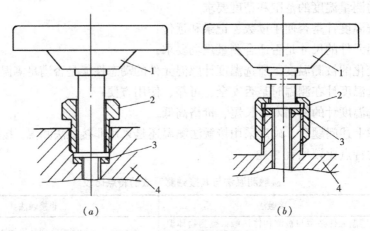

图 2-18 可动螺纹安装形式

(a) 可动外螺纹；(b) 可动内螺纹

1—双金属温度计；2—可动螺纹；3—密封垫片；4—被测介质管道或设备外壁

（5）保护套管采用焊接的安装方式。图 2-21 所示为用于测量高温高压主蒸汽管蒸汽温度的铠装热电偶，采用焊接套管短插的安装方式。

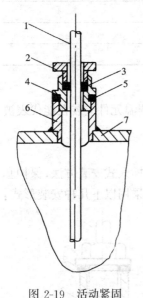

图 2-19 活动紧固
装置安装形式

1—测温元件；2—紧固螺
母；3—石棉绳；4—紧固
座；5—密封垫片；6—插
座；7—管道或设备外壁

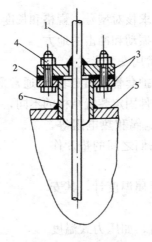

图 2-20 法兰安装形式

1—测温元件；2—密封垫片；
3—法兰；4—固定螺栓；5—管
道或设备外壁；6—短管

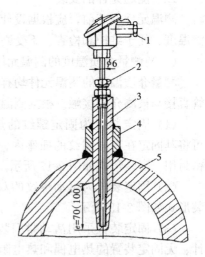

图 2-21 焊接套管短插的安装方式

1—铠装热电偶；2—可动卡套接头；3—
保护套管；4—固定座；5—主蒸汽管

（二）减小传热误差的安装方式

为了减小测温元件的传热误差，应使测温元件插入介质越深越好，缩短外露部分，并对外露部分保温以减小放热系数，而且应把感温元件安装在流速最大的地方，使感温头部正对流速方向，加快测温元件动态响应。图 2-22 为几种较好的安装方式。

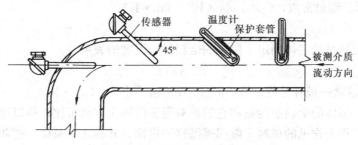

图 2-22　测温元件安装方式

第八节　其他测温仪表

一、辐射式测温与辐射基本定律

辐射式测温是利用物体的辐射能随温度变化的原理制成的。在应用辐射式温度传感器检测温度时，只需把传感器对准被测物体，而不必与被测物体直接接触。辐射式测温是一种非接触式测温方法，它可以用于检测运动物体的温度和小的被测对象的温度。辐射式测温时，传感器不接触被测对象，不会破坏被测对象的温度场，故可测量运动物体的温度并可进行遥测；传感器不必达到与被测对象同样的温度，故仪表的测温上限不受传感器材料耐温性能的限制；检测过程中传感器不必和被测对象达到热平衡，故检测速度快，响应时间短，适于快速测温。

物体受热，激励了原子中带电粒子，使一部分热能以电磁波的形式向空间传播，将热能传递给对方，这种能量的传播方式称为热辐射，传播的能量叫辐射能。辐射能量的大小与波长、温度有关，它们的关系被一系列辐射基本定律所描述，而辐射温度传感器就是以这些基本定律作为工作原理而实现辐射测温的。辐射基本定律，严格地讲，只适用于黑体。所谓黑体是指能对落在它上面的辐射能量全部吸收的物体。在自然界，绝对的黑体客观上是不存在的，铂黑碳素以及一些极其粗糙的氧化表面可近似为黑体。在某个给定温度下，对应不同波长，黑体辐射能量是不相同的，在不同温度下对应全波长范围总的辐射能量也是不相同的。三者间的关系如图 2-23 所示，且满足普朗克定律和斯忒藩—玻耳兹曼定律。

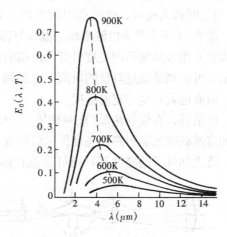

图 2-23　黑体辐射能与
波长、温度之间的关系

普朗克定律揭示了在各种不同温度下黑体辐射能量按波长分布的规律，其关系式

$$E_{0\lambda}=C_1\lambda^{-5}\ [e^{C_2(\lambda T)^{-1}}-1]^{-1} \tag{2-20}$$

式中　　T——黑体的绝对温度（K）；

C_1——第一辐射常数，$C_1=3.68\times10^{-16}$（W/m²）；

C_2——第二辐射常数，$C_2 = 1.44 \times 10^{-2}$（m·K）；

λ——波长（m）。

斯忒藩—玻耳兹曼定律确定了黑体的全辐射与温度的关系

$$E_0 = \sigma T^4 \tag{2-21}$$

式中　σ——斯忒藩—玻耳兹曼常数，$\sigma = 5.67 \times 10^{-8}$ [W/（m²·K⁴）]。

此式表明，黑体的全辐射能是和它的绝对温度的四次方成正比，所以这一定律又称为四次方定律。工程上常见的材料一般都遵循这一定律，并称之为灰体。把灰体全辐射能 E 与同一温度下黑体全辐射能 E_0 相比较，就得到物体的另一个特征量 ε

$$\varepsilon = \frac{E}{E_0} \tag{2-22}$$

式中　ε——为黑度，它反映了物体接近黑体的程度。

二、光学高温计

光学高温计是典型的亮度法测温传感器，亮度法是指被测对象投射到检测元件上的是被限制在某一特定波长的光谱辐射能量，而能量的大小与被测对象温度之间的关系可由普朗克公式所描述的一种辐射测温方法得到，即比较被测物体与参考源在同一波长下的光谱亮度，并使二者的亮度相等，从而确定被测物体的温度。光学高温计主要由光学系统和电测系统两部分组成，其原理如图 2-24 所示。图 2-24 上半部为光学系统。物镜 1 和目镜 4 都可沿轴向移动，调节目镜的位置，可清晰地看到灯丝 3，调节物镜的位置，能使被测物体清晰地成像在灯丝平面上，以便比较二者的亮度。在目镜与观察孔之间置有红色滤光片 5，测量时移入视场，使所利用的光谱的有效波长约为 $0.66\mu m$，以保证满足单色测温条件。图 2-24 下半部为电测系统。温度灯泡 3、滑线电阻 7、按钮开关 S 和电源 E 相串联。毫伏表 6 用来测量不同亮度时灯丝两端的电压降，但指示值则以温度刻度表示。调整滑线电阻 7 可以调整流过灯丝的电流，也就调整了灯丝的亮度。一定的电流对应灯丝一定的亮度，因而也就对应一定的温度。

测量时，在辐射热源（被测物体）的发光背景上可以看到弧形灯丝，如图 2-25 所示，假如灯丝亮度比辐射热源亮度低，灯丝就在这个背景上显现出暗的弧线，如图 2-25(a)所示，反之如灯丝的亮度高，则灯丝就在暗的背景上显示出亮的弧线，如图 2-25(b)所示，假如两者的亮度一样，则灯丝就隐灭在热源的发光背景里，如图 2-25(c)所示。这时由毫伏表 6 读出的指示值就是被测物体的亮度温度。

三、全辐射高温计

全辐射高温计的工作原理基于四次方定律。全辐射法是指被测对象投射到检测元件上的是对应全波长范围的辐射能量，而能量的大小与被测对象温度之间的关系可

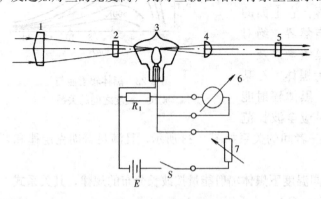

图 2-24　光学高温计原理

1—物镜；2—吸收玻璃；3—温度灯泡；4—目镜；5—红色滤光片；

6—毫伏表；7—滑线电阻

由斯忒藩—玻耳兹曼所描述的一种
辐射测温方法得到。图 2-26 为辐射
温度计的工作原理图。被测物体的
辐射线由物镜聚焦在受热板上,受
热板是一种人造黑体,通常为涂黑
的铂片,当吸收辐射能以后温度升
高,温度可由接在受热板上的热电
偶或热电阻测定。通常被测物体是
灰体,如果以黑体辐射作为基准标

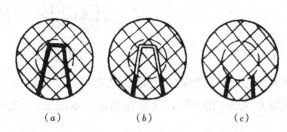

图 2-25　灯泡灯丝亮度调整图

(a) 灯丝太暗; (b) 灯丝太亮; (c) 灯丝隐灭

定刻度,那么知道了被测物体的黑度值,可求得被测物体的温度。即根据灰体辐射的总能量
全部被黑体所吸收时,它们的能量相等,但温度不同,可得

$$\varepsilon \sigma T^4 = \sigma T_0^4$$

$$T = \frac{T_0}{\sqrt[4]{\varepsilon}}$$

(2-23)

式中　T——被测物体温度;

　　　T_0——传感器测得的温度。

四、比色温度计

被测对象的两个不同波长的光谱辐射能量投射到一个检测元件上,或同时投射到两个
检测元件上,根据它们的比值与被测对象温度之间的关系实现辐射测温,比值与温度之间
的关系由两个不同波长下普朗克公式之比表示。图 2-27 为单通道比色温度计原理图,在
某温度 T 下,被测对象的辐射能通过透镜组,成像于硅光电池 7 的平面上,当同步电机
以 3000r/min 速度旋转时,调制器 5 上的滤光片以 200Hz 的频率交替使辐射通过,当一
种滤光片透光时,硅光电池接受的能量为 $E_{\lambda 1}$,而当另一种滤光片透光时,则接收的为
$E_{\lambda 2}$,对应的从硅光电池输出的电压信号为 $U_{\lambda 1}$ 和 $U_{\lambda 2}$,利用测量电路将两电压等比例衰
减,设衰减率为 K,利用基准电压和参比放大器保持 $KU_{\lambda 2}$ 为一常数 R,则

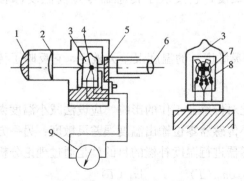

图 2-26　全辐射高温计工作原理

1—物镜; 2—光栅; 3—玻璃泡; 4—热电偶; 5—滤光
片; 6—目镜; 7—铂片; 8—云母片; 9—毫伏表

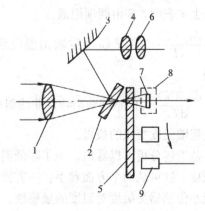

图 2-27　为单通道比色温度计原理图

1—物镜; 2—通孔光栅; 3—反射镜; 4—倒像
镜; 5—调制器; 6—目镜; 7—硅光电池;
8—恒温盒; 9—同步线圈

41

$$\frac{U_{\lambda 1}}{U_{\lambda 2}} = \frac{KU_{\lambda 1}}{KU_{\lambda 2}} = \frac{KU_{\lambda 1}}{R}$$

从而可得

$$KU_{\lambda 1} = R\frac{U_{\lambda 1}}{U_{\lambda 2}} \qquad (2\text{-}24)$$

测量 $KU_{\lambda 1}$，即可代替 $U_{\lambda 1}/U_{\lambda 2}$，从而得到 T，输出与 T 单值对应的信号为 $0\sim10\text{mA}$。测温范围为 $900\sim2000℃$，误差在测量上限的 $\pm1\%$ 之内。

第九节 温 度 误 差 补 偿

一、温度误差灵敏度

温度误差灵敏度是指传感器输出变化量与引起该输出量变化的温度变化量之比。其定义式为

$$S = \frac{\Delta y}{\Delta T} \qquad (2\text{-}25)$$

显然，对于一个传感器，其 S 越小说明传感器适应环境温度变化的能力就越强，其温度附加误差就越小。环境温度 T 对传感器工作的影响，如图 2-28 所示，传感器的输出 y 是输入（被测量）x、环境温度 T 的函数，即

图 2-28 温度对传感器
输出的影响

$$y = f(x, T)$$

当传感器的输出 y 与输入 x 之间为线性关系时，则有

$$y = f(x, T) = a_0(T) + a_1(T) \cdot x \qquad (2\text{-}26)$$

式中 $a_0(T)$ 为传感器的零位输出，其值随 T 而变化，是 T 的函数；$a_1(T)$ 为传感器的灵敏度，其值随 T 而变化，是 T 的函数。

这时，传感器对温度误差灵敏度可由式（2-26）求得

$$S = \frac{\partial f(X, T)}{\partial T} = \frac{da_0(T)}{dT} + \frac{da_1(T)}{dT}X \qquad (2\text{-}27)$$

上式表明，S 由两项组成：

$\frac{da_0(T)}{dT}$ 为传感器零位输出温度误差灵敏度，它反映了传感器零点随温度漂移的快慢。

$\frac{da_1(T)}{dT}$ 为传感器输出特性曲线斜率（即灵敏度）的温度误差灵敏度，它反映了传感器量程随温度变化的快慢。

从上述分析可以看出，为了降低温度变化对传感器工作的影响，应设法减小温度误差灵敏度。这可从两个方面着手：一方面是减小传感器零位输出温度误差灵敏度；另一方面是减小传感器灵敏度对温度的敏感性。对传感器进行温度补偿的目的就是通过理论分析和实验研究，找出相应的技术措施，使传感器的 $\frac{da_0(T)}{dT} \approx 0$，$\frac{da_1(T)}{dT} \approx 0$。

二、并联式温度补偿原理

并联式温度补偿就是人为地附加一个温度补偿环节，图 2-29 所示为并联式温度补偿

原理框图，补偿环节与被补偿的传感器并联，使得被补偿后的传感器的静特性基本上不随温度而变化。

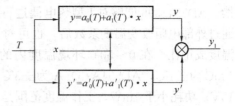

图中 $y=a_0(T)+a_1(T)\cdot x$ 是被补偿部分的特性；$y'=a'_0(T)+a'_1(T)\cdot x$ 是补偿环节特性。如图 2-29 所示，可以写出总输出 y_1 与 x、T 的增量表达式为：

图 2-29 并联式温度补偿原理框图

$$\Delta y_1 = \Delta y + \Delta y'$$
$$= \left[\frac{da_0(T)}{dT}+\frac{da'_0(T)}{dT}\right]\Delta T + \left[\frac{da_1(T)}{dT}+\frac{da'_1(T)}{dT}\right]\Delta T\cdot x$$
$$+ \left[a'_1(T)+a_1(T)\right] \tag{2-28}$$

由上式可以看出，为了达到温度补偿的目的，应按下列要求选择温度补偿环节：

$$\frac{da_0(T)}{dT}\approx -\frac{da'_0(T)}{dT},\ \frac{da'_1(T)}{dT}\approx -\frac{da'_1(T)}{dT},\ a'_1(T)\approx a_1(T)$$

式中，按 $a'_1(T)\approx a_1(T)$ 选择参数，可使传感器灵敏度提高 1 倍。

应该指出，采用并联式温度补偿，虽然从理论上可以实现完全补偿，但是实际上只能是近似补偿。

三、反馈式温度补偿原理

反馈式温度补偿就是应用负反馈原理，通过自动调整过程，保持传感器的零点和灵敏度不随温度而变化。图 2-30 所示的是反馈式温度补偿的原理框图。图中 A_0、A_1 为传感器，其零点输出为 $a_0(t)$、$a_1(t)$，B_0、B_1 是信号变换环节，U_{ra0}、U_{ra1} 是恒定的参比电压，K_0、K_1 是电子放大器，D_0、D_1 是执行环节，$y=f(x,t,x_{a0},x_{a1})$ 是传感器被补偿部分特性。

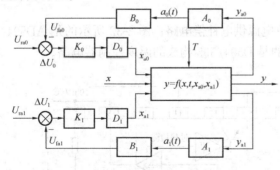

图 2-30 反馈式温度补偿原理图

如图 2-30 所示，反馈式温度补偿有以下两个关键问题：

1）如何将仪表零点输出 $a_0(t)$、$a_1(t)$，通过 A_0、A_1、B_0、B_1 检测出来，并且变成电信号 U_{fa0}、U_{fa1}。

2）如何用 K_0、K_1 输出，通过 D_0、D_1 产生控制作用，自动改变 $a_0(t)$、$a_1(t)$，以达到自动补偿温度 T 对 $a_0(t)$、$a_1(t)$ 的影响。

在采用反馈温度补偿时，应通过理论分析找出传感器的输出与输入数学模型，通过对数学模型的分析，找出能反映 $a_0(t)$、$a_1(t)$ 值变化的参数，最后确定控制 $a_0(t)$、$a_1(t)$ 的手段。

四、基于 AD594/595/596/597 的热电偶冷端温度补偿电路

（一）AD594/595/596/597 的主要技术性能与特点

AD594/595/596/597 是 ADI 公司生产的 4 种热电偶冷端温度补偿集成电路。芯片内部包含仪表放大器和热电偶冷端温度补偿器，可以对不同类型的热电偶进行冷端温度补

偿。AD594/596 能够对 J 型热电偶进行补偿，AD595/597 能够对 K 型热电偶进行补偿，通过外部电阻改变温度系数后，也可对 E 型、T 型热电偶进行补偿。其输出电压与摄氏温度成正比。在 0～50℃ 环境温度内的电压温度系数为 10mV/℃，测温精度 AD594C/595C 为 ±1℃，AD594A/595A 为 ±3℃，AD596/597 为 ±4℃，电源电压范围为 +5～±15V，功耗小于 1mW，工作温度范围是 −55～+125℃。

AD594/595/596/597 内置冰点补偿网络，具有线性放大及温度补偿器、摄氏温度计、温度控制器、热电偶开路故障报警器等多种功能，便于进行远程温度补偿，采用高阻抗差分输入方式，远程测温时能抑制热电偶引线上的共模噪声电压，当热电偶引线发生开路故障时，能输出报警信号，可驱动外部报警器或 LED 指示灯。

（二）AD594/595/596/597 的引脚功能与封装形式

AD594/595 采用 TO-116（D）（或者 Cerdip（Q））封装，AD596/597 采用 TO-100（或者 SOIC-8）封装。AD594/595/596/597 芯片内部包括两个差分输入放大器（增益为 G）、加法器、主放大器（增益为 A）、过载检测电路以及由冰点补偿器和内部电阻构成的冰点补偿网络电路等。

AD594/595/596/597 的引脚端 V+ 为电源正端，V− 为电源负端，COM 为公共地，IN−、IN+ 分别为热电偶信号的正、负输入端，C+、C− 分别为正温度系数、负温度系数的调整端。T+、T− 端分别为冰点补偿网络的正、负补偿电压输出端，COMP 为比较信号端。ALM+、ALM− 为热电偶开路故障报警信号输出端，不需要报警时应将 ALM−端连接 COM 或 V−端。V₀ 为输出电压端，FB 为反馈端，在温度补偿应用时，V₀ 端应当与 FB 端连接；在温度控制时，FB 端连接温度控制设定点电压；在 FB 端串联一只电阻或者在 T−与 V₀ 端之间并联一只反馈电阻，可调节 AD594/595 的增益。AD596/597 的 HYS 为冰点补偿网络的正补偿电压输出端。

（三）AD594/595/596/597 的应用电路

1. AD594/595 构成的基本应用电路

图 2-31 所示的是 AD594/595 构成的单电源供电补偿电路；图 2-32 所示的是 AD594/595 构成的摄氏温度计电路；图 2-33 所示的是 D594/595 构成的温度控制器电路。

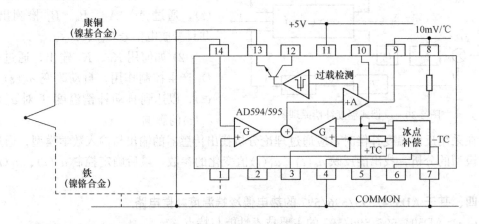

图 2-31　AD594/595 构成的单电源供电补偿电路

2. AD596/597 构成的温度测控仪

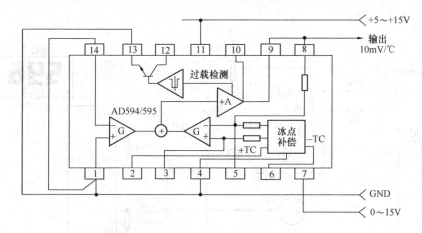

图 2-32 AD594/595 构成的摄氏温度计电路

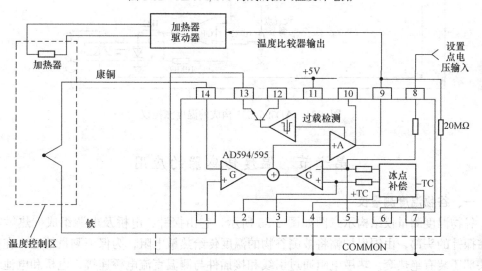

图 2-33 AD594/595 构成的温度控制器电路

由 AD596/597 构成的温度测控仪电路如图 2-34 所示。该仪表具有测温、控温和热电偶开路故障报警功能。AD596/597 作为闭环热电偶调理器，A/D 转换器采用 ICL7136，5V 带隙基准电压源采用 AD584，5V 基准电压经过电阻分压后产生 1.00V 的基准电压提供给 ICL7136，ICL7136 和 LCD 显示器构成一个满量程为 2V 的数字电压表。

AD596/597 的输出电压经过电阻 R_1、R_2 分压后送至 ICL7136 的模拟输入端 IN+、IN−。取 $R_1 = 45.2k\Omega$，$R_2 = 10k\Omega$ 时，仪表显示华氏温度（℉）；适当调节 R_1、R_2 的电阻值，还可以显示摄氏温度。

运算放大器 OP07 作为比较器使用时，同相输入端连接温度设置电位器（用来设置所要控制的温度 T_1）。OP07 的输出端连接带双向晶闸管（TRIAC）的光耦合器，OP07 的反相输入端连接 AD596/597 的输出 V_0，当 $V_0 < V_{T_1}$ 时，OP07 输出高电平，光耦合器导通，接通电加热器的 220V 交流电源，使电加热器加热升温。当 $T > T_1$、$V_0 < V_{T_{11}}$ 时，OP07 的输出变为低电平，光耦合器关断，将电加热器的电源关掉、电加热器停止加热，使其温度降低，如此循环控制电加热器导通和关断，可实现恒温控制。当热电偶发生开路故障时，LED 发亮。

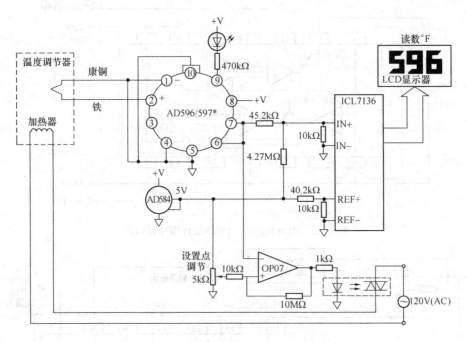

图 2-34　AD596/597 构成的温度测控仪

第十节　温度传感器的应用

一、谷物温度测量仪

谷物温度测量仪结构示意图如图 2-35 所示，它由探针、电桥及电源组成。热敏电阻装在探针的头部，由铜保护帽将被测谷物的温度传给热敏电阻，为保证测量精度，在探针的头部还装有绝热套。热敏电阻通过引线和接插件与测温直流电桥连接，电桥和电池装在一个电路盒内，电路盒和探针通过连接件组合在一起。当温度改变时，接在电桥一个臂中的热敏电阻的阻值发生变化，使电桥失去平衡，接于电桥一条对角线上的直流微安表即指示出相应温度，谷物温度测量仪的电路如图 2-36 所示，可变电阻 R_{P1} 的作用是在 $-10℃$ 时调整电桥平衡。电阻 R_1 的阻值等于 $+70℃$ 时热敏电阻 R_T 的阻值，用于校准仪器。校准时将开关 S2 放置在校准位置，调节电位器 R_{P2}，使表头指针对准 $+70℃$ 的刻度。

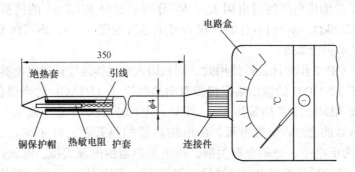

图 2-35　谷物温度测量仪结构示意图

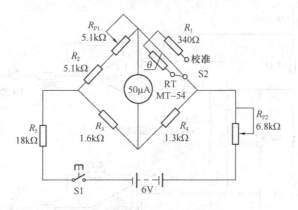

图 2-36 谷物温度测量仪的电路图

二、汽车空调器温度控制与温度指示电路

图 2-37 所示的是汽车空调器温度控制电路。R_T 为负温度系数热敏电阻。R_1、R_3、R_P 与 R_T 组成温度检测电路。IC1（LM358）组成电压比较器，输出信号通过功率开关集成电路 IC2（BTS432D）控制空调离合器。

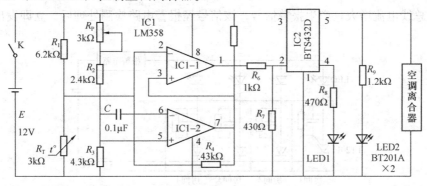

图 2-37 汽车空调器温度控制电路

图 2-38 所示的是汽车空调器温度指示电路，当达到两种不同的温度时，发光二极管发光，指示两种不同温度的断路点。此电路是由 12V 汽车电源供电的 LM2904 双重运算放大器为主制成的。在地与 +9.1V 节点之间，热敏电阻与 10kΩ 的电阻串联。热敏电阻上端连接到 LM2904 的两个同相输入端。当热敏电阻的阻值随温度变化时，这两个输入端的电压亦随之改变。LM2904 的每一反相输入端都有一个基准电压，即断路阀值电压，这一基准电压由 9.1V 稳定电压两端之间串联的 10kΩ 电阻和 2kΩ 电位器来调定。调节每个运算放大器中的 2kΩ 电位器，就可以重新校准或测定这两个断路点，以便在不同温度断路。

三、客房火灾报警器

图 2-39 所示的是客房火灾报警电路。在每间客房中设置由 TT201 温敏晶闸管组成的火灾传感器，在每间客房的回路中串有发光二极管 LED，其总线串接报警电路与电源相接。为了便于了解灾情，发光二极管和报警电路均设置在总控制台。当某一客房发生火灾时，房内的环境温度升高，当环境温度达到温敏晶闸管的开启电压温度时，该回路的温度晶闸管导通，总监控台上的该回路发光二极管发光显示，与此同时，由于温敏晶闸管的导

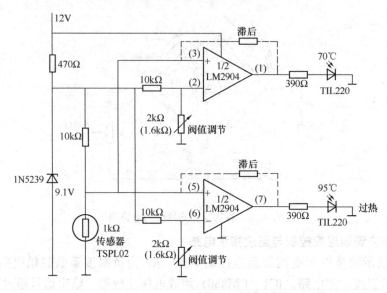

图 2-38 汽车空调器温度指示电路

通，会使总线电流增大，产生报警信号，该信号经报警电路检测处理后，立即发出火灾警笛声响。

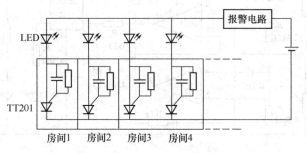

图 2-39 客房火灾报警电路

四、CPU 过热报警器

图 2-40 所示的是 CPU 过热报警电路，它是采用普通的锗二极管作为温度传感器，将

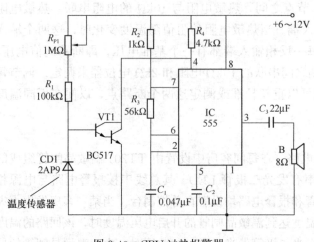

图 2-40 CPU 过热报警器

其安装在 CPU 芯片的散热器上。锗二极管 CD1 被反向偏置，在常温下，它的阻值较大，使 VT1 导通，IC 第 4 脚复位端处于低电位，多谐振荡器的 555 不起振，扬声器 B 不发声响。当 CPU 芯片散热器的温度超过电位器 R_{P1} 调定的温度值时，CD1 的结电阻阻值减小到足以使 VT1 截止的程度，IC 第 4 脚复位端处于高电平，多谐振荡器的 555 起振，使扬声器发出报警声。声音的频率

由 R_2、R_3 和 C_1 的时间常数确定。

五、智能温度检测系统

图 2-41 所示的是由 MAX6577 和 8051 单片机构成的智能温度检测系统电路图。MAX6577 输出的与热力学温度成正比的频率信号加至 8051 内部定时器 T_0 端，从 8051 的 TXD 端输出的时钟信号，接 CD4094 的时钟端 CLK，RXD 接串入端（SERIAL）。从 P1.0 口输出选通信号 ST0。CD4094 是 8 位移位存储总线寄存器，用来完成串行/并行数据交换，并驱动 4 位共阴极 LED 数码管显示出被测温度值。该系统可实现功能为，将热力学温度转换成摄氏温度，计算出被测摄氏温度的最大值、最小值和平均值，通过键盘来设定温度的上限 t_H、下限 t_L，当温度超过 t_H 或低于 t_L 时，发出越限报警信号，再通过继电器对电加热器等执行机构进行温度控制，将 TS1 接 GND，TS0 接 U_{DD}，所设定的频率温度系数是 $k_f = 1Hz/℃$。8051 的外围电路包括晶振电路和复位电路。晶振电路由 12MHz 石英晶体 JT 和电容器 C_3、C_4 构成。上电自动复位及手动复位电路由电容器 C_2、下拉电阻 R 和手动复位按钮 S_B 组成。

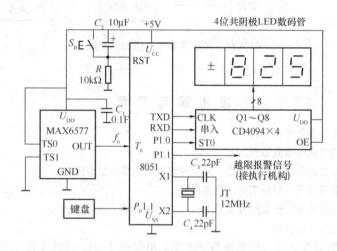

图 2-41 智能温度检测系统

六、多通道温度巡回检测系统

图 2-42 所示的是多通道温度巡回检测系统框图。该系统采用 MAX1668 型 5 通道智能温度传感器，可同时对 4 路远程温度和 1 路本地温度进行巡回检测及控制。采用 89C51 型低功耗、高性能、带 4K E^2PROM 的 8 位 CMOS 单片机，作为测温系统的中央控制器，89C51 的 P1.2、P1.3 引脚输出高、低电平，作为地址选通信号。为了简化电路，89C51 的串行通信接口 TXD 和 RXD 通过 6 片 CD4094 型 8 位锁存总线寄存器，静态驱动 5 位 LED 显示器（含符号位），显示温度范围是 $-55 \sim +125℃$，分辨率为 0.1，测量误差不超过 $\pm 3℃$，测量速率为 3 次/s，专用一只 LED 数码管显示被测通道号。

系统采用 +5V 稳压电源供电，使用 3×4 的薄膜键盘。为了提高系统的可靠性，系统采取了软件抗干扰措施。通过声、光报警电路实现短路报警功能。系统基本工作原理是，89C51 首先将操作命令写入 MAX1668 的寄存器中，通知 MAX1668 要做什么工作，然后用读命令读取测温结果并通过 CD4096 将测量结果显示在 LED 显示器上。显示部分使用 6 位共阴极 LED 数码管。其中，第 1 位至第 4 位用来显示温度数据，第 5 位显示符号（正温度或负温度），第 6 位显示正在测量的通道序号。当 89C51 检测到 MAX1668 的输出为低电平时，就使 P1.5 引脚以 2kHz 的频率连续输出高、低电平，送至超温声、光报警电路，使蜂鸣器发出报警声，发光二极管也同时闪烁发光，从而取得最佳报警效果。与此同时，P1.4 引脚通过温控电路分别去控制各远程通道的温度。

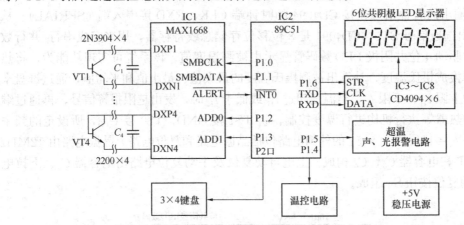

图 2-42　多通道温度巡回检测系统

思 考 题 与 习 题

1. 玻璃液柱温度计主要有哪几种？

2. 试述热电偶的组成与测温原理。

3. 热电偶为什么要进行冷端温度补偿？常用冷端温度补偿方法有哪些？

4. 热电偶的热电极材料一般应满足什么要求？

5. 常用热电阻有哪几类？热电阻分度号 Pt100、Cu50 分别表示什么含义？

6. 半导体热敏电阻有何特点？

7. 当一个热电阻温度计所处的温度为 20℃ 时，电阻是 100Ω。当温度是 25℃ 时，它的电阻是 101.5Ω。假设温度与电阻间的变换关系为线性关系，试计算当温度计分别处在 −100℃ 和 +150℃ 时的电阻值。

8. 热辐射温度计的测温特点是什么？

9. 温度计的选择安装应注意哪些问题？

10. 某一标尺为 0~1000℃ 的温度计出厂前经校验，其刻度标尺上的各点测量结果分别为：

标准表读数（℃）	0	200	400	600	700	800	900	1000
被校表读数（℃）	0	201	402	604	706	805	903	1001

（1）求出该温度计的最大绝对误差值；

（2）确定该温度计的精度等级；

（3）如果工艺上允许的最大绝对误差为 ±8℃，问该温度计是否符合要求？

第三章 湿 度 测 量

在通风与空气调节工程中，空气的湿度与温度是两个相关的热工参数，它们具有同样重要的意义。例如，在工业空调中，空气湿度的高低决定着电子工业中产品的成品率、纺织工业中纤维强度以及印刷工业中的印刷质量等。在舒适性空调中，空气的湿度高低会影响人体的舒适感。为此，就必须对湿度进行测量，有时还需通过自动调节装置对空气中的湿度进行有效的控制。

第一节 干 湿 球 湿 度 计

一、湿度的基本概念

湿度是表示空气中水蒸气含量多少的尺度。常用表示空气湿度的方法有：绝对湿度、相对湿度、含湿量三种。

1. 绝对湿度

每立方米湿空气在标准状态下所含有的水蒸气的质量，用符号 ρ_v 表示，单位为 g/m^3，可由理想气体状态方程计算而得

$$\rho_v = 2.169 \times \frac{P_q}{273.15 + t} \tag{3-1}$$

式中　ρ_v——湿空气的绝对湿度（g/m^3）；

　　　　P_q——湿空气中水蒸气的分压力（Pa）；

　　　　t——干球温度（℃）。

2. 相对湿度

是指在某温度下空气的绝对湿度与同温度下空气的饱和绝对湿度的比值。它等于该温度下湿空气中的水蒸气分压力与同温度下的饱和水蒸气压力之比

$$\phi = \frac{\rho_v}{\rho_b} \times 100\% = \frac{P_q}{P_b} \times 100\% \tag{3-2}$$

式中　ϕ——相对湿度；

　　　　P_q——湿空气中水蒸气分压力；

　　　　ρ_b——空气的饱和绝对湿度；

　　　　P_b——同温度下空气中饱和水蒸气的压力。

空气的相对湿度是干球温度 t，湿球温度 t_s，风速 V 和大气压力 B 的函数

$$\phi = f(t, t_s, V, B) \tag{3-3}$$

相对湿度往往和干球温度、湿球温度及水蒸气分压力 P_q 做成焓湿图（h-d）。

3. 含湿量

含湿量指 1kg 干空气所挟带的水蒸气的质量，其数学表达式为

$$d = 1000 \times \frac{m_s}{m_a} \tag{3-4}$$

式中　d——含湿量（g/kg）；

　　　m_s——对应干空气中挟带的水蒸气的质量（kg）；

　　　m_a——干空气的质量（kg）。

二、普通干湿球湿度传感器及其测湿原理

当液体挥发时，它需要吸收一部分热量，若没有外界热源供给，这些热量就从周围介质中吸取，于是周围介质的温度降低。液体挥发越快，则周围介质温度降低得越多。对水

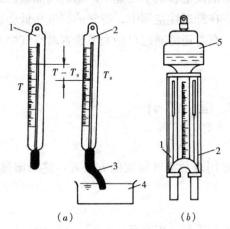

图 3-1　干湿球湿度计

（a）干湿球湿度计；（b）阿斯曼湿度计

1—干球温度计；2—湿球温度计；3—棉纱布吸水套；

4—水杯；5—电风扇

来说，挥发的速度与环境空气中的水蒸气含量有关，水蒸气含量越大，则水分挥发速度越慢。当环境空气中的水蒸气达到饱和状态时，水分就不再挥发。显然，当不饱和的空气流经一定量的水的表面时水就要汽化。当水分从水面汽化时，就使水的温度降低，此时，空气以对流方式把热量传到水中，当空气传到水中的热量恰好等于湿纱布水分蒸发时所需要的热量时，两者达到平衡状态，湿纱布上的水的温度就稳定在某一数值上，这个温度就称为湿球温度。干湿球温度计由两支相同的温度计组成，如图 3-1 所示。一支温度计的球部包有潮湿的纱布，纱布的下端浸入盛有水的玻璃杯中，用来测量空气的湿球温度 T_s，因此称它为湿球温度计；另一支温度计呈干燥状态，测量空气的温度，也就是干球温度 T，因此称它为干球温度计。

当空气的相对湿度 $\phi < 100\%$ 时，被测气体处于未饱和状态，即有饱和差，湿球温度计的球部所包围的潮湿纱布表面上有水分蒸发，其温度降低，当达到平衡状态时，湿球纱布上水分蒸发可认为是稳定的，因而水分蒸发所需要的热量也是一定的，这样湿球温度便停留在某一数值，它反映了湿纱布中水的温度，这可以看成是与水表面温度相等的饱和空气层的温度。若所测空气相对湿度较小，饱和差就大，湿球表面水分蒸发就快，而蒸发所需要热量也多，湿球水温下降的也多，即湿球温度低，因而干湿球温度差就大。反之，若所测空气的相对湿度较大，湿球温度数值就稍高，干、湿球温度差就小。当空气的相对湿度为 $\phi = 100\%$ 时，水分不再蒸发，干球与湿球的温度数值相同。因此，根据干球温度和湿球温度或两者温差就可以确定被测空气的相对湿度大小。

当大气压力和风速不变时，测得干湿球温度值，利用被测空气对应湿球温度下的饱和水蒸气压力和干球温度下的水蒸气分压力之差，与干湿球温度之差间存在的数量关系，确定空气湿度。其数量关系为

$$P_{bS} - P_q = AB(T - T_S) \tag{3-5}$$

式中　P_q——干球温度下空气的水蒸气分压力（Pa）；

　　　P_{bS}——温度为湿球温度时的饱和水蒸气压力（Pa）；

表 3-1

通风干湿表用相对湿度表（表中所列数值均为百分数）　P＝760mmHg　v＝2.5m/s

干球温度(°C) \ 干湿差(°C)	0	0.2	0.4	0.6	0.8	1.0	1.2	1.4	1.6	1.8	2.0	2.2	2.4	2.6	2.8	3.0	3.2	3.4	3.6	3.8	4.0	4.5	5.0	5.5	6.0	6.5	7.0	7.5	8.0	8.5	9.0	9.5	10.0	饱和蒸汽压(mmHg)
0	100	96	93	89	85	81	78	74	70	67	63	60	56	53	49	46	42	39	35	32	28	20	11	3										4.579
1	100	96	93	89	86	82	79	75	72	68	65	62	58	55	51	48	45	41	38	35	32	23	15	7										4.93
2	100	97	93	90	86	83	80	76	73	70	67	63	60	57	54	50	47	44	41	38	35	27	19	12	4									5.29
3	100	97	94	90	87	83	81	77	74	71	68	65	62	59	56	53	50	47	43	41	38	30	23	16	9									5.69
4	100	97	94	91	88	84	81	78	75	73	69	66	63	61	58	55	52	49	46	43	40	33	26	20	13	6								6.10
5	100	97	94	91	88	85	82	79	76	74	71	68	65	62	59	57	54	51	48	46	43	36	30	23	17	10								6.54
6	100	97	94	91	88	85	82	80	77	75	72	69	66	64	61	58	56	53	50	48	45	39	32	26	20	14	8							7.01
7	100	97	95	91	89	86	83	81	78	76	73	70	68	65	63	60	58	55	52	50	47	41	35	29	23	17	12	6						7.51
8	100	97	95	92	89	86	84	82	79	77	74	72	69	67	64	62	59	57	54	52	49	44	38	32	26	21	15	10	4					8.05
9	100	97	95	92	89	86	84	82	80	77	75	73	70	68	65	63	61	58	55	54	51	46	40	35	29	24	18	13	8					8.61
10	100	97	95	92	90	87	85	83	81	78	76	73	71	70	67	64	62	60	57	55	53	48	42	37	32	27	21	16	11					9.21
11	100	98	95	93	90	87	85	83	81	79	77	74	72	70	68	66	63	61	58	57	55	50	44	39	34	29	24	19	15	10	5			9.84
12	100	98	96	93	91	88	86	84	82	80	78	75	73	71	69	67	65	63	60	58	56	51	46	41	36	32	27	22	18	13	9	4		10.52
13	100	98	96	93	91	88	86	84	82	80	78	76	74	72	70	68	66	64	61	60	58	53	48	43	39	34	29	25	21	16	12	8		11.23
14	100	98	96	94	91	89	87	85	83	81	79	77	75	73	71	69	67	65	62	61	59	54	50	45	41	36	32	27	23	19	15	11	7	11.99
15	100	98	96	94	92	90	88	86	84	82	80	78	76	74	72	70	68	66	63	62	60	56	51	47	42	38	34	30	26	22	18	14	10	12.79

续表

干球温度(℃)＼干湿差(℃)	0	0.5	1.0	1.5	2.0	2.5	3.0	3.5	4.0	4.5	5.0	5.5	6.0	6.5	7.0	7.5	8.0	8.5	9.0	9.5	10.0	饱和蒸汽压(mmHg)
16	100	95	90	85	80	75	71	66	62	57	53	48	44	40	36	32	28	24	20	16	13	13.63
17	100	95	90	85	81	76	72	67	63	58	54	50	46	42	38	34	30	26	23	19	15	14.53
18	100	95	91	86	81	77	72	68	64	60	55	51	47	44	40	36	32	28	25	21	18	15.48
19	100	95	91	86	82	77	73	69	65	61	57	53	49	45	41	38	34	30	27	23	20	16.48
20	100	95	91	87	82	78	74	70	66	62	58	54	50	47	43	39	36	32	29	25	22	17.54
21	100	96	91	87	83	79	74	71	67	63	59	55	52	48	44	41	38	34	31	28	24	18.65
22	100	96	91	87	83	79	75	71	67	64	60	56	53	49	46	42	39	36	33	29	26	19.83
23	100	96	92	88	84	80	76	72	68	65	61	57	54	50	47	44	41	37	34	31	28	21.07
24	100	96	92	88	84	80	76	73	69	65	62	58	55	52	48	45	42	39	36	33	30	22.38
25	100	96	92	88	84	81	77	73	70	66	63	59	56	53	50	46	43	40	37	34	32	23.76
26	100	96	92	88	85	81	77	74	70	67	64	60	57	54	51	48	45	42	39	36	33	25.21
27	100	96	92	89	85	81	78	74	71	68	64	61	58	55	52	49	46	43	40	37	35	26.71
28	100	96	92	89	85	82	78	75	71	68	65	62	59	56	53	50	47	44	41	39	36	28.35
29	100	96	93	89	86	82	79	75	72	69	66	63	60	57	54	51	48	45	43	40	37	30.04
30	100	96	93	89	86	82	79	76	73	69	66	63	60	57	55	52	49	46	44	41	38	31.82
31	100	96	93	89	86	83	79	76	73	70	67	64	61	58	55	53	50	47	45	42	40	33.70
32	100	96	93	89	86	83	80	77	74	71	68	65	62	59	56	54	51	48	46	43	41	35.66
33	100	97	93	90	87	83	80	77	74	71	68	65	62	60	57	54	52	49	47	44	42	37.73
34	100	97	93	90	87	84	81	77	74	72	69	66	63	60	58	55	53	50	48	45	43	39.90
35	100	97	93	90	87	84	81	78	75	72	69	66	64	61	58	56	53	51	48	46	44	42.18
36	100	97	94	90	87	84	81	78	75	72	70	67	64	62	59	57	54	52	49	47	45	44.56
37	100	97	94	91	88	84	81	79	76	73	70	68	65	62	60	57	55	52	50	48	46	47.07
38	100	97	94	91	88	85	82	79	76	73	71	68	65	63	60	58	56	53	51	49	46	49.69
39	100	97	94	91	88	85	82	79	76	74	71	68	66	63	61	59	56	54	52	49	47	52.44
40	100	97	94	91	88	85	82	79	77	74	71	69	66	64	62	59	57	54	52	50	48	55.32

  A——与风速有关的系数；

  B——大气压力（Pa）；

  T——空气温度，即干球温度（℃）；

  T_S——空气的湿球温度（℃）。

  由式（3-2）、（3-5）可得空气相对湿度计算式为

$$\phi = \frac{P_{bS} - AB(T - T_S)}{P_b} \times 100\% \qquad (3-6)$$

式中　P_b——温度为干球温度时的饱和水蒸气压力（Pa）。

  显然，根据 T 和 T_S 分别对应有确定的 P_b 和 P_{bS} 数值，由干湿球湿度计读数的差，即可由上式确定被测空气的相对湿度。干湿球湿度计的差值（$T - T_S$）愈大，则空气相对湿度愈小，反之，干湿球温度差值小，则空气相对湿度愈大。

  在测得干湿球温度后，利用干球温度计和湿球温度计读数的差值，以及干球温度计读数，按上式公式计算相对湿度，也可利用焓湿图或表 3-1 查得，必须注意，表 3-1 所列数值，只适用于风速为 2.5m/s 与大气压力为 101325Pa（760mmHg）时才比较正确，否则按下式修正

$$\phi = \frac{B}{B'} \times \phi' \qquad (3-7)$$

式中　B——实测点的大气压力；

  B'——表中所限定的大气压；

  ϕ'——修正前的相对湿度；

  ϕ——修正后的相对湿度。

  如果要求精度不高，查表所得数值也可不必修正。

三、电动干湿球湿度计

（一）电动干湿球湿度传感器

  电动干湿球湿度传感器的构造如图 3-2 所示。它由两支相同的微型套管式热电阻、微型轴流风机和塑料水杯等组成。一支热电阻上包有潮湿纱布作为湿球温度计，另一支热电阻为干球温度计，两者都垂直安装在湿度传感器的中间，并正对侧面的空气入口。传感器顶部有一个微型轴流通风机，以便在热电阻周围造成恒定风速的气流。此恒定气流速度一般为 2.5m/s 以上。因为干湿球湿度计在测定相对湿度时，受周围空气流动速度影响，风速在 2.5m/s 以上时影响较小。因此干湿球湿度传感器增加了电动通风装置，可以减小空气流速对测量的影响。同时，也由于在热电阻周围加大了气流速度，使热湿交换速度加快，因而减小了仪表的时间常数。当测量空气湿度时，把电源接通，轴流风机启动，空气从圆形吸入口进入湿度传感器，通过干、湿球热电阻周围后，被轴流通风机排出。当湿球热电阻表面水分蒸发达到稳定状态时，干、湿球热电阻同时发送出相对于干、湿球温度的电阻信号，将这信号输入空气相对湿度显示仪表或控制系

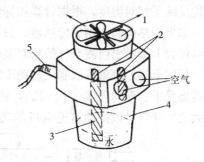

图 3-2　干湿球湿度传感器

1—轴流风机；2—热电阻；

3—纱布；4—水杯；5—接线端

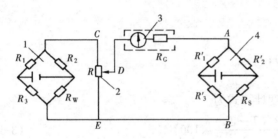

图 3-3　电动干湿球湿度计原理图

1—干球温度测量桥路；2—补偿可变电阻；

3—检流计；4—湿球温度测量桥路

统，就可进行空气相对湿度的远距离测量或控制。

（二）电动干湿球湿度计电路原理

电动干湿球湿度计电路原理如图 3-3 所示，它由干湿球湿度传感器、干球温度测量桥路与湿球温度测量桥路连接成的复合电桥、补偿可变电阻、检流计等组成。两个热电阻 R_W 和 R_S 分别测量干球和湿球温度，它们作为电桥的桥臂电阻分别接在两个直流电桥上。两电桥的输出端通过补偿可变电阻反向串联。复合电桥输出两点间的电位差将取决于 R_W 和 R_S 的温度差，也就是取决于被测空气的相对湿度。从图 3-3 中可以看出，左侧干球温度测量桥路的输出电位差 V_{CE} 为干球温度 T 的函数，而右侧湿球桥路输出的电位差 V_{AB} 为湿球温度 T_S 的函数，左、右两测量桥路通过检流计及补偿可变电阻 R 相接。

左边电桥输出电位差 V_{CE} 为干球温度 T 的函数：

$$V_{CE} = f_{CE}(T) \tag{3-8}$$

右边电桥输出 V_{AB} 为湿球温度 T_S 的函数即：

$$V_{AB} = f_{AB}(T_S) \tag{3-9}$$

左右电桥联结成回路，若 $V_{AB} \neq V_{CE}$，则内阻为 R_G 的检流计有电流 I 流过，通过调节电阻 R，可调节 V_{DE} 值之大小，使输出 $V_{DE} = V_{AB}$，于是检流计 R_G 中无电流，此时：

$$V_{AB} = V_{DE} = I_{CE} \times R_{DE}$$
$$V_{CE} = I_{CE} \times R_{CE} \tag{3-10}$$

式中　I_{CE}——流过电阻 R 上的电流；

R_{DE}——可变电阻 R 上 DE 两点间的电阻。

在 R 的动触点 D 处于任一位置时，若左、右桥路处于不平衡状态（即 $V_{DE} \neq V_{AB}$），则有电流 I 通过检流计。当移动可变电阻 R 滑动触点 D 的位置使左、右桥路处于平衡补偿状态时，检流计中就没有电流通过，因此，补偿电路平衡时的可变电阻 R 对应的 D 点位置反映了干湿球电桥输出的电压差，即 D 点位置是干、湿球温度 T 与 T_S 的函数，D 点位置反映了相对湿度，根据计算和标定，可在 R 上标出相对湿度值。

如果用热电偶作测温传感器，只需把两支热电偶反接，其电势差值经换算后，也可在显示仪表上指示出所测空气的相对湿度。电动干湿球湿度计还能够自动记录测量结果。

根据上述原理就可以制成自动干湿球湿度计，其方框图如图 3-4 所示。当测量时，传感器感受干、湿球温度（T、T_S），通过复合电桥输出不平衡电位差到放大器，经放大器放大之后获得足以推动可逆电机的功率。可逆电机根据放大器的输出相位决定其转动方

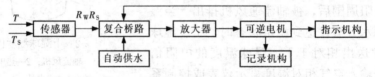

图 3-4　自动干湿球湿度计框图

向。放大器的输出相位与干湿球温差的增大或减小相对应，亦即与相对湿度的降低或增加相对应。可逆电机经过传动机构，一方面使可变电阻 R 上的滑动触点移动，直至复合电桥恢复平衡，由于可变电阻 R 上滑动触点 D 的位置与被测空气相对湿度 ϕ 相对应，如果滑动触点的位置直接按相对湿度 ϕ 的数值进行刻度，那么，它的位置也就直接显示了被测空气相对湿度的数值。另一方面可逆电机还可带动记录和调节机构动作，记录下相应的相对湿度，并发送调节信号。

自动干湿球湿度计还可设置自动供水系统，以自动补给供湿球蒸发的水分。

第二节　氯化锂电阻式湿度计

一、吸湿法

吸湿法测量湿度的基本原理，是利用某些无机或有机材料，具有使其本身含湿量与周围接触空气的含湿量一致的能力来测量湿度。具有上述特性的材料，随着湿度变化，根据材料含湿量与周围空气含湿量的差别，它们可以从空气中吸收水分或本身挥发掉过量的水分，即它们的含湿量将随空气含湿量变化而变化。材料的含湿量改变时，其某些物理性质（如电气性能）或几何形状及尺寸将随之发生变化。根据这些物理参数与湿度的关系，即可确定被测空气湿度的数值。基于上述原理设计的湿度传感器，与其他湿度传感器相比，具有较好的静态和动态特性，常见的有氯化锂（LiCl）、磺酸锂湿度敏感件，以及高分子膜电容系列湿度敏感元件，毛发或特殊尼龙丝（薄膜）作的湿度计。下面就重点介绍氯化锂电阻湿度计。

二、氯化锂电阻湿度计

氯化锂（LiCl）在空气中具有强烈的吸湿特性，其吸湿量与空气的相对湿度成一定的函数关系。氯化锂在大气中不分解、不挥发、也不变质，是一种具有稳定离子型结构的无机盐，它的饱和蒸气压力很低，为同温度时水的饱和蒸汽压力的 1/10，在空气湿度低于12％时，氯化锂呈固相，电阻率很高，相当于绝缘体，空气的相对湿度高于12％时，放置在空气中的固相氯化锂就吸收空气中的水分而潮解，随着空气相对湿度的增加，氯化锂的吸湿量也随之增加，氯化锂的导电性能，即电阻率的大小又随其吸湿量的多少而变化，吸收水分愈多，电阻率愈小，反之亦然，氯化锂电阻湿度计就是利用氯化锂吸湿后电阻率变化的特性制成的。

氯化锂电阻湿度计分为梳状和柱状，如图3-5所示，它是将梳状的金属箔制在绝缘板上或用两根平行的铂丝或铱丝绕在绝缘柱表面上，外面再涂上氯化锂溶液，形成氯化锂薄膜层而制成。由于两组平行的梳状金属箔本身并不接触，仅靠氯化锂盐层导电，构成回路，将测头置于被测空气中，当相对湿度改变时，氯化锂中含水量也改变，随之湿度计测头的两梳状金属箔片间的电阻也发生变化，将此回路当作一桥臂接入交流电桥，电桥不平衡输出电位差，与空气湿度变化相适应，进行标定后，只需测出电桥对角上的电位差即可确定空气的相对湿度。

氯化锂电阻式湿度计优点是：结构简单，体积小，反应速度快，灵敏度高（可测 RH ±0.14％的变化）。其缺点是：每种测头的量程较窄，互换性差，易老化，耐热性差。一般相对湿度在10％～95％测量范围内，需要制成几种不同氯化锂浓度涂层的测头。因此必须根据具体的测量要求选择合适的测头。涂有不同浓度的氯化锂感湿元件 $R_{\phi 1}$、$R_{\phi 2}$、$R_{\phi 3}$……分别适应不同的相对湿度 ϕ_1、ϕ_2、ϕ_3……范围，随着相对湿度逐渐升高，$R_{\phi 1}$、$R_{\phi 2}$、$R_{\phi 3}$……相继投入工作。输出总电阻将是投入工作中各支路中电阻值之和，据此可按需要组成不同测量范围的感湿元件，有的厂家将相对湿度从 5％～95％分成四组测头：5％～38％；15％～50％；35％～75％；55％～95％。

环境温度对氯化锂电阻湿度计有很大的影响，因其电阻值不仅与湿度有关，而且还与温度有关，因此氯化锂电阻湿度计往往带有温度补偿电路。为避免氯化锂电阻测湿传感器的氯化锂溶液发生电解，电极两端接交流电。为防止氯化锂溶液蒸发，最高安全工作温度为 55℃。为保证测量精度，氯化锂溶液需定期更换。

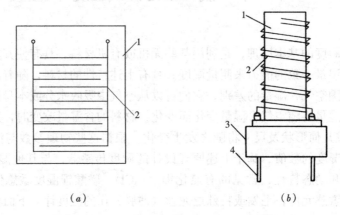

图 3-5 氯化锂电阻式湿度计结构示意图

(a) 梳状；(b) 柱状

1—绝缘体（上面附有感湿膜）；2—金属电极；3—插座；4—引线

第三节 氯化锂露点式湿度计

一、氯化锂露点湿度传感器测湿原理

氯化锂具有强烈的吸收水分的特性，将它配成饱和溶液后，它在每一温度时都有相对应的饱和蒸汽压力。当它与空气相接触时，如果空气中的水蒸气分压力大于该温度下氯化锂饱和溶液的饱和蒸汽压力，则氯化锂饱和溶液便吸收空气中的水分；反之，如果空气中的水蒸气分压力低于氯化锂溶液的饱和蒸汽压力，则氯化锂溶液就向空气中释放出其溶液中的水分。纯水和氯化锂饱和溶液的饱和蒸汽压力曲线如图 3-6 所示。曲线①是纯水的饱和蒸汽压力曲线，线上任意一点表示该温度下的饱和水蒸气压力数值，而曲线下方的任一点表示该温度下的水蒸气呈未饱和状态的分压力。曲线②是氯化锂饱和溶液的饱和蒸汽压力曲线，线上的点也表示该温度下氯化锂溶液的饱和蒸汽压力的数值。而位于曲线②上方的点，表示所接触空气的水蒸气分压力高于该温度下氯化锂溶液的饱和蒸汽压力，此时氯化锂溶液将吸收空气中的水分。而位于曲线②下方的点，表示所接触空气的水蒸气压力低于该温度下氯化锂溶液的饱和蒸汽压力，此时溶液将向空气中蒸发水分。氯化锂溶液的饱和蒸汽压力只相当于同一温度下水的饱和蒸汽压力的 12％左右，也就是说氯化锂溶液在相对湿度为 12％以下的空气中是固相，在 12％以上的空气中会吸收空气中的水分潮解成

溶液，只有当它的蒸汽压力等于空气中的水蒸气分压力时，才处于平衡状态。从图中还可以看出氯化锂溶液的饱和蒸汽压力与温度有关，随温度的上升而增大。

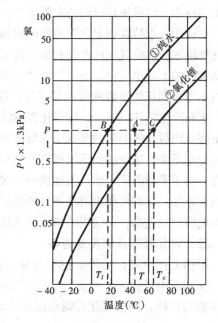

图 3-6　纯水和氯化锂饱和蒸气压力曲线

另外，氯化锂在液相时，它的电阻非常小，在固相时，它的电阻又非常大。氯化锂若在12%以下相对湿度的空气中，它由液相转变为固相时，电阻值急剧增加。假定某种空气状态的水蒸气分压为 P、温度为 T，它在图 3-6 中即为 A 点。由 A 点向左和 P 连线与纯水的饱和蒸汽压曲线①交于 B 点，由 B 点向下引垂线交横坐标得某一温度值为 T_1，显然 T_1 即为空气的露点温度。再将 PA 延长与氯化锂溶液的饱和蒸汽压力曲线相交于 C，由 C 点向下引垂线交于横坐标得 T_C 值，这就是氯化锂溶液的平衡温度，此时它的饱和蒸汽压力也等于 P。因此，如果将氯化锂溶液放在上述空气中，设法把氯化锂溶液的温度加热到 T_C，使氯化锂溶液的饱和蒸汽压力等于 A 点空气的水蒸气分压力 P。那么，测出 T_C 的温度值，根据水和氯化锂溶液饱和蒸汽压力曲线的关系也就得知空气的露点温度 T_1，T_C 与 T_1 的关系为：

$$T_1 = HT_C + G \tag{3-11}$$

式中　H、G 为常数。

测出 T 和 T_1 便可确定空气的相对湿度。空气中的水蒸气分压力和饱和水蒸气压力可近似表示为

$$P_q = Ae^{-\frac{B}{T_1}} \tag{3-12}$$

$$P_b = Ae^{-\frac{B}{T}} \tag{3-13}$$

把式 (3-12)(3-13)(3-11) 代入式 (3-2) 可得

$$\phi = e^{-B(T_1^{-1} - T^{-1})} = e^{-B(\frac{1}{HT_C + G} - \frac{1}{T})} \tag{3-14}$$

氯化锂露点湿度测量传感器就是根据以上原理设计制造的。

二、氯化锂露点湿度测量传感器

氯化锂露点湿度测量传感器的构造如图 3-7 所示。测量空气相对湿度时，将氯化锂露点传感器放置在被测空气中，如被测空气中的水蒸气分压力高于氯化锂溶液的饱和蒸汽压力，则氯化锂溶液吸收被测空气中的水分而潮解，使氯化锂溶液

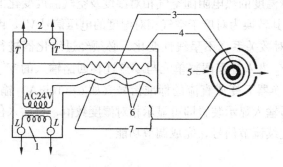

图 3-7　氯化锂露点湿度测量传感器

1—变压器；2—接测量电路；3—热电阻；4—外壳；
5—被测气体；6—加热丝；7—氯化锂溶液

的电阻减小，两根加热丝间的电阻减小，通过的电流增大，开始加热，使氯化锂溶液温度上升，此作用一直持续到氯化锂溶液的饱和蒸汽压力与被测空气中的水蒸气分压力相等，这时氯化锂溶液吸收空气中的水分和放出的水分相平衡，氯化锂溶液的电阻也就不再变化，加热丝所通过的电流也就稳定下来。反之，如被测空气中的水蒸气分压力低于氯化锂溶液的饱和蒸汽压力，则氯化锂溶液放出其水分，这使其本身的电阻增大，因而使加热丝中的电流减小，于是产生的热量减少，则氯化锂溶液的温度下降，这样氯化锂溶液的饱和蒸汽压力也随之下降。当氯化锂溶液的蒸汽压力与被测空气中的水蒸气的分压力相等时，氯化锂溶液的温度就稳定下来。这个达到蒸汽压力平衡时的温度称为平衡温度，热电阻测得的温度就是平衡温度。由于平衡温度与露点温度成一一对应关系，所以，知道平衡温度值后，就相当于测量出露点温度。同时再测出被测空气的温度。将测量到的露点温度和被测空气温度的信号，输入双电桥测量电路，用适当的指示记录仪表，可直接指示空气的相对湿度。

三、氯化锂露点湿度变送器

根据上述原理，将测量空气的相对湿度问题，转化为测定空气温度及测头的温度问题。又利用电子线路将测头与空气温度的电阻信号综合为相对湿度信号，从而解决了非电量参数的转换，制成氯化锂露点湿度计，其结构方框图如图 3-8 所示。

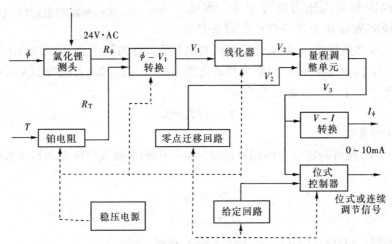

图 3-8　氯化锂露点湿度计方框图

氯化锂测头内的热电阻与测量干球温度的热电阻随空气相对湿度及空气温度变化的电阻值信号，同时输入 ϕ—V 转换器，将其转换为对应于空气相对湿度的电压信号 V_1，因为 V_1 是相对湿度 ϕ 的函数，它们之间为对数关系，不呈线性变化，必须经过线化器进行一次运算转换，线化器的输出电压信号 V_2 进入量程调整单元与零点迁移回路输入的 V_2' 信号综合后输出 V_3，将 V_3 输入 V—I 转换器后变成直流的标准信号（如 0～10mA）输出，即完成了变送器的功能，将此标准信号输入显示装置即可显示相对湿度数值，再输入位式控制器，通过控制器即能输出位式或连续调节信号，完成调节功能。

第四节　其他湿度计

除前几节介绍的湿度计外，还有其他几种湿度计，下面逐一介绍它们的工作原理。

一、毛发、尼龙丝湿度计

毛发或尼龙湿度计是利用毛发（经脱脂等处理）或尼龙丝在不同湿度空气环境中的伸缩率不同，亦即长度随湿度变化的机械敏感性而制成的。

当相对湿度 ϕ 增加时，毛发、尼龙丝会伸长，反之会缩短。例如经过精选脱脂处理后的毛发，相对湿度 ϕ 变化 10% 时，长度伸长 2%。一般经加工后的毛发在 $\phi=10\%\sim100\%$ 范围内，相对湿度与伸长率具有一定的关系，某些尼龙（如尼龙 66）性质与毛发相似。

毛发、尼龙丝湿度敏感元件的反应速度慢，相对湿度与输出位移量间变化不成线性关系，使用的时间长久之后，易塑性变形和老化，但这种敏感元件因具有构造简单，工作可靠，价廉和不需要经常维护等优点，虽然精度不高（一般为 $\pm15\%$），但能满足舒适性空调等一般要求。毛发湿度计的构造，如图3-9所示。

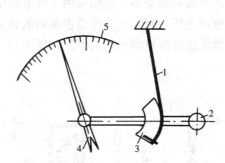

图 3-9　毛发湿计度

1—毛发；2—重锤；3—凸轮；4—指针
（与重锤同轴旋转）；5—刻度盘

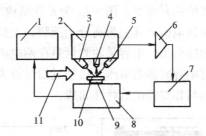

图 3-10　光电式露点湿度计

1—露点温度指示器；2—光电桥路；3—反射
光敏电阻；4—散射光敏电阻；5—光源；6—
放大器；7—可调直流电源；8—半导体热电
制冷器；9—铂电阻；10—露点镜；11—被测
气体流向

二、光电式露点湿度计

光电式露点湿度计是使用光电原理直接测量气体露点湿度的一种电测法湿度计，它的测量准确度高，可靠、适用范围大，尤其是对低温、低湿状态更宜使用。其基本结构及系统方框图，如图3-10所示。

如图所示，光电式露点湿度计的核心是一个可以自动调节温度的能反射光的金属露点镜以及光学系统。当被测的采样气体通过中间通道与露点镜相接触时，如果镜面温度高于气体的露点温度，镜面的反射性能好，来自白炽灯光源的斜射光束经露点镜反射后，大部分射向反射光敏电阻，只有很少部分为散射光敏电阻所接收，二者经过光电桥路进行比较，将其不平衡信号经过平衡差动放大器放大后，自动调节输入半导体的热电制冷的直流电流值，半导体热电制冷器的冷端与露点镜相连，当输入制冷器的电流值变化时，其制冷量随之变化，电流愈大，制冷量愈大，露点镜的温度亦愈低，当降到露点温度时，露点镜面开始结露，来自光源的光束射至凝露的镜面时，受凝露的散射作用使反射光束的强度减弱，而散射光的强度有所增加，经两组光敏电阻接收并通过光电桥路进行比较后，放大器与可调直流电源自动减小输入半导体热电制冷器的电流，以使露点镜的温度升高，当不结露时，又自动降低露点镜的温度，最后使露点镜的温度达到动态平衡时，即为被测气体的露点温度，然后通过安装在露点镜内的铂电阻及露点温度指示器即可直接显示被测的露点温度值。

光电式露点湿度计主要有一个高度光洁的露点镜面以及高精度的光学与热电制冷调节系统，这样的冷却与控制可以保证露点镜面上的温度值在±0.05℃的误差范围内。

测量范围广与测量误差小对仪表是两个基本要求。一个特殊设计的光电式露点湿度计的露点测量范围为−60～100℃，典型的光电式露光湿度计露点镜面可以冷却到比环境温度低50℃，最低的露点镜面能测到1%～2%的相对湿度，光电式露点湿度计不但测量精度高，而且还可测量高压、低湿、低温气体的相对湿度。但采样气体不得含有烟尘、油脂等污染物，否则会直接影响测量精度。

三、电容式湿度传感器

高分子薄膜电容式湿敏元件是以亲水性的高分子聚合物作介质膜，当高分子介质吸湿后，改变了聚合物的介电常数，使元件的电容发生变化，通过测量电容量的变化，即可得出空气的相对湿度。图 3-11 为元件结构图。它选用 0.3mm 厚的玻璃基片，下部电极为叉指状金属电极，其上为高分子薄膜，上部电极为透水疏松的金属，电信号由下部电极用两根引出线引出。电容量的测量是在两电极间送入脉冲电压，利用同步多谐振荡器的脉宽电路，将电容转换为电压，再经过线性放大，配上微电压计即可测出相对湿度。图 3-11 (b) 为电容与相对湿度的特性曲线。

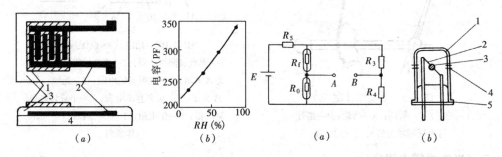

图 3-11　高分子介质电容式湿敏元件的结构　　图 3-12　热敏电阻湿度传感器的原理和结构

(a) 结构；(b) 特性　　　　　　　　　　　　(a) 原理；(b) 结构

1—上部电极；2—下部电极；3—高分子　　　　1—金属盒；2—铝丝；3—热敏电阻；

薄膜；4—玻璃基板　　　　　　　　　　　　4—气孔；5—焊接处

四、热敏电阻湿度传感器

其原理和构造如图 3-12 所示，它属于非湿法测量，R_0 置于孔密闭的金属盒内，内部封闭着干燥空气；R_f 置于经常与大气接触的开孔金属盒内，利用不平衡电桥，将空气的绝对湿度转换为电桥的不平衡电压，即：

$$V_0 = f (R_f, R_0) \tag{3-15}$$

式中　R_f——测量绝对湿度的热敏电阻；

　　　R_0——基准热敏电阻。

热敏电阻绝对湿度传感器响应时间小，无滞后，使用时应避免振动和气体干扰。

五、常用半导体湿敏电阻

半导体陶瓷湿敏电阻，通常用两种以上的金属氧化物半导体材料混合烧结而成为多孔陶瓷，这些材料有的电阻率随湿度增加而下降，称为负特性湿敏半导体陶瓷；有的电阻率随湿度增加而增大，故称为正特性湿敏半导体陶瓷。

用来制造半导体陶瓷湿敏电阻的材料，主要是不同类型的金属氧化物。将极其微细的金属氧化物颗粒在高温 1300℃ 下烧结，可制成多孔隙的金属氧化物陶瓷，在这种多孔体表面加上电极，引出接线端子就可做成陶瓷湿敏元件。如以铬酸镁-二氧化钛（$MgCrO_4 \cdot 7H_2O - TiO_2$）固熔体为感湿体的多孔陶瓷，气孔率达 30%～40%。多孔电极的材料为 RuO_2，RuO_2 的热膨胀系数与陶瓷相同，因而有良好的附着力。RuO_2 通过丝网印刷到陶瓷片的表面，在高温下烧结形成多孔性的电极。$MgCrO_4 \cdot 7H_2O$ 属于甲型半导体，其特点是感湿灵敏度适中，电阻率低，阻值湿度特性好。器件安装在一种高致密、疏水性的陶瓷片底座上，为避免底座上测量电极 a、b 之间因吸湿和沾污而引起漏电，在测量电极 a、b 的周围设置隔漏环。

湿敏元件使用时必须裸露于测试环境中，故油垢、尘土等有害于元件的物质（气、固体）都会使其物理吸附和化学吸附性能发生变化，引起元件特性变坏。而金属氧化物陶瓷湿敏元件的陶瓷烧结体的物理和化学状态稳定，可以用加热去污等方法恢复元件的湿敏特性，而且烧结体的表面结构极大地扩展了元件表面与水蒸气的接触面积，使水蒸气易于吸附和脱去，通过控制元件的细微结构使物理性吸附占主导地位，获得最佳的湿敏特性。因此陶瓷湿敏元件的使用寿命长、元件特性稳定，是目前最有可能成为工程应用的主要湿敏元件之一。陶瓷湿敏元件的使用温度为 0～160℃。

在诸多的金属氧化物陶瓷材料中，由铬酸镁-二氧化钛固熔体组成的多孔性半导体陶瓷是性能较好的湿敏材料，它的表面电阻率能在很宽的范围内随着湿度的变化而变化，而且能在高温条件下进行反复的热清洗，性能仍保持不变。图 3-13 所示的是这种陶瓷湿敏元件结构。

关于半导体陶瓷湿敏材料的电导机理有多种理论。一般认为，作为湿敏材料的多晶陶瓷，由于晶粒间界的结构不够致密且缺乏规律性，

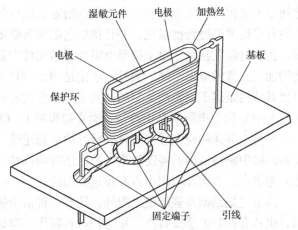

图 3-13 铬酸镁-二氧化钛半导体陶瓷湿敏电阻结构图

不仅载流子浓度远比晶粒内部的小，而且载流子迁移率也要低得多。所以，一般半导体陶瓷的晶粒间界的电阻要比体内的高得多，因而半导体陶瓷的晶粒间界便成了半导体陶瓷中传导电流的主要障碍。这种高阻效应的存在，使半导体陶瓷具有良好的湿敏特性。水分子中的氢原子具有很强的正电场。水在半导体陶瓷表面附着，就可能从半导体陶瓷表面俘获电子，使半导体陶瓷表面带负电，相当于表面电势变负。如果该半导体陶瓷是 P 型的，则水分子的吸附会使表面电势下降，这类材料就是负特性湿敏半导体陶瓷。它的阻值随着湿度的增加可以下降三至四个数量级。对于 N 型半导体陶瓷，水分子附着同样会使表面电势下降。如果表面电势下降比较多，则不仅使表面的电子耗尽，同时将大量的空穴吸引到表面层，以至有可能达到表面层的空穴浓度高于电子浓度的程度，出现所谓表面反型层，这些空穴称为反型载流子，它们同样可以在表面迁移而对电导做出贡献。这就说明水分子的附着同样可以使 N 型半导体陶瓷材料的表面电阻下降。由此可见，不论是 N 型还是 P 型半导体陶瓷，其电阻率都可随湿度的增加而下降。已知一系列

的金属氧化物，特别是过渡金属氧化物及其盐类都具有明显的湿敏特性，如 ZnO、CuO、Fe_2O_3、TiO_2 等等。

对于阻值随湿度增加而增大的这类正特性湿敏半导体陶瓷，其机理的解释可认为是，这类材料的结构、电子能量状态与负特性有所不同。当水分子的附着使表面电势变负时，表面层电子浓度下降，但还不足以使表面层的空穴浓度增加到出现反型的程度，此时仍以电子电导为主。于是表面电阻将由于电子浓度的下降而增大，这类半导体陶瓷材料的表面层电阻将随环境湿度的增加而加大。如果对于某一种半导体陶瓷，它的晶粒间界电阻与体内电阻相比并不很大，那么表面层电阻的加大对总电阻将不起多大作用。通常湿敏半导体陶瓷材料都是多孔型的，表面电阻占的比例很大，故表面层电阻的升高，必将引起总阻值的明显升高。但由于晶体内部低阻支路依然存在，所以总阻值的升高不像负特性材料中的阻值下降那么明显。

还有一种涂覆膜型的湿敏元件，它是由金属氧化物粉末或某些金属氧化物烧结体研成的粉末，通过一定方式的调和、喷洒或涂覆在具有叉指电极的陶瓷基片上而制成的，这类感湿元件的阻值随环境湿度变化而变化非常剧烈。这种特性是由其结构所造成的，由于粉粒之间通常是很松散的自由表面，这些表面都非常有利于水分子附着，特别是粉粒与粉粒之间不太紧密的接触更有利于水分子的附着，极性的、离解力极强的水分子在粉粒接触处的附着将使其接触程度强化，并且接触电阻显著降低，因此环境湿度越高，水分子附着越多，接触电阻就越低。由于接触电阻在湿敏元件中是起主导作用的，所以，随着环境湿度的增加，元件的电阻下降。而且，不论是用负特性型还是正特性型的湿敏瓷粉作为原料，只要其结构是属于粉粒堆集型的，其阻值都会随着环境湿度的增高而显著下降。例如，烧结型 Fe_3O_4 混敏电阻具有正特性，而瓷粉膜型 Fe_3O_4 湿敏电阻具有负特性。

典型半导体陶瓷湿敏电阻具有较好的热稳定性，较强的抗沾污能力，能在恶劣、易污染的环境中测得准确的湿度数据，而且还有响应快、使用湿度范围宽（可在 150℃ 以下使用）等优点，在实际应用中占有很重要的位置。

除上述烧结型陶瓷湿敏电阻外，还有一种由金属氧化物微粒经过堆积、粘结而成的材料，也具有较好的感湿特性。用这种材料制作的湿敏器件，一般称为涂覆膜型或瓷粉型湿敏器件，这种湿敏器件有多种品种，其中比较典型且性能较好的是 Fe_2O_3 湿敏器件。湿敏器件采用滑石瓷作基片，在基片上用丝网印刷工艺印制成梳状金电极，再将纯净的 Fe_2O_3 胶粒，用水调制成适当黏度的浆料，然后将其涂覆在已有金属电极的基片上，经低温烘干后，引出电极即可使用。但它与烧结陶瓷相比，缺少足够的机械强度。膜型 Fe_2O_3 湿敏器件的微粒之间，依靠分子力和磁力的作用，构成接触型结合，虽然膜型 Fe_2O_3 湿敏器件，微粒本身的体电阻较小，但微粒间的接触电阻却很大，这就导致膜型 Fe_2O_3 湿敏器件感湿膜的整体电阻很高，水分子透过松散结构的感湿膜而吸附在微粒表面上，将扩大微粒间的面接触，导致接触电阻的减小，因而这种器件具有负感湿特性。

Fe_2O_3 湿敏器件的主要优点是在常温、正常湿度下性能比较稳定，有较强的抗结露能力；在全湿范围内有相当一致的湿敏特性，而且其工艺简单，价格便宜。其主要缺点是响应速度缓慢，并有明显的湿滞效应。

第五节　湿敏传感器应用

湿敏传感器是由湿敏元件和转换电路等组成，将环境湿度变换为电信号的装置，在工业、农业、气象、医疗以及日常生活等方面都得到了广泛的应用，特别是随着科学技术的发展，对于湿度的检测和控制越来越受到人们的重视。

一、湿敏传感器的应用范围

任何行业的工作都离不开空气，而空气的湿度又和工作、生活、生产有直接联系，这就使湿度的监测和控制越来越显得重要。湿度传感器的应用主要有如下几个方面。

(1) 温室养殖　现代农林畜牧各种产业都有相当数量的温室，温室的湿度控制和温度控制同样重要，把湿度控制在农作物、树木、畜禽等生长适宜的范围，是减少病虫害、提高产品数量和质量的条件之一。

(2) 气候监测　天气预报对工农业生产、军事及人民生活和科学实验等方面都有重要意义，因而湿度传感器是必不可少的测湿设备，如树脂膨散式湿度传感器已用于气象气候测湿仪器上。

(3) 精密仪器的使用保护　许多精密仪器、设备对工作环境要求较高。环境湿度必须控制在一定范围内，以保证它们的正常工作，提高工作效率及可靠性。如电话程控交换机工作湿度在 $55\pm10\%$ 较好。湿度过高会影响绝缘性能，过低易产生静电，影响正常工作。

(4) 物品储藏　各种物品对环境湿度均有一定的适应性，湿度过高过低均会使物品丧失原有性能。如在高湿度地区，电子产品在仓库的受损会非常严重，其性能和灵敏度会受影响，非金属零件会发霉变质，金属零件会腐蚀生锈。

(5) 工业生产　在纺织、电子、精密机器、陶瓷工业等部门，空气湿度直接影响产品的质量和产量，必须有效地进行监测调控。

二、湿敏传感器的使用要求

通常对理想的湿敏传感器的特性要求是：适合在较宽的温、湿度范围内使用、测量精度要高、使用寿命长、稳定性好、响应速度快、湿滞回差小、重现性好、灵敏度高、线形好、温度系数小、制造工艺简单、易于批量生产、转换电路简单、成本低、抗腐蚀、耐低温和高温等特性。

三、湿度计的选择与使用

湿度计的选择主要考虑其测湿范围，此外，还要考虑灵敏度、响应速度及温度系数（干扰），各种湿度计见表 3-2。

人类的生存和社会活动与湿度密切相关。随着现代化的实现，很难找出一个与湿度无关的领域来。由于应用领域的不同，对湿度传感器的技术要求也不同，从制造角度看，同是湿度传感器，材料、结构、工艺不同，其性能和技术指标有着很大的差异，因而价格也相差甚远。对使用者来说选择湿度传感器时，首先要搞清楚需要什么样的传感器，权衡好需要与可能的关系。选择湿度传感器时，应考虑下几个方面。

1. 选择测量范围

选择湿度传感器首先要确定测量范围。除了气象、科研部门外，其他的温、湿度测控

常见空气湿度检测仪表　　　　　　表 3-2

仪表种类	常见典型产品	工作原理	特点
干湿球法	干湿球湿度计	干湿球温度差与该温度下相对湿度有一定的对应关系	结构简单，价格便宜，误差 RH1％～2％，自动干湿度计可遥测
	通风干湿球湿度计		
	自动干湿球湿度计		
吸湿法	毛发（或化纤）湿度计	利用无机或有机材料吸湿、潮解、含湿量随空气相对含湿量变化而变化，影响其几何或物理特性	简单便宜，使用温度低，不超过70℃，体积小，反应快，灵敏度高，$RH\pm$0.14％，精度稳定性差，每个测头量程窄，互换性差，易老化
	氯化锂电阻湿度计		
	氯化锂露点式湿度计（换算较繁）		
	气动羊肠膜湿度计		能将不同湿度转换成压力为 20～100kPa输出信号与气动系统组合
	电容式湿度计	利用金属氧化物或高分子薄膜介质吸脱水性能制成	测相对湿度，工作强度和压力范围宽，元件滞后小和响应速度快；测量值与周围空气速度无关，抗污染能力及稳定性好，测量范围宽
非吸湿法	红外线吸收式湿度传感器	利用物理效应或物理现象的方法测量湿度	测湿响应速度快，测湿精度高，测量范围宽
	微波式湿度传感器		
	超声波式湿度传感器		
	热敏电阻湿度计	直接检测含水蒸气空气的热导率的变化	传感器响应时间小，无滞后，使用时应注意避免振动和气体干扰

一般不需要全湿程（0～100％RH）测量。在当今的信息时代，传感器技术与计算机技术、自动控制技术紧密结合的。测量的目的在于控制，测量范围与控制范围合称使用范围。当然，对不需要搞测控系统的应用者来说，直接选择通用型湿度仪就可以了。

2. 选择测量精度

测量精度也是传感器最重要的指标。每提高一个百分点，对传感器来说就是上一个台阶，甚至是上一个档次。因为要达到不同的精度，其制造成本相差很大，售价也相差甚远。例如进口的1只廉价的湿度传感器只有几美元，而1只供标定用的全程范围湿度传感器则要几百美元，相差近百倍。所以选用时一定要量体裁衣，不宜盲目追求高、精、尖。

湿度传感器的精度往往都是分段给出。如中、低湿段（0～80％RH）为±2％RH，而高湿段（80％～100％RH）为±4％RH。而且此精度是在某一指定温度下（如 25℃）的数值。如在不同温度下使用湿度传感器，其示值还要考虑温度漂移的影响。众所周知，相对湿度是温度的函数，温度严重地影响着指定空间内的相对湿度，温度每变化 0.1℃，将会产生 0.5％RH 的湿度变化。如果使用场合难以做到恒温，此时提出过高的测湿精度是不合适的，因为湿度会随着温度的变化飘忽不定，奢谈测湿精度将失去实际意义。所以控湿首先要控制好温度，这就是大量实际应用中往往采用的是温湿度一体化传感器而不单纯是湿度传感器的缘故。

多数情况下，如果没有精确的控温手段，或者被测空间是非密封的，±5％RH 的精度就足够了。对于要求精确控制恒温、恒湿的局部空间，或者需要随时跟踪记录湿度变化的场合可选用±3％RH。以上精度的湿度传感器，与此相对应的温度传感器，其测温精度须满足在±0.3℃以上，至少应在±0.5℃以上。

3. 考虑时漂和温漂

几乎所有的传感器都存在时漂和温漂。由于湿度传感器必须和大气中的水蒸气相接触，所以不能密封，这就决定了它的稳定性和寿命是有限的。一般情况下，生产厂商会标明1次标定的有效使用时间为1年或2年，到期负责重新标定。

选择湿度传感器要考虑应用场合的温度变化范围，看所选传感器在指定温度下能否正常工作（以下简称温漂），温漂是否超出设计指标。值得注意的是：电容式湿度传感器的温度系数 α 是个变量，它随使用温度、湿度范围而异，这是因为水和高分子聚合物的介电系数随温度的改变是不同步的，而温度系数 α 又主要取决于水和感湿材料的介电系数，所以电容式湿敏元件的温度系数并非常数，电容式湿度传感器在常温、中湿段的温度系数最小，5～25℃时，中低湿段的温漂可忽略不计。但在高温、高湿区或负温高湿区使用时，就一定要考虑温漂的影响，进行必要的补偿或修正。

4. 其他注意事项

湿度传感器是非密封性的，为保护测量的准确度和稳定性，应尽量避免在酸性、碱性及含有机溶剂的环境中使用；也应避免在粉尘较大的环境中使用；为正确反映欲测空间的湿度，还应避免将传感器安放在离墙壁太近或空气不流通的死角处；如果被测的房间太大，就应放置多个传感器。

有的湿度传感器对供电电源要求比较高，否则将影响测量精度。或者传感器之间相互干扰，甚至无法工作。使用时应按技术要求提供合适的、符合精度要求的供电电源。传感器需要进行远距离信号传输时，要注意信号的衰减问题。当传输距离超过 200m 以上时，建议选用有频率输出信号的湿度传感器。

由于湿敏元件都存在一定的分散性，无论进口或国产的传感器都需逐支调试标定，大多数在更换湿敏元件后需要重新调试标定，对于测量精度比较高的湿度传感器尤其重要。

四、湿度传感器的检验

在湿度传感器实际标定困难的情况下，可以通过一些简便的方法进行湿度传感器性能判断和检查。

（1）一致性判定，同一类型、同一厂家的湿度传感器产品最好一次购买两支以上，越多越能说明问题，放在一起通电比较其检测输出值，在相对稳定的条件下，观察测试的一致性。若进一步检测，可在 24h 内间隔一段时间记录，一天内一般都有高、中、低三种湿度和温度情况，可以较全面地观察产品的一致性和稳定性，包括温度补偿特性。

（2）用嘴呵气或利用其他加湿手段对传感器加湿，观察其灵敏度、重复性、吸湿脱湿性能，以及分辨率、产品的最高量程等。

（3）对产品作开盒和关盒两种情况的测试。比较是否一致，观察其热效应情况。

（4）对产品在高温状态和低温状态（根据说明书标准）进行测试，并恢复到正常状态下检测和实验前的记录作比较，考查产品的温度适应性，并观察产品的一致性情况。

产品的性能最终要依据质检部门正规完备的检测手段。可以利用饱和盐溶液作标定，也可使用名牌产品作比对检测，产品还应在不断使用的过程中长期标定才能较全面地判断湿度传感器的质量。

五、湿度传感器的发展趋势

在工农业生产、气象、环保、国防、科研、航天等部门，经常需要对环境湿度进行测量及控制。但在常规的环境参数中，湿度是最难准确测量的一个参数。早在 18 世纪人类就发明了干湿球湿度计和毛发湿度计，而电子式湿度传感器是近几十年，特别是近 20 年才迅速发展起来的，新旧事物的交替与人们的观念转变很有关系。由于干湿球、毛发湿度计的价格仍明显低于湿度传感器，造成一部分人对电子湿度传感器价格的不认可。由于传统测湿方法简单易行，所以在测试方法上成为大多数人的首选。但是仅从测量精度的角度来说，传统的测试方法并不一定能满足测量条件的要求。比如，干湿球湿度计的准确度只有 5％～7％RH，测得的湿度取决于干球、湿球两支温度计本身的精度，而且湿度计必须处于通风状态，只有纱布水套、水质、风速都满足一定要求时，才能达到规定的准确度。所以用干湿球湿度计或毛发湿度计来测量湿度的方法，早已无法满足现代科技发展的需要。在选用时必需充分考虑测量条件的要求。

近年来，国内外在湿度传感器研发领域取得了长足进步。湿敏传感器正从简单的湿敏元件向集成化、智能化、多参数检测的方向迅速发展，为开发新一代湿度/温度测控系统创造了有利条件，也将湿度测量技术提高到新的水平。

思 考 题 与 习 题

1. 在供热通风与空调工程中，湿度的检测有何意义？测量空气湿度可以通过哪些途径？

2. 干湿球湿度计的测湿原理是什么？

3. 试编写测得空气的干球温度和湿球温度来计算空气相对湿度 ϕ 的 BASIC 语言程序。

4. 根据自动干湿球湿度计的线路图，说明它测量空气相对湿度的工作原理。

5. 影响干湿球湿度计测量精度的因素有哪些？

6. 利用氯化锂测量湿度的基本原理是什么？

7. 试述氯化锂电阻湿度计的工作原理与组成？在使用中应注意的事项？

8. 简述氯化锂露点湿度传感器的结构与工作过程？

9. 氯化锂电阻湿度计的氯化锂溶液浓度与测湿范围有何关系？

10. 非吸湿法测湿仪表的主要特点是什么？

第四章 压 力 测 量

这里的压力即物理学中的压强，压力是反映物质状态的一个重要参数，是工业生产过程中重要工艺参数之一，正确地测量和控制压力是保证生产过程良好地运行，达到优质高产、低消耗和安全生产的重要环节。

国际单位制（SI）中定义 1N 的力垂直均匀地作用在 1m² 面积上所形成的压力为一个帕斯卡，简称帕，符号为 Pa。目前，工程技术界广泛使用的压力单位主要有：工程大气压、标准大气压、毫米汞柱、毫米水柱等。常用的几种压力单位与帕之间的换算关系为：

$1kgf/cm^2 = 9.807 \times 10^4 Pa$

$1atm = 1.013 \times 10^5 Pa$

$1mmHg = 1.332 \times 10^2 Pa$

$1mmH_2O = 9.807 Pa$

$1MPa = 10^6 Pa$

以绝对真空为计值零点的压力称为绝对压力。设计容器或管道的耐压强度时，主要根据内部流体压力和外界环境大气压力之差，一般的压力表监视生产过程，也只检测容器或设备内外压力之差，这个压力差是相对值，是以环境大气压力为计值零点所得的压力值，称为相对压力。各种普通压力表的指示值都是相对压力，所以相对压力也称为表压力，简称表压。如果容器或管道里的流体比外界环境大气压力低，表压就为负值，这种情况下的表压称为真空度，意即接近真空的程度。

依据不同的测压原理，可以把压力测量的方法分为利用重力与被测压力平衡测压力；利用弹性力与被测压力平衡测压力；利用物质其他与压力有关的物理性质测压力。

第一节 液柱式压力表

一、液柱式压力表测压原理

液柱式压力计是利用液柱所产生的压力与被测压力平衡，并根据液柱高度来确定被测压力大小的压力计。所用液体叫做封液，常用的有水、酒精、水银等。常用的液柱式压力计有 U 形管压力计、单管压力计和斜管微压计。它们的结构形式如图 4-1 所示。

U 形管压力计两侧压力 p_1、p_2 与封液液柱高度 h 间有如下关系

$$p_1 - p_2 = gh(\rho - \rho_1) + gH(\rho_2 - \rho_1) \tag{4-1}$$

式中 　ρ_1、ρ_2、ρ——左右侧介质及封液密度；

　　　　H——右侧介质高度；

　　　　h——液柱高度；

　　　　g——重力加速度。

当 $\rho_1 = \rho_2$ 时，式（4-1）可简化为

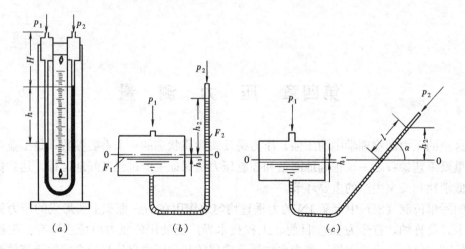

图 4-1　液柱式压力计

(a) U形管压力计；(b) 单管压力计；(c) 斜管微压计

$$p_1 - p_2 = gh(\rho - \rho_1) \tag{4-2}$$

若 $\rho_1 = \rho_2$，且 $\rho \gg \rho_1$，则有

$$p_1 - p_2 = gh\rho \tag{4-3}$$

单管压力计两侧压力 p_1、p_2 与封液液柱高度 h_2 之间的关系为

$$p_1 - p_2 = g(\rho - \rho_1)(1 + F_2/F_1)h_2 \tag{4-4}$$

式中　F_1、F_2——容器和单管的截面积。

若 $F_1 \gg F_2$，且 $\rho \gg \rho_1$ 则

$$p_1 - p_2 = g\rho h_2 \tag{4-5}$$

斜管微压计两侧压力 p_1、p_2 和液柱长度 l 的关系可表示为

$$p_1 - p_2 = g\rho l \sin\alpha \tag{4-6}$$

式中　α——斜管的倾斜角度。

二、液柱式压力计的测量误差及其修正

在实际使用时，很多因素都会影响液柱式压力计的测量精度。对某一具体测量问题，有些影响因素可以忽略，有些则必须加以修正。

(一) 环境温度变化的影响

当环境温度偏离规定温度时，封液密度、标尺长度都会发生变化。由于封液的体膨胀系数比标尺的线膨胀系数大 1～2 个数量级，因此对于一般的工业测量，主要考虑温度变化引起的封液密度变化对压力测量的影响，而精密测量时还需要对标尺长度变化的影响进行修正。

环境温度偏离规定温度 20℃后，封液密度改变对压力计读数影响的修正公式为

$$h = h_{20}[1 + \beta(t - 20)] \tag{4-7}$$

式中　h_{20}——20℃封液液柱高度；

　　　h——温度为 t℃时封液液柱高度；

　　　β——封液的体膨胀系数；

　　　t——测量时的实际温度。

（二）毛细管现象造成的误差

毛细管现象使封液表面形成弯月面，这不仅会引起读数误差，而且会引起液柱的升高或降低。这种误差与封液的表面张力、管径、管内壁的洁净度等因素有关，难以精确得到。实际应用时，常常通过加大管径来减少毛细管现象的影响。一般要求，封液为酒精时管子内径 $d \geqslant 3mm$；封液为水或水银时 $d \geqslant 8mm$。

此外液柱式压力计还存在刻度、读数、安装等方面的误差。读数时，眼睛应与封液弯月面的最高点或最低点持平，并沿切线方向读数。U 形管压力计和单管压力计都要求垂直安装，否则将会产生较大误差。

第二节 弹性式压力表

以压力与弹力相平衡为基础的压力测量装置为弹性式压力计。常用的弹性元件有弹簧管、膜片、膜盒和波纹管，相应的压力测量工具有弹簧管压力计、膜片式压力计、膜盒式压力计和波纹管式压力计及膜片式、膜盒式、波纹管式压差计。弹性元件变形产生的位移较小，往往需要把它变换为指针的角位移或电信号，指示压力的大小。

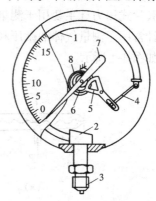

图 4-2　单圈弹簧管压力计
1—弹簧管；2—固定端；3—接头；
4—拉杆；5—扇形齿轮；6—中心
齿轮；7—指针；8—游丝

一、弹簧管压力计

图 4-2 所示单圈弹簧管压力计，由弹簧管、齿轮传动机构、指针、刻度盘等部分组成。

弹簧管是弹簧管压力计的主要元件。各种形式的弹簧管如图 4-3 所示。弯曲的弹簧管是一根空心的管子，其自由端是封闭的，固定端与仪表的外壳固定连接，并与管接头相通。弹簧管的横截面呈椭圆形或扁圆形。当它的内腔通入被测压力后，在压力作用下发生变形，短轴方向的内表面积比长轴方向的大，因而受力也大，当管内压力比管外大时，短轴要变长些，长轴要变短些，管子截面趋于更圆，产生弹性变形。由于短轴方向与弹簧管圆弧形的径向一致，变形使自由端向管子伸直的方向移动，产生管端位移量，通过拉杆带动齿轮传动机构，使指针相对于刻度盘转动。当变

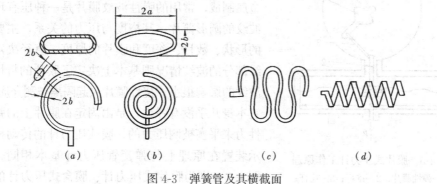

图 4-3　弹簧管及其横截面
（a）单圈弹簧管；（b）盘旋多圈弹簧管；（c）S 形弹簧管；（d）螺旋多圈弹簧管

形引起的弹性力与被测压力产生的作用力平衡时，变形停止，指针指示出被测压力值。

单圈弹簧管自由端的位移量不能太大，一般不超过 2～5mm。为了提高弹簧管的灵敏度，增加自由端的位移量，可采用 S 形弹簧管或螺旋形弹簧管。齿轮传动机构的作用是把自由端的线位移转换成指针的角位移，使指针能明显地指示出被测值。它上面还有可调螺钉，用以改变连杆和扇形齿轮的铰接点，从而改变指针的指示范围。转动轴处装着一根游丝，用来消除齿轮啮合处的间隙。传动机构的传动阻力要尽可能小，以免影响仪器的精度。

单圈弹簧管压力表的精度，普通的是 1～4 级，精密的是 0.1～0.5 级。测量范围从真空到 10^9Pa。为了保证弹簧管压力表的指示正确和能长期使用，应使仪表工作在正常允许的压力范围内。对于波动较大的压力，仪表的示值应经常处于量程范围的 1/2 附近；被测压力波动小时，仪表示值可在量程范围的 2/3 左右，但被测压力值一般不应低于量程范围的 1/3。另外，还要注意仪表的防振、防爆、防腐等问题，并要定期校验。

二、膜片式压力计与膜盒式压力计

膜片式压力计主要用于测量腐蚀性介质或非凝固、非结晶的黏性介质的压力，膜盒式压力计常用于测量气体的微压和负压。它们的敏感元件分别是膜片和膜盒，膜片和膜盒的形状如图 4-4 所示。

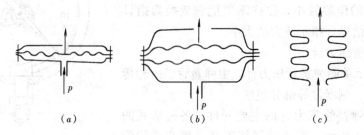

图 4-4 膜片和膜盒
(a) 波纹膜片；(b) 波纹膜盒；(c) 波纹管

膜片是一个圆形薄片，它的圆周被固定起来。通入压力后，膜片将向压力低的一面弯曲，其中心产生一定的位移（即挠度），通过传动机构带动指针转动，指示出被测压力。为了增大中心的位移，提高仪表的灵敏度，可以把两片金属膜片的周边焊接在一起，成为膜盒。也可以把多个膜盒串接在一起，形成膜盒组。膜片可分为弹性膜片和挠性膜片两种。弹性膜片一般由金属制成，常用的弹性波纹膜片是一种压有环状同心波纹的圆形薄片，其挠度与压力的关系，主要由波纹的形状、数目、深度和膜片的厚度、直径决定，而边缘部分的波纹情况则基本上决定了膜片的特性，中部波纹的影响很小。挠性膜片只起隔离被测介质的作用，它本身几乎没有弹性，是由固定在膜片上的弹簧的弹性力来平衡被测压力的。膜式压力计的传动机构和显示装置在原理上与弹簧管压力计基本相同。图 4-5、图 4-6 分别为膜片式压力计、膜盒式压力计的结构示意图。膜式压力计的精度一般为 1.5～2.5 级。膜片压

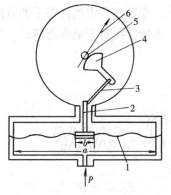

图 4-5 膜片式压力计工作原理
1—弹性膜片；2—推杆；3—连杆；
4—扇形齿轮；5—中心齿轮；6—指针

力计适用于 0～2MPa 的压力或负压，膜盒压力计的测量范围为 0～4×10⁴Pa 的压力或负压。

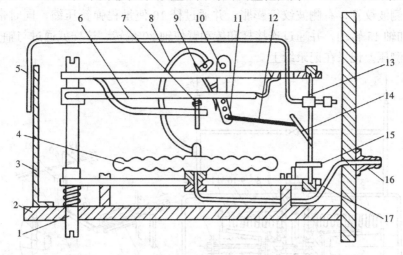

图 4-6　膜盒式压力计工作原理

1—调零螺钉；2—架体；3—刻度盘；4—膜盒；5—指针；6—调零板；7—限位螺钉；
8—弧形连杆；9—双金属片；10—轴；11—杠杆架；12—连杆；13—指针轴；14—杠杆；
15—游丝；16—接口；17—导压管

三、波纹管式压差计

波纹管是外周沿轴向有深槽形波纹状皱褶，而可沿轴向伸缩的薄壁管子。它受压时的线性输出范围比受拉时的大，故常在压缩状态下使用。为了改善仪表性能，提高测量精度，便于改变仪表量程，实际应用时波纹管常和刚度比它大几倍的弹簧结合起来使用。这时，性能主要由弹簧决定。波纹管式压差计以波纹管为感压元件来测量压差信号，有单波纹管和双波纹管两种，主要用作流量和液位测量的显示仪表。图 4-7 是单波纹管式压差计结构原理图。高压端与波纹管外部的容器相通，低压端接入波纹管内部。由于波纹管外部压力大于内部压力，波纹管将压缩并带动磁棒下移。磁棒的移动使电磁传感器输出相应电信号，并经放大器放大后输出。这种压差计最大工作压力为 0.025MPa，压差测量范围为 1000～4000Pa。测量精确度为 1.5 级。图 4-8 是一种双波纹管压差计的结构原理图。这种压差计的最大工作压力可达 32MPa，压差测量范围为 0.04～0.16MPa。测量精确度为 1～1.5 级。由图可见，压差的高压端引入仪表左侧容器，低压端引入右侧容器。左右两个波纹管内均充满工作液体（67%水和 33%甘油），并有小孔相通。左侧波纹管上连有一个作为温度补偿器的波纹短管，管内也充有工作液体，并有小孔与左面波纹管相通。当环境温度变化时，工作液体能经小孔流入或流出波纹短管。

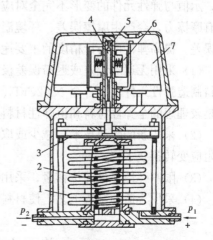

图 4-7　单波纹管式压差计结构原理图

1—波纹管；2—弹簧；3—支架；
4—磁棒；5—套管；6—电磁传
感器；7—放大器

当高低压端分别接入压力不同的介质时，左侧波纹管受压差作用后使部分工作液体经小孔流入右侧波纹管，右侧波纹管膨胀，并通过杆 10 使量程弹簧压缩，同时带动杠杆 8 使套管 16 和轴 15 转动，并通过连接杆和传动臂使轴 20 偏转，这样就通过与轴 20 相连的记录笔将被测压差记录在记录纸上。

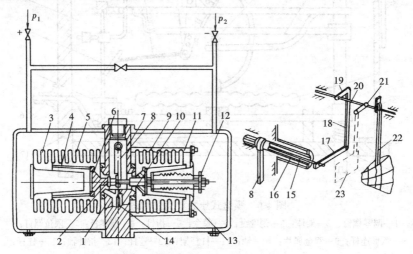

图 4-8　双波纹管压差计的结构原理图

1—孔；2—调节环；3—温度补偿器；4—套管；5—左侧波纹管；6—橡胶阀板；7—底板；8—杠杆；
9—右侧波纹管；10—杆；11—螺栓；12—量程弹簧；13—固定锥套；14—调节阀；15—轴一；16—套管；
17—传动杆；18—连接杆；19—传动臂一；20—轴二；21—传动臂二；22—记录笔；23—累计传动臂

四、弹性压力计的误差及改善途径

由于环境的影响，仪表的结构、加工和弹性材料性能的不完善，会给压力测量带来各种误差。相同压力下同一弹性元件正反行程的变形量会不一样，也因而存在迟滞误差。弹性元件变形落后于被测压力的变化，引起了弹性后效误差；仪表的各种活动部件之间有间隙，示值与弹性元件的变形不完全对应，会引起间隙误差；仪表的活动部件运动时，相互间有摩擦力，会产生摩擦误差；环境温度改变会引起金属材料弹性模量的变化，会造成温度误差。提高弹性压力计精度的主要途径有：

（1）采用无迟滞误差或迟滞误差极小的"全弹性"材料和温度误差很小的"恒弹性"材料制造弹性元件，如合金 Ni42CrTi、Ni36CrTiA 是用得较广泛的恒弹性材料，熔凝石英是较理想的全弹性材料和恒弹性材料。

（2）采用新的转换技术，减少或取消中间传动机构，以减少间隙误差和摩擦误差，如电阻应变转换技术。

（3）限制弹性元件的位移量，采用无干摩擦的弹性支承或磁悬浮支承等。

（4）采用合适的制造工艺，使材料的优良性能得到充分的发挥。

第三节　电气式压力计及变送器

一、压阻式压力传感器

电阻丝在外力作用下发生机械变形，它的几何尺寸和电阻率都会发生变化，从而引起

电阻值变化。若电阻丝的长度为 l，截面积为 A，电阻率为 ρ，电阻值为 R，则有

$$R = \rho \frac{l}{A} \tag{4-8}$$

设在外力作用下，电阻丝各参数的变化相应为，dl，dA，$d\rho$，dR，对式（4-8）求微分并除以 R，可得电阻的相对变化

$$\frac{dR}{R} = \frac{d\rho}{\rho} + \frac{dl}{l} - \frac{dA}{A} \tag{4-9}$$

对于金属材料，电阻率的相对变化 $d\rho/\rho$ 较小。影响电阻相对变化的主要因素是几何尺寸的相对变化 dl/l 和 dA/A。对半导体材料，dl/l 和 dA/A 两项的值很小，$d\rho/\rho$ 为主要的影响因素。

物质受外力作用，其电阻率发生变化的现象叫压阻效应。利用压阻效应测量压力的传感器叫压阻式压力传感器。自然界中很多物质都具有压阻效应，但以半导体晶体的压阻效应较明显，常用的压阻材料是硅和锗。一般意义上说的压阻式压力传感器可分两种类型，一类是利用半导体材料的体电阻做成粘贴式的应变片，作为测量中的变换元件，与弹性敏感元件一起组成粘贴型压阻式压力传感器，或叫应变式压力传感器；另一类是在单晶硅基片上用集成电路工艺制成扩散电阻，此基片既是压力敏感元件，又是变换元件，这类传感器叫做扩散型压阻式压力传感器，通常也简称作压阻式压力传感器或固态压力传感器。

压阻效应的强弱用压阻系数表示。压阻系数与材料的性质、扩散电阻的形状及环境温度等因素有关。此外，单晶硅是各向异性材料，即使在同样大小的外力作用下，同一基片在不同晶向上压阻系数也是不同的。扩散电阻在基片上的位置应使得基片感受压力时，一组相对臂的电阻增加，而另一组相对臂的电阻减小。根据薄板弯曲理论，四周固定的圆形平膜片受压弯曲时，各点的径向应力如图 4-9 所示。一般应沿压阻系数最大的晶向扩散电阻，以提高传感器的灵敏度。为了把电阻的变化方便地转变为电压或电流的变化，通常在基片上扩散 4 个电阻，如图 4-10 所示，组成一个不平衡电桥。

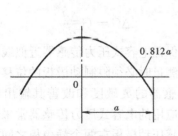

图 4-9 扩散在基片上电阻的径向应力分布

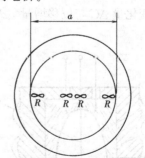

图 4-10 基片上扩散 4 个电阻的位置分布

如图 4-11 所示，电桥的电源为恒流源 I_0，R 为各扩散电阻的初值，ΔR 为它们在压力作用下电阻的变化量。电桥的输出为

$$U = I_0 \Delta R \tag{4-10}$$

若保持电桥的电流 I_0 不变，则 U 只与 ΔR 成正比，而 ΔR 的大小由被测压力确定。

压阻式压力传感器的灵敏度高，比金属丝式应变片的灵敏度大 50～100 倍；精度高，可达 0.1%～0.02%；频率响应好，可测量 300～500kHz 以下的脉动压力；工作可靠，耐

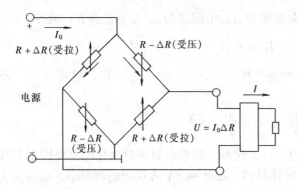

图 4-11 压阻式压力计测量电桥

冲击，耐振动，抗干扰；可微型化、智能化，功耗小，寿命长，易批量生产。但电桥供电电源的精度和稳定性对其输出电压有较大影响。

二、电容式压力传感器

电容器的电容量由它的两个极板的大小、形状、相对位置和电介质的介电常数决定。如果一个极板固定不动，另一个极板感受压力，并随着压力的变化而改变极板间的相对位置，电容量的变化就反映了被测压力的变化。这是电容式压力传感器的工作原理。图 4-12 为电容式压力传感器的原理示意图。

平板电容器的电容量 C 为

$$C = \frac{\varepsilon A}{d} \tag{4-11}$$

式中 ε——极板间电介质的介电常数；

A——极板间的有效面积；

d——极板间的距离。

若电容的动极板感受压力产生位移 Δd，则电容量将随之改变，其变化量为

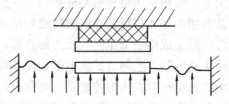

图 4-12 电容式压力传感器的原理

$$\Delta C = \frac{\varepsilon A}{d - \Delta d} - \frac{\varepsilon A}{d} = C \frac{\Delta d / d}{1 - \Delta d / d} \tag{4-12}$$

可见，当 ε、A 确定之后，可以通过测量电容量的变化得到动极板的位移量，进而求得被测压力的变化。电容式压力传感器的工作原理正是基于上述关系。当 $\Delta d / d \ll 1$ 时，电容量的变化量 ΔC 与位移增量 Δd 成近似的线性关系

$$\Delta C = C \frac{\Delta d}{d} \tag{4-13}$$

为了保证电容式压力传感器近似线性的工作特性，测量时必须限制动极板的位移量。为了提高传感器的灵敏度和改善其输出的非线性，实际应用的电容式压力传感器常采用差动形式，使感压动极板在两个静极板之间，当压力改变时，一个电容的电容量增加，另一个的电容量减少，灵敏度可提高一倍，而非线性也可大为降低。

常见的电容式压差传感器的结构形式如图4-13所示。电容式压力压差传感器具有结构简单，所需输入能量小，没有摩擦，灵敏度高，动态响应好，过载能力强，自热影响极小，能在恶劣环境下工作等优点，近年来

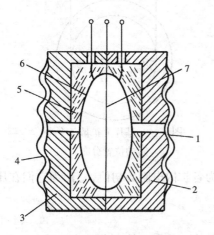

图 4-13 电容式压差传感器

1、4—隔离膜；2、3—基座；5—玻璃层；

6—金属膜；7—测量膜

受到了重视。影响电容式压力传感器测量精度的主要因素是线路寄生电容、电缆电容和温度、湿度等外界干扰。没有极良好的绝缘和屏蔽，它将无法正常工作。这正是过去长时间限制了它的应用的原因。集成电路技术的发展和新材料新工艺的进步，已使上述因素对测量精度的影响大大减少，为电容式压力传感器的应用开辟了广阔的前景。

三、霍尔压力变送器

霍尔压力变送器是利用霍尔效应，把压力作用下所产生的弹性元件的位移信号转变成电势信号，通过测量电势来测量压力。如图 4-14 所示，把半导体单晶薄片置于磁场 B 中，当在晶片的横向上通以一定大小的电流 I 时，在晶片的纵向的两个端面上将出现电势 V_H，这种现象称霍尔效应，所产生的电势称霍尔电势，这个半导体薄片称霍尔片。

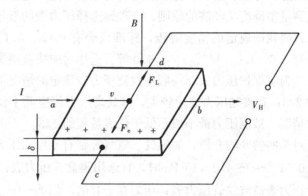

图 4-14　霍尔效应

当霍尔片中流过电流 I 时，电子受磁场力的作用发生偏转，在霍尔片纵向的一个端面上造成电子积累而形成负的表面电荷，而在另一端面上因缺少电子呈正电荷过剩，于是在霍尔片纵向出现了电场，电场力阻止电子的偏转。当磁场力与电场力相平衡时，电子积累达到了动态平衡，这时就建立了稳定的霍尔电势 V_H。

$$V_H = K_H I B \tag{4-14}$$

式中　K_H——霍尔元件灵敏度，由霍尔片材料、结构尺寸决定的常数。

由式（4-14）可知，霍尔电势 V_H 与 B、I 成正比，改变 B、I 可改变 V_H。霍尔电势 V_H 一般为几十毫伏数量级。

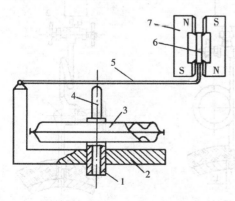

图 4-15　霍尔压力变送器
1—管接头；2—基座；3—膜盒；4—推杆；
5—杠杆；6—霍尔元件；7—磁铁

图 4-15 为一种霍尔压力变送器工作原理图。霍尔元件直接与弹性元件的位移输出端相联系，弹性元件是一个膜盒，当被测压力发生变化时，膜盒顶端推杆将产生位移，推动带有霍尔片的杠杆，霍尔片在由四个磁极构成的线性不均匀磁场中运动，使作用在霍尔元件上的磁场变化。因此，输出的霍尔电势也随之变化。当霍尔片处于两对磁极中间对称位置时，霍尔片总的输出电势等于 0。当在压力的作用下使霍尔元件偏离中心平衡位置时，霍尔元件的输出电势随位移（压力）的变化呈线性变化。由图 4-15 中可见，被测压力等于 0 时，霍尔元件平衡。当输入压力是正压时，霍尔元件向上运动；当输入压力是负压

时，霍尔元件向下运动，此时输出的霍尔电势正负也随之发生变化。

第四节 常用压力表的校验、选择及安装

一、压力表的选择

选择压力表应根据被测压力的种类（压力、负压或压差）、被测介质的物理、化学性质和用途（标准、指示、记录和远传等）以及生产过程所提出的技术要求，同时应本着既满足测量精确度又经济的原则，合理地选择压力表的型号、量程和精度等级。

目前我国规定的精度等级，标准仪表有 0.05、0.1、0.16、0.2、0.25、0.35，工业仪表有 0.5、1.0、1.5、2.5、4.0 等。选用时应按被测参数的测量误差要求和量程范围来确定。为了保护压力表，一般在被测压力较稳定的情况下，其最高压力值不应超过仪表量程的 2/3；若被测压力波动较大，其最高压力值应低于仪表量程的 1/2。为了保证实际测量的精度，被测压力最小值不低于仪表量程的 1/3。

对某些特殊的介质，如氧气、氨气等则有专用的压力表。在测量一般介质时，压力在 $-4.0 \times 10^4 \sim 0 \sim 4.0 \times 10^4$ Pa 时，宜选用膜盒式压力表；压力在 40kPa 以上时，宜选用弹簧管压力表或波纹管压力表；压力在 $-1.013 \times 10^5 \sim 0 \sim 2.4 \times 10^6$ Pa 时，宜选用压力—真空表；压力在 $-1.013 \times 10^5 \sim 0$ Pa 时，选用弹簧管真空表。

二、压力表的安装

如图 4-16 所示，弹性式压力计、压差计在安装时必须满足以下要求：

（1）取压管口应与工质流速方向垂直，与设备内壁平齐，不应有凸出物和毛刺。测点要选择在其前后有足够长的直管段的地方，以保证仪表所测的是介质的静压力。

（2）防止仪表传感器与高温或有害的被测介质直接接触，测量高温蒸汽压力时，应加

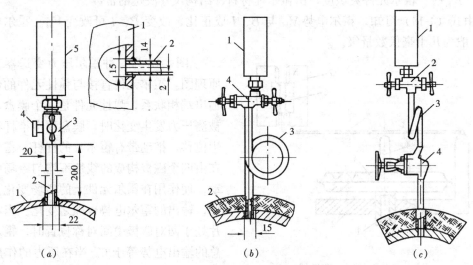

（a）　　　　　　　　（b）　　　　　　　　（c）

图 4-16　弹性式压力计压差计在安装图

（a）低压测压管路布置：1—管道；2—取压管；3—三通截断阀；4—法兰接口；5—压力计

（b）中压测压管路布置：1—压力计；2—管道；3—螺旋管；4—三通截断阀

（c）高压测压管路布置：1—压力计；2—三通截断阀；3—螺旋管；4—截止阀

装冷凝盘管；测量含尘气体压力时，应装设灰尘捕集器；对于有腐蚀性的介质，应加装充有中性介质的隔离容器；对于测量高于 60℃ 的介质时，一般加环形圈（又称冷凝圈）。

（3）取压口的位置，对于测量气体介质的，一般位于工艺管道上部；对于测量蒸汽的，应位于工艺管道的两侧偏上，这样可以保持测量管路内有稳定的冷凝液，同时防止工艺管道底部的固体介质进入测量管路和仪表；对于测量液体的，应位于工艺管道的下部，这样可以让液体内析出的少量气体顺利地返回工艺管道，而不进入测量管和仪表。

（4）取压口与压力表之间应加装隔离阀，以备检修压力表用。

（5）对水平敷设的压力信号导管应有 3% 的坡度，以便排除导管内积水（当被测介质为气体时）或积汽（当被测介质为水时）。信号导管的长度一般不超过 50m，一般内径为 6～10mm，可以减少测量滞后。

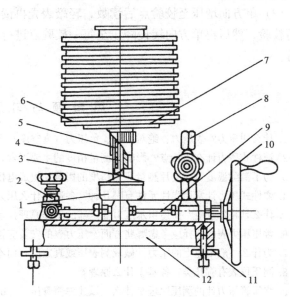

图 4-17　活塞式压力计

1—油杯；2—针阀；3—进油阀；4—油缸；

5—活塞；6—砝码；7—托盘；8—接口；

9—导管；10—手摇泵；11—调平螺钉；12—架体

三、压力表的校验

常用校验压力表的标准仪器为活塞式压力计，它的精度等级有 0.02、0.05 和 0.2 级，可用来校准 0.25 级精密压力表，亦可校准各种工业用压力表，被校压力的最高值有 0.6、6、60MPa 三种。

活塞式压力计是利用静力平衡原理工作的，它由压力发生系统（压力泵）和测量活塞两部分组成，如图 4-17 所示。通过手摇泵 10，使系统升压，从而改变工作液的压力 p。此压力通过油缸 4 内的工作液作用在活塞 5 上。在活塞 5 上面的托盘 7 上放有砝码 6。当活塞 5 下端面受到压力 p 作用所产生的向上顶的力与活塞 5、托盘 7 及砝码 6 的总重力 W 相平衡时，则活塞 5 被稳定在任一平衡位置上，此时力的平衡关系为

$$pA = W \tag{4-15}$$

式中　A——活塞底面的有效面积；

　　　W——活塞、托盘及砝码总重力。

据式（4-15）有

$$p = W/A \tag{4-16}$$

当活塞 5 底面的有效面积 A 一定时，由式（4-16）可以方便而准确地由平衡时所加砝码的重量求出被测压力值 p。

校验步骤为：

（1）在测量范围内均匀选取 3～4 个检验点，一般应选在带有刻度数字的大刻度点上。

（2）均匀增压至刻度上限，保持上限压力 3min，然后均匀降至零压，主要观察指示有无跳动、停止、卡塞现象。

（3）单方向增压至校验点后读数，轻敲表壳再读数。用同样的方法增压至每一校验点进行校验，然后再单方向缓慢降压至每一校验点进行校验。计算出被校表的基本误差、变差等。

思 考 题 与 习 题

1. 什么叫压力？表压力、绝对压力、负压力（真空度）之间有何关系？

2. 液柱式压力计有何特点？影响其测量精度的主要因素有哪些？

3. 为了消除温度对应变片测量压力精度的影响，组成电桥时应如何考虑？

4. 弹性式压力计常用弹性元件有哪几种？各适合什么压力范围？

5. 什么是霍尔效应？简述霍尔压力变送器的工作原理。

6. 常用压力表的选择应考虑哪些方面？压力表的安装应符合那些要求？

7. 为什么一般工业上的压力计做成测表压或真空度，而不做成测绝对压力的形式？

8. 测压仪表有哪几类？各基于什么原理？

9. 弹簧管压力计的测压原理是什么？试述弹簧管压力计的主要组成及测压过程。

10. 如果有一台压力表，其测量范围为 0～10MPa，经校验得出下列数据：

标准表读数（MPa）	0	2	4	6	8	10
被校表正行程读数（MPa）	0	1.99	3.97	5.95	7.98	9.98
被校表反行程读数（MPa）	0	2.03	4.03	6.05	8.02	10.02

（1）求出该压力表的变差；

（2）问该压力表是否符合 1.0 级精度？

第五章　流　速　测　量

流速是供热通风空调工程中流体运动状态的重要参数之一。流速对供热通风空调工程的安全生产、经济运行具有重要意义。随着现代科学技术的发展，各种测量气流速度的方法也越来越多，目前常用的方法有毕托管测速、热电风速仪、激光多普勒流速仪测速等。

第一节　毕托管流速测量

一、毕托管测速原理

毕托管测速利用了气流的速度和压力的关系，对图 5-1 所示的测速管，根据不可压缩气体稳定流动的伯努利方程，流体参数在同一流线上有如下关系

$$p + \frac{1}{2}\rho v^2 = p_0 \tag{5-1}$$

式中　p_0——气流总压力；

　　　　p——气流静压力；

　　　　ρ——气体密度；

　　　　v——气流速度。

由上式可得

$$v = \sqrt{\frac{2(p_0 - p)}{\rho}} \tag{5-2}$$

可见，只要测出总压和静压，或者总压和静压的压力差，便可求出流速。考虑实际测量条件与理想状态的不同，必须根据毕托管的结构特征和几何尺寸等因素，按下式进行速度校正

$$v = K_P\sqrt{\frac{2(p_0 - p)}{\rho}} \tag{5-3}$$

式中　K_p—— 毕托管速度校正系数。对于 S 形毕托管 $K_p = 0.83 \sim 0.87$，对于标准毕托管 $K_p = 0.96$ 左右。

实际工程中，采用上式计算流速一般是满足要求的。

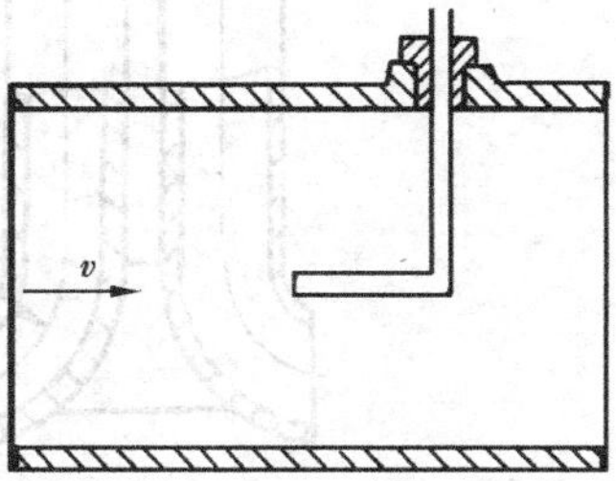

二、常用毕托管结构与类型

毕托管是传统的测量流速的传感器，与差压仪

图 5-1　毕托管流速测量示意图

表配合使用，可以测量被测流体的压力和差压，或者间接测量被测流体的流速。用毕托管测量流体的流速分布以及流体的平均流速是十分方便的。另外，如果被测流体及其截面是确定的，还可以利用毕托管测量流体的体积流量或质量流量。毕托管至今仍是广泛应用的

流速测量仪表。毕托管有多种形式，其结构各不相同。图 5-2 是一种基本型毕托管（动压测量管）的结构图。它是一个弯成 90°的同心管，主要由感测头、管身及总压和静压引出管组成。感测头端部呈椭圆形，总压孔位于感测头端部，与内管连通，用来测量总压。在外管表面靠近感测头端部的适当位置上有一圈小孔，称为静压孔，是用来测量静压的。标准毕托管一般为这种结构形式。标准毕托管测量精度较高，使用时不需要再校正，但是由于这种结构形式的静压孔很小，在测量含尘浓度较高的空气流速时容易被堵塞，因此，标准毕托管用于测量清洁空气的流速，或对其他结构形式的毕托管及其他流速仪表进行标定。

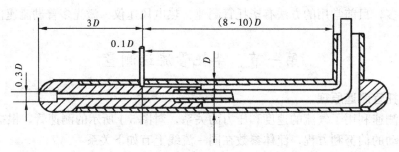

图 5-2　基本型毕托管结构图

S 形毕托管和直形毕托管也是常用的毕托管，其结构如图 5-3 所示。它们分别由两根相同的金属管组成，感测头端部作成方向相反的两个开口。测定时，一个开口面向气流，用来测量总压，另一个开口背对气流，用来测量静压。S 形毕托管和直形毕托管可用于测量含尘浓度较高的气体流速。对于厚壁风道的空气流速测定，使用标准毕托管不方便，因为标准毕托管有一个 90°的弯角，可以使用 S 形毕托管，也可以使用直形毕托管。

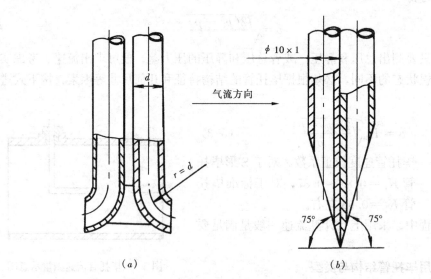

图 5-3　测高含尘气流毕托管
(a) S 形毕托管；(b) 直形毕托管

用标准毕托管、S 形毕托管、直形毕托管测风速，往往需要测出多点风速而得到平均风速，可见是很不方便的。如果使用如图 5-4 所示的动压平均管测量平均风速则是十分方便的。这种测量平均风速的思路是把风道截面分成若干个面积相等的部分，选取合适的测点位置，测出各个小面积的总压力值，然后取若干个小面积的总压力平均值作为整个测量截面上的平均总压力。动压平均管是在取压管中间插入一根取总压力平均值的导管，在取压管适当的位置上开若干个总压孔，总压孔朝着气流方向，取压管中测量总压力的导管取压孔开在管道轴线位置，并朝着气流方向。静压导管安装在

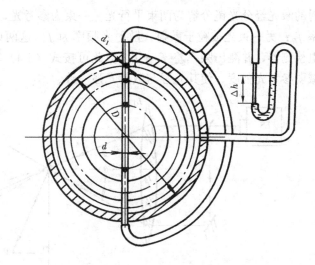

图 5-4 笛形动压平均管

总压取压管（笛形管）下游侧，并靠近总压取压管，静压导管取压口背向气流方向。阿牛巴毕托管与动压平均管类似，它是用两根不同直径的金属管同心套焊而成，管壁上一面开多孔，这些孔为总压孔，背面有一个孔，这个孔为静压孔。利用动压平均管或阿牛巴毕托管测出被测流体的总压力与静压力之差，便可得到流体的平均速度。

三、使用毕托管测流体速度的注意事项

（1）当流速较低时，动压很小，使二次仪表很难准确地指示此动压值，因此毕托管测流速的下限有规定：要求毕托管总压力孔直径上的流体雷诺数大于 200。S 形毕托管由于开口较大，在测量低流速时，受涡流和气流不均匀性的影响，灵敏度下降，因此一般不宜测量小于 3m/s 的流速。

（2）在测量时，如果管道截面较小，因为相对粗糙度（K/D）增大和插入毕托管的扰动相对增大，使测量误差增大，一般规定毕托管直径与被测管道直径（内径）之比不超过 0.02。管道内壁绝对粗糙度 K 与管道直径（内径）D 之比，即相对粗糙度 K/D 不大于 0.01。管道内径一般应大于 100mm。

（3）S 形毕托管（或其他毕托管）在使用前必须用标准毕托管进行校正，求出它的校正系数。校正方法是在风洞中以不同的速度分别用标准毕托管和被校毕托管进行对比测定，两者测得的速度值之比，称为被校毕托管的校正系数 K_p。

（4）使用时应使总压孔正对着流体的流动方向，并使其轴线与流体流速方向一致，否则会引起测量误差。

第二节 激 光 测 速 仪

激光测速仪的工作原理为利用多普勒效应进行流速测量。当频率为 f_0 的激光照射随流体一起运动的粒子时，激光被粒子散射。散射光的频率为 f，入射激光与散射光的频率差 $f_0 - f$ 是与流速成正比的。因此只要测出此频率差即可求出流速值。

测量频率差 $f_0 - f$ 的光路系统有多种，图 5-5 所示为参考光路系统。图中氦氖激光器

发射的激光经分光镜分解为两束平行光。一束为参考光，不受粒子散射，其频率为入射光频率 f_0；另一束光被粒子散射，散射光频率为 f。这两束光均由透镜聚焦经 P 点后输入光电检测器，并测出频率差 $f_0 - f$。据此可按式（5-4）算出流体流速值。衰减片的作用为减弱参考光强度，使其光强与散射光强一致。

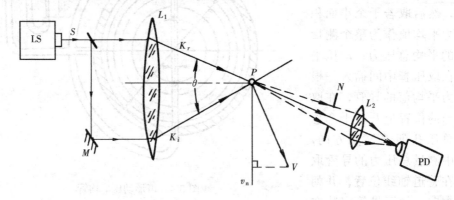

图 5-5 参考光束系统光路示意图

LS—激光器；S—分光镜；M—反射镜；L_1、L_2—透镜；P—运动的微粒；N—光闸；

PD—光电检测器；K_r—参考光束；K_i—将被粒子散射的光束；V—被测流体速度；

v_n—垂直入射光的流速分量；θ—K_r 与 K_i 之间的夹角

$$v = \frac{\lambda(f_0 - f)}{2\sin\dfrac{\theta}{2}} \tag{5-4}$$

式中　v——被测流体速度（m/s）；

λ——等于 c/f_0，c 为光速，$c = 3 \times 10^8 \text{m/s}$，（m）；

f_0——入射激光频率（Hz）；

f——散射光频率（Hz）；

θ——夹角，如图 5-5 所示。

图 5-6 为单束光散射的光路系统。氦氖激光器发出的激光照射在 P 点处运动的粒子，光栅使两束散射光通过并经透镜后成为两束平行光。一束经反射镜、分光镜，另一束经分光镜，最后两束光经光栅而被光电元件接收并测出其频率差。此频率差与流速成正比，可用式（5-4）计算，但此时的频率差为两束散射光的频率差。θ 角为两束散射光的夹角。

激光测速仪的激光器可采用氦氖激光器和氩离子激光器。后者输出功率较大，但波长短，因而多普勒频差较大，这将使信号处理设备复杂化，且其激光频率的稳定性较差。因此一般采用激光频率较稳定、价格较便宜的氦氖激光器，只有当氦氖激光器功率不够时才使用氩离子激光器。光电元件一般采用光电倍增管。

使用激光测速仪测流体流速时要求流体中一定要有使光散射的粒子。对一般液体或自来水，其自身已含有足够使光散射的粒子，因此无需加入粒子已可应用激光测速。对纯净气体或含粒子不够的流体，需加入粒子后才能进行激光测速。加入的粒子应与被测流体有相同的运动状态，粒子应细而呈球状，一般直径为 $0.3 \sim 10 \mu m$。掺入粒子不能改变流体性质，不妨碍光的透过度，一般气体中可掺入苯二甲酸二辛酯的气溶胶粒子、线香的烟、氯化铵和硅油的雾等，对水可加入牛奶或粒度均匀的聚乙烯粒子。

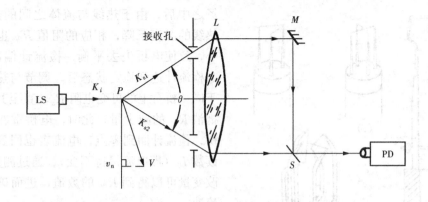

图 5-6　单光束系统光路示意图

LS—激光器；P—运动的微粒；L—透镜；S—分光镜；M—反射镜；PD—光电检测器；K_i—氦氖激光器发出的激光；
K_{s1}—散射光 1；K_{s2}—散射光 2；V—被测流体速度；v_n—垂直入射光的流速分量；θ—K_{s1} 与 K_{s2} 之间的夹角

　　激光测速的优点为属非接触测量，无干扰流动的物体，响应快，分辨率高，对气体、液体均能测量，流速测量范围宽（$10^{-6} \sim 10^3 \, \mathrm{m/s}$）。缺点为光学系统调整复杂，价格高。

第三节　热 线 风 速 仪

　　热线风速仪分恒流式和恒温式两种。把一个通有电流的带热体置入被测气流中，其散热量与气流速度有关，流速越大散热量越多。若通过带热体的电流恒定，则带热体所带的热量一定。带热体温度随其周围气流速度的提高而降低，根据带热体的温度测量气流速度，这就是目前普遍使用的恒流式热线风速仪的工作原理。若保持带热体温度恒定，通过带热体的电流势必随其周围气流速度的增大而增大，根据通过带热体的电流测风速，这就是热敏电阻恒温式热线风速仪的工作原理。

一、恒流式热线风速仪

　　图 5-7（a）所示的恒流式热线风速仪测量电路中，当热线感受的流速为零时，测量电桥处于平衡状态，即检流计指向零点，此时，电流表的读数为 I_0。当热线被放置到流

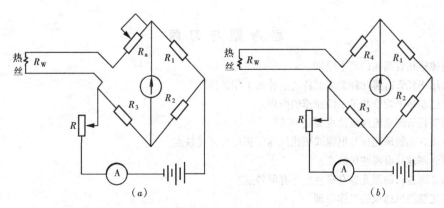

图 5-7　热线风速仪工作原理图

（a）恒流式热线风速仪；（b）恒温式热线风速仪

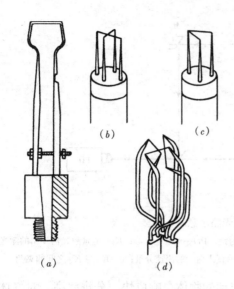

图 5-8 常用热线风速仪探头
(a) 单丝形；(b) X 形；
(c) V 形；(d) 三丝形

场之中后，由于热线与流体之间的热交换，热线的温度下降，相应的阻值 R_W 也随之减小，致使电桥失去平衡，检流计偏离零点。当检流计达到稳定状态后，调节与热线串联于同一桥臂上的可变电阻 R_a，直至其增大量抵消 R_W 的减少量，此时，电桥重新恢复平衡，检流计回到零点，电流表也回到原来的读数 I_0（即电流保持不变）。通过测量 R_a 的改变量可以得到 R_W 的数值，进而确定被测流速。

二、恒温式热线风速仪

图 5-7 (b) 所示的恒温式热线风速仪测量电路中，其工作方式与前述恒流式的不同之处在于，当热线因感受流速而出现温度下降，电阻减小时，电桥失去平衡，调节可变电阻 R，使 R 减小以增加电桥的供电电压，增大电桥的工作电流，即加大热线的加热功率，促使热线温度回升，阻值 R_W 增大，直至电桥重新恢复平衡，则通过热线电流的变化可以确定风速。

图 5-8 为常用热线风速仪探头。在上述两种热线风速仪中，恒流式热线风速仪是在变温状态下工作的，测头容易老化，使性能不稳定，且热惯性影响测量灵敏度，产生相位滞后。因此，现在的热线风速仪大多采用恒温式。

此外，工程中采用的流速计还有叶轮式机械风速计，螺旋桨风速计，光纤旋桨测速计等。叶轮式风速计利用安装在框架上的叶轮的转速测量风速，测量时，将测量风速的叶轮旋转面与风向保持垂直位置，根据指针读得的转数和计时器测得的时间算出风速。螺旋桨风速计测量时将螺旋桨对准风向，螺旋桨与交流发电机连接，当风使螺旋桨旋转时，交流发电机将与风速成正比的螺旋桨转速转换成电信号，用以指示风速。

思 考 题 与 习 题

1. 简述毕托管测速的基本原理。
2. 常用毕托管有哪几种类型？各适应什么工作条件？
3. 试述动压平均管测量平均流速的原理。
4. 用毕托管测量流速应注意哪些事项？
5. 恒流式热线风速仪与恒温式热线风速仪相比有何优缺点？
6. 激光测速仪有哪些优缺点？
7. 激光测速仪的激光器有哪些？各有何特点？
8. 简述热线风速仪的工作原理。
9. 常用热线风速仪探头形式有哪几种？
10. 工程中常用的流速测量仪表有哪几种？

第六章 流 量 测 量

在工业生产过程中，流体通过管道时所具有的数量，称作流量。它有瞬时流量和累积流量之分。所谓瞬时流量，是指在单位时间内流过管道或明渠某一截面的流体的量。它的单位可以根据不同的流量测量原理和实际需要，有下列三种表示方法。

(1) 质量流量：它是单位时间内通过的流体的质量，用 M 表示，单位为 kg/s。

(2) 重量流量：它是单位时间内通过的流体的重量，用 W 表示，单位为 N/s。

(3) 体积流量：它是单位时间内通过的流体的体积，用 Q 表示，单位为 m³/s。

用体积流量表示时，一定要知道流体的压力和温度参数时，才能完全确定。这三种方法中，质量流量是表示流量的最好方法。它们三者之间可以互相换算。质量流量和体积流量有下列关系

$$M = \rho Q; \quad W = Mg$$

式中　ρ——流体的密度；

　　　g——测量地点的重力加速度。

所谓累积流量，是指在某一时间间隔内，流体通过一定截面的总量。该总量可以用在该段时间间隔内的瞬时流量对时间的积分而得到，所以累积流量也叫积分流量。流量测量可以直接为生产提供所消耗的能源数量，方便进行经济核算。也可以将流量信号作为控制信号，例如利用蒸汽锅炉的蒸汽流量信号控制锅炉给水以维持汽包水位稳定等。还可以通过水或蒸汽的流量测量作为收费依据，以完善和加强企业的管理。

工业上常用的流量计，按其测量原理分为以下四类：

(1) 差压式流量计：主要利用管内流体通过节流装置时，其流量与节流装置前后的压差有一定的关系。属于这类流量计的有标准节流装置等。

(2) 速度式流量计：主要利用管内流体的速度来推动叶轮旋转，叶轮的转速和流体的流速成正比。属于这类流量计的有叶轮式水表和涡轮流量计等。

(3) 容积式流量计：主要利用流体连续通过一定容积之后进行流量累计的原理。属于这类流量计有椭圆齿轮流量计和腰轮流量计。

(4) 其他类型流量计：如基于电磁感应原理的电磁流量计、涡街流量计等。

第一节 孔 板 式 流 量 计

一、孔板式流量计工作原理

孔板式流量计也叫节流式流量计，它是利用流体流经节流装置时产生压力差的原理来实现流量测量的。这种流量计是目前工业中测量气体、液体和蒸汽流量最常用的仪表。差压式流量计主要由节流装置、差压计、显示仪、信号管路四部分组成。图 6-1 所示为在装有标准孔板的水平管道中，当流体流经孔板时的流束及压力分布情况。当连续流动的流体

遇到安插在管道内的节流装置时，由于节流件的截面积比管道的截面积小，形成流体流通面积的突然缩小，在压头作用下流体的流速增大，挤过节流孔，形成流束收缩。在挤过节流孔后，流速又由于流通面积的变大和流束的扩大而降低。与此同时，在节流装置前后的管壁处的流体静压力产生差异，形成静压力差 Δp，$\Delta p = p_1 - p_2$，此即节流现象。也就是节流装置的作用在于造成流束的局部收缩，从而产生压差，并且流过的流量愈大，在节流装置前后所产生的压差也就越大，因此可通过测量压差来指示流体流量的大小。管道截面1、2、3处流体的绝对压力分别为 p_1、p_2、p_3，各截面流体的平均流速分别为 v_1、v_2、v_3。图中点划线所示为管道中心处的静压力，实线为管壁处静压力。以上分析可得如下结论，节流装置造成流束的局部收缩；产生静压力差 Δp；由于局部收缩形成涡流区引起流体能量损失，造成不可恢复的压力损失 $\delta_p = p_1 - p_3$。

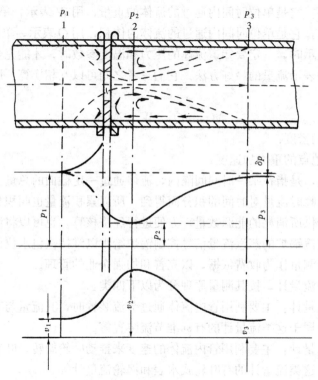

图 6-1 节流装置工作原理图

二、流量方程

根据节流现象及原理，流量方程式以伯努利方程式和流体流动的连续性方程为依据，为简化问题，先假定流体是理想的，求出理想流体的流量基本方程式，然后再考虑到实际流体与理想流体的差别，加以适当的修正，获得适用于实际流体的流量基本方程式。

不可压缩流体的体积流量其基本方程式为

$$Q = \alpha A_0 \sqrt{\frac{2\Delta p}{\rho}} \tag{6-1}$$

不可压缩流体的质量流量基本方程式为

$$M = \alpha A_0 \sqrt{2\rho\Delta p} \tag{6-2}$$

式中　　α——流量系数，与节流件的面
积比、取压方式、流体性
质有关，见图 6-2；

A_0——节流件的开孔面积；

ρ——流体的密度；

$\Delta p = p_1 - p_2$——节流件前后的压力差。

可压缩流体的流量基本方程式为

$$Q = \varepsilon \alpha A_0 \sqrt{\frac{2\Delta p}{\rho}} \qquad (6\text{-}3)$$

$$M = \varepsilon \alpha A_0 \sqrt{2\rho \Delta p} \qquad (6\text{-}4)$$

式中　　ε——流体膨胀系数，可压缩流体
$\varepsilon < 1$，不可压缩流体 $\varepsilon = 1$。

图 6-2 是标准孔板的原始流量系数与
雷诺数的关系。流量系数与节流装置的形
式、取压方式、雷诺数 Re、节流装置开口
截面比（$m = A_0/A$，为节流件开孔面积与
管道流通截面面积之比）和管道内壁粗糙
度等有关。当节流装置形式和取压方式决
定之后，流量系数就取决于雷诺数和开孔
截面比。实验表明在一定形式的节流装置
和一定的截面比值条件下，当管道中的雷

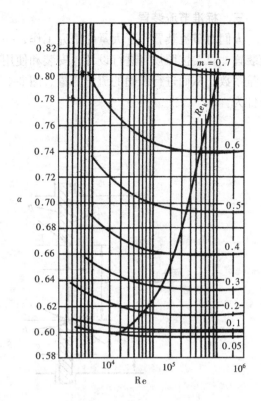

图 6-2　标准孔板的原始流
量系数与雷诺数的关系

诺数大于某一界限雷诺数时，流量系数不再随雷诺数变化，而趋向定值。从图中可知，对
m 值相等的同类型节流装置，当流体沿光滑管道流动时，其流量系数只是雷诺数的函数。

当 Re 值大于某一界限值 Re_k 时，流量系数 α 趋
向定值，它的数值仅随 m 而定，同时 Re_k 值则
随 m 减小而降低。

根据相似性原理，两个几何上相似的流束，
如果它们的雷诺数相等，则流束在流体动力学
上也是相似的，即其流量系数也相等。因此，
对于同一类型的节流装置只要 m 值相等，则流
量系数只是雷诺数的函数。所以上述的实验数
据根据相似原理可以应用于各种不同管径和各
种不同介质的流量测量。在应用标准节流装置
测量流量时，只有当 α 值在所需测量的范围内
都保持常数的条件下，压差和流量才有恒定的
对应关系。因此，在使用差压式流量计时必须
注意到这一点。

图 6-3 是标准孔板在雷诺数大于界限雷诺数
Re_k 时的流量系数随 m 值变化的关系。

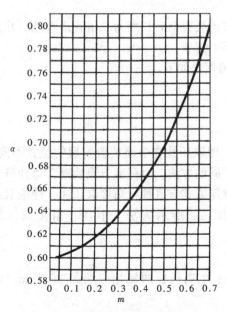

图 6-3　标准孔板的原始流量系数

三、标准节流装置

人们对节流装置作了大量的研究工作，一些节流装置已经标准化了。对于标准化的节流装置，只要按照规定进行设计、安装和使用，不必进行标定，就能准确地得到其精确的流量系数，从而进行准确的流量测量。图 6-4 为两种标准节流装置。标准节流装置的使用条件为：

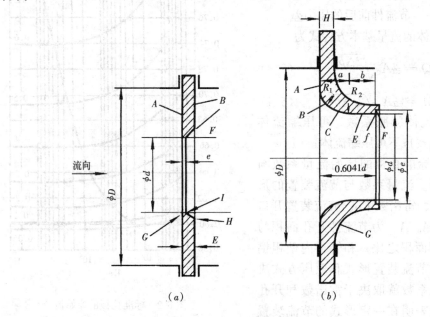

图 6-4　标准节流装置结构

(a) 标准孔板；(b) 标准喷嘴

(1) 被测介质应充满全部管道截面并连续地流动。

(2) 管道内流束流动状态稳定。

(3) 在节流装置前后要有足够长的直管段，节流装置前后长度为二倍管道直径。并且要求管道的内表面上不能有凸出物和明显的粗糙不平现象。

(4) 各种标准节流装置的使用管径 D 的最小值规定如下：

孔板：$0.05 \leqslant m \leqslant 0.70$ 时，$D \geqslant 50mm$；

喷嘴：$0.05 \leqslant m \leqslant 0.65$ 时，$D \geqslant 50mm$。

四、取压方式

目前，对各种节流装置取压的方式均不相同，即取压孔在节流装置前后的位置不同，即使在同一位置上，为了达到压力均衡，也采用不同的方法。对标准节流装置，每种节流元件的取压方式都有明确规定。孔板通常采用的取压方式有五种：角接取压法、理论取压法、径距取压法、法兰取压法和管接取压法。图 6-5 所示为法兰取压、角接取压结构图。

(一) 法兰取压法

不论管道直径大小，上下游取压管中心均位于距离孔板两侧相应端面 25.4mm 处，如图 6-5 (a) 所示。

(二) 角接取压法

上、下游的取压管位于孔板前后端面处。通常用环室或夹紧环取压，环室取压是在紧贴孔板的上、下游形成两个环室，通过取压管测量两个环室的压力差。夹紧环取压是在紧靠孔板上、下游两侧钻孔，直接取出管道压力进行测量。两种方法相比，环室取压均匀，测量误差小，对直管段长度要求较短，多用于管道直径小于 400mm 处，而夹紧环取压多用于管道直径大于 200mm 处，如图 6-5（b）所示。

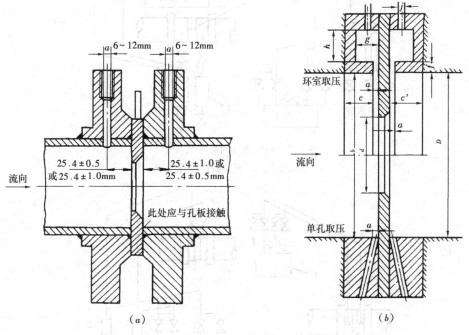

图 6-5　法兰取压、角接取压结构图

(a) 法兰取压；(b) 角接取压

五、标准节流装置的安装要求

流量计安装的正确和可靠与否，对能否保证将节流装置输出的差压信号准确地传送到差压计或差压变送器上，是十分重要的。因此，流量计的安装必须符合要求。

(1) 安装时，必须保证节流件的开孔和管道同心，节流装置端面与管道的轴线垂直。在节流件的上下游，必须配有一定长度的直管段。

(2) 导压管尽量按最短距离敷设在 3～50m 之内。为了不致在此管路中积聚气体和水分，导压管应垂直安装。水平安装时，其倾斜率不应小于 1：10，导压管为直径 10～12mm 的铜、铝或钢管。

(3) 测量液体流量时，应将差压计安装在低于节流装置处。如一定要装在上方时，应在连接管路的最高点安装带阀门的集气器，在最低点安装带阀门的沉降器，以便排出导压管内的气体和沉积物。如图 6-6 所示。

(4) 测量气体流量，最好将差压计装在高于节流装置处。如一定要安装在下面，在连接导管的最低处安装沉降器，以便排除冷凝液及污物。如图 6-7 所示。

(5) 测量黏性的、腐蚀性的或易燃的流体的流量时，应安装隔离器，如图 6-8 所示。隔离器的用途是保护差压计不受被测流体的腐蚀和沾污。隔离器是两个相同的金属容器，容器内部充灌化学性质稳定并与被测流量不相互作用和溶融的液体，差压计同时充灌隔离液。

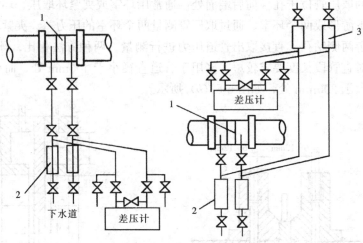

图 6-6 测量液体时差压计安装

1—节流装置；2—沉降器；3—集气器

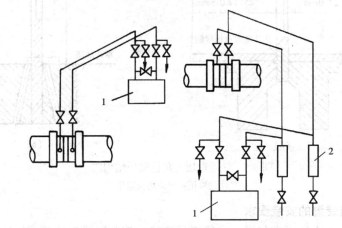

图 6-7 测量气体流量的差压计安装

1—差压计；2—沉降器

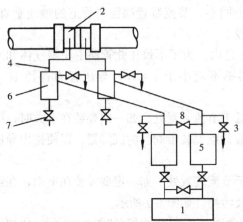

图 6-8 测量腐蚀性液体仪表低于节流装置
1—差压计；2—节流装置；3—冲洗阀；
4—导压管；5—隔离器；6—沉降器；
7—排水阀；8—平衡阀

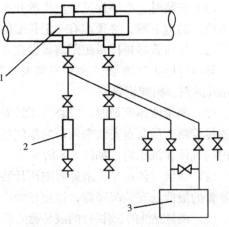

图 6-9 测量蒸汽流量安装布置图

1—冷凝器；2—沉降器；3—差压计

（6）测量蒸汽流量时，差压计和节流装置之间的相对配置和测量液体流量相同。为保证两导压管中的冷凝水处于同一水平面上，在靠近节流装置处安装冷凝器。冷凝器是为了使差压计不受 70℃以上高温流体的影响，并能使蒸汽的冷凝液处于同一水平面上，以保证测量精度。如图 6-9 所示。

第二节　电磁流量计

一、电磁流量计的工作原理

电磁流量计是基于电磁感应原理工作的流量测量仪表，用于测量具有一定导电性液体的体积流量。测量精度不受被测液体的黏度、密度及温度等因素变化的影响，且测量管道中没有任何阻碍液体流动的部件，所以几乎没有压力损失。适当选用测量管中绝缘内衬和测量电极的材料，就可以测量各种腐蚀性（酸、碱、盐）液体流量，尤其在测量含有固体颗粒的液体如泥浆、纸浆、矿浆等的流量时，更显示出其优越性。

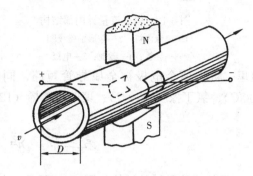

图 6-10　电磁流量计工作原理图

图 6-10 为电磁流量计工作原理图。在磁铁 N—S 形成的均匀磁场中，垂直于磁场方向有一个直径为 D 的管道。管道由不导磁材料制成，管道内表面衬挂绝缘衬里。当导电的液体在导管中流动时，导电液体切割磁力线，于是在和磁场及其流动方向垂直的方向上产生感应电动势，如安装一对电极，则电极间产生和流速成比例的感应电势 E

$$E = BDv \tag{6-5}$$

式中　D——管道内径（m）；

B——磁场磁感应强度（T）；

v——液体在管道中的平均流速（m/s）。

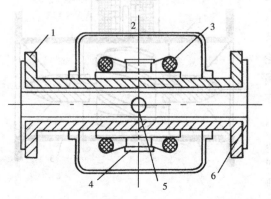

图 6-11　电磁流量计结构示意图
1—导管；2—外壳；3—励磁线圈；
4—磁轭；5—电极；6—绝缘内衬

由式（6-5）可得：$v = E/BD$，则体积流量为

$$Q = \frac{\pi D^2}{4}v = \frac{\pi DE}{4B} \tag{6-6}$$

从式（6-6）可见，流体在管道中流过的体积流量和感应电势成正比。把感应电势放大接入显示仪表，便可指示相应的流量。

二、电磁流量计的结构

图 6-11 为电磁流量计结构示意图，由导管、外壳、励磁线圈、磁轭、电极和绝缘内衬等部分组成。电磁流量计内

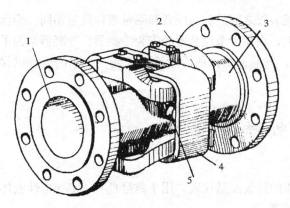

图 6-12 电磁流量计内部结构

1—绝缘内衬；2—鞍形励磁线圈；
3—导管；4—磁轭；5—电极

部结构如图 6-12 所示。电极与被测液体接触，一般使用耐腐蚀的不锈钢和耐酸钢等非磁性材料制造，通常加工成矩形或圆形。

为防止磁力线被测量导管短路，并使测量导管在较强的交变磁场中尽可能降低涡流损失，测量导管用非导磁的高磁阻材料制成。中小口径电磁流量计的导管用不导磁的不锈钢或玻璃钢等制造。大口径的导管用离心浇铸把橡胶和线圈、电极浇铸在一起，可减小因涡流引起的误差。金属管的内壁挂一层绝缘衬里，防止两个电极被金属导管短路，同时还可以防腐蚀，衬里一般使用天然橡胶（60℃）、氯丁橡胶（70℃）、聚四氟乙烯（120℃）等。

第三节 涡 轮 流 量 计

涡轮式流量计的结构如图 6-13 所示。在管形壳体 1 的内壁上装有导流器 2、3，一方面促使流体沿轴线方向平行流动，另一方面支承了涡轮的前后轴承。涡轮 4 上装有螺旋桨形的叶片，在流体冲击下旋转。为了测出涡轮的转速，管壁外装有线圈、永久磁铁、放大器等组成的变送器 5。由于涡轮具有一定的铁磁性，当叶片在永久磁铁前转过时，会引起磁通的变化，因而在线圈两端产生感应电动势，此感应交流电信号的频率与被测流体的体积流量成正比。如将该频率信号送入脉冲计数器即可得到累积总流量。通过涡轮流量计的体积流量 Q 与变送器输出信号频率 f 的关系为

$$Q = f/K \qquad (6-7)$$

式中　K——仪表常数，由涡轮流量计结构参数决定。

理想情况下，仪表常数 K 恒定不变，则 Q 与 f 成线性关系。但实际情况是涡轮有轴承摩擦力矩、电磁阻力矩、流体对涡轮的黏性摩擦阻力等因素，所以 K 并不严格保持常数。特别是在流量很小的情况下，由于阻力矩的影响相对较大，K 更不稳定。所以最好应用在量程上限的 5% 以上，这时有比较好的线性关系。涡轮流量计具有测量精度高，可以达到 0.5 级以上；反应迅速，可测脉动流量；耐高压等特点，适用于清洁液体、气体的测量。

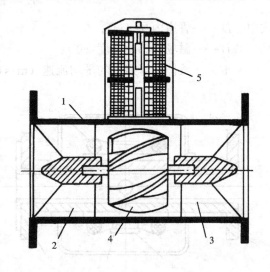

图 6-13 涡轮式流量计结构

1—壳体；2—入口导流器；3—出口导流器；
4—涡轮；5—变送器

第四节　超声波流量计

一、超声波流量计的测量原理

如图 6-14 所示，它利用超声波在流体中的传播特性来测量流体的流速和流量，最常用的方法是测量超声波在顺流与逆流中传播速度差。两个超声换能器 P_1 和 P_2 分别安装在管道外壁两侧，以一定的倾角对称布置。超声波换能器通常采用锆钛酸铅陶瓷制成。在电路的激励下，换能器产生超声波以一定的入射角射入管壁，在管壁内以横波形式传播，然后折射入流体，并以纵波的形式在流体内传播，最后透过介质，穿过管壁为另一换能器所接收。两个换能器是相同的，通过电子开关控制，可交替作为发射器和接收器。

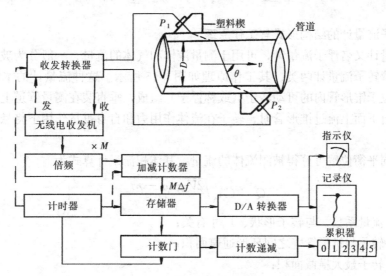

图 6-14　超声波流量计方框图

设流体的流速为 v，管道内径为 D，超声波束与管道轴线的夹角为 θ，超声波在静止的流体中传播速度为 v_0，则超声波在顺流方向传播频率 f_1 为

$$f_1 = \frac{v_0 + v\cos\theta}{D/\sin\theta} = \frac{(v_0 + v\cos\theta)\sin\theta}{D} \tag{6-8}$$

超声波在逆流方向传播频率 f_2 为

$$f_2 = \frac{v_0 - v\cos\theta}{D/\sin\theta} = \frac{(v_0 - v\cos\theta)\sin\theta}{D} \tag{6-9}$$

故顺流与逆流传播频率差为

$$\Delta f = f_1 - f_2 = \frac{v}{D}\sin2\theta \tag{6-10}$$

由此得流体的体积流量 Q 为

$$Q = \frac{\pi D^2}{4}v = \frac{\pi D^2}{4} \times \frac{D\Delta f}{\sin2\theta} = \frac{\pi D^3 \Delta f}{4\sin2\theta} \tag{6-11}$$

对于一个具体的流量计，式（6-11）中 θ、D 是常数，而 Q 与 Δf 成正比，故测量频率差 Δf 可算出流体流量。在图 6-14 中画出了测量电路方框图，由于 Δf 很小，为了提高

测量准确度，缩短测量时间，使用了倍频回路。然后，把倍频的脉冲数对应着顺、逆流方向进行加减运算，结果就是与流速成正比的解。

二、超声波流量计的使用

超声波流量计可用来测量液体和气体的流量，比较广泛地用于测量大管道液体的流量或流速。它没有插入被测流体管道的部件，故没有压头损失，可以节约能源。

超声波流量计的换能器与流体不接触，对腐蚀很强的流体也同样可准确测量。而且换能器在管外壁安装，故安装和检修时对流体流动和管道都毫无影响。超声波流量计的测量准确度一般为 $1\%\sim2\%$，测量管道液体流速范围一般为 $0.5\sim5\mathrm{m/s}$。

第五节 转 子 流 量 计

一、转子流量计的结构形式与工作原理

转子流量计又名浮子流量计，可用于测量液体和气体的流量，一般分为玻璃管转子流量计和金属管转子流量计两类。其工作原理如图 6-15 所示。这种流量计的本体由一个锥形管和一个位于锥形管内的可动转子（或称浮子）组成，垂直装在测量管道上。当流体在压力作用下自下而上流过锥形管时，转子在流体作用力和自身重量作用下将悬浮在一平衡位置。

根据不同平衡位置可算得被测流体的流量。其体积流量计算式为

$$Q = CA\sqrt{\frac{2V_f g(\rho_f - \rho)}{\rho A_f}} \tag{6-12}$$

式中 C——流量系数，与转子形状、尺寸有关；

$\quad\ \ A$——转子与锥形管壁之间环形通道面积；

$\quad\ \ A_f$——转子最大横截面积；

$\quad\ \ V_f$——转子体积；

$\quad\ \ \rho_f$——转子密度；

$\quad\ \ \rho$——流体密度；

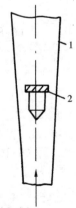

$\quad\ \ g$——重力加速度。

由于锥形管的锥角较小，所以 A 与 h 近似比例关系，即 $A=kh$，式中 k 为与锥形管锥度有关的比例系数，h 为转子在锥形管中的高度。由此而得到了体积流量与转子高度的关系

$$Q = Ckh\sqrt{\frac{2V_f g(\rho_f - \rho)}{\rho A_f}} \tag{6-13}$$

实验证明，可以用这个关系式作为按转子高度来表示流体流量的基本公式。但需说明，流量系数 C 与浮子形状和管道的雷诺数有关。当然，对于一定的转子形状来说，只要流体雷诺数大于某一个低限雷诺数时，流量系数就趋于一个常数。这时，体积流量 Q 就与转子高度 h 成线性关系了。

图 6-15 转子流量计工作原理

1—锥形管；2—转子

从上述分析中可以看出，它与节流装置的差异在于：1）任意稳定

情况下，作用在转子上的压差是恒定不变的；2）转子与锥形管之间的环形缝隙的面积 A 随平衡位置的高低而变化，故是变截面。

二、刻度校正

转子流量计在出厂刻度时所用介质是水或空气，在实际使用时，被测介质可能不同，即使被测介质相同，但温度和压力不同，这时介质的密度和黏度就会发生变化，就需对刻度校正。如果原刻度是以水为介质刻度的，当介质温度、压力改变时，如果黏度相差不大，则只要对密度 ρ 作校正就可以了，其校正系数为 K_1

$$K_1 = \sqrt{\frac{(\rho_f - \rho)\rho_0}{(\rho_f - \rho_0)\rho}} \tag{6-14}$$

式中　ρ_0——仪表原刻度时介质密度；

$$Q = K_1 Q_0 \tag{6-15}$$

式中　Q——校正后被测介质流量；

Q_0——仪表原刻度时的流量。

如果原刻度所用介质为空气，而当介质温度、压力改变时，根据上述道理，也只作密度校正。由于 $\rho_f \gg \rho_0$，$\rho_f \gg \rho$，所以修正系数简化为：

$$K_2 = \sqrt{\frac{\rho_0}{\rho}} \tag{6-16}$$

$$Q = K_2 Q_0 \tag{6-17}$$

【例 6-1】 一转子流量计标准状态下用水标定，量程范围为 $100 \sim 1000\text{L/h}$，转子密度为 7.90g/cm^3，现用来测量密度为 0.79g/cm^3 的甲醇，问（1）体积流量密度校正系数为多少？（2）流量计测量甲醇的量程范围为多少？

【解】　（1）由式（6-14）得

$$K_1 = \sqrt{\frac{(7.90 - 0.79) \times 1.00}{(7.90 - 1.00) \times 0.79}} = 1.14$$

（2）由式（6-15）得

$$Q_{min} = 1.14 \times 100 = 114\text{L/h}$$

$$Q_{max} = 1.14 \times 1000 = 1140\text{L/h}$$

所以，测量甲醇的量程范围为 $114 \sim 1140\text{L/h}$。

第六节　质 量 流 量 计

前面介绍的各种流量计均为测量体积流量的仪表，一般来说可以满足流量测量的要求。但是，有时人们更关心的是测量流过流体的质量是多少。这是因为物料平衡、热平衡以及储存、经济核算等都需要知道介质的质量。所以，在测量工作中，常常要将已测出的体积流量乘以介质的密度，换算成质量流量。由于介质密度受温度、压力、黏度等许多因素的影响，气体尤为突出，这些因素往往会给测量结果带来较大的误差。质量流量计能够直接测得质量流量，这就能从根本上提高测量精度，省去了繁琐的换算和修正。

一、质量流量计的分类

质量流量计大致可分为两大类：一类是直接式质量流量计，即直接检测流体的质量流量；另一类是间接式或推导式质量流量计，这类流量计是通过体积流量计和密度计的组合来测量质量流量。

（一）直接式质量流量计

直接式质量流量计是指流量计的输出信号能直接反映被测流体质量流量的仪表，它在原理上与介质所处的状态参数（温度、压力）和物性参数（黏度、密度）等无关，具有高准确度、高重复性和高稳定性的特点，在工业上得到了广泛应用。

直接式质量流量计按测量原理大致可分为：

（1）与能量的传递、转换有关的质量流量计，如热式质量流量计和差压式质量流量计。

（2）与力和加速度有关的质量流量计，如科里奥利式质量流量计。

（二）间接式质量流量计

间接式质量流量计可分成两类：一类是组合式质量流量计，也可以称推导式质量流量计；另一类是补偿式质量流量计。

组合式质量流量计是在分别测量两个参数的基础上，通过计算得到被测流体的质量流量。它通常分为两种：用一个体积流量计和一个密度计实现的组合测量；采用两个不同类型流量计实现的组合测量。

补偿式质量流量计同时检测被测流体的体积流量和其温度、压力值，再根据介质密度与温度、压力的关系，间接地确定质量流量。其实质是对被测流体作温度和压力的修正。如果被测流体的成分发生变化，这种方法就不能确定质量流量。

二、直接式质量流量计

（一）科里奥利质量流量计

1. 基本原理与科里奥利力

科里奥利质量流量计是利用流体在振动管中流动时能产生与流体质量流量成正比的科里奥利力这个原理制成的。由力学理论可知，当一个位于旋转系内的质点做朝向或者离开旋转中心的运动时，质点要同时受到旋转角速度和直线速度的作用，即受到科里奥利力的作用。如图 6-16 所示，当质量为 m 的质点，以匀速 V，在一个围绕旋转轴 P 以角速度 ω 旋转的管

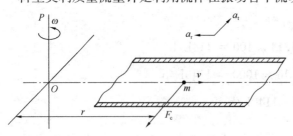

图 6-16　科里奥利力的产生原理

道内，轴向移动时，这个质点将获得两个加速度分量：

（1）法向加速度，即向心加速度 a_r，其值等于 $\omega^2 r$，方向指向 P 轴。

（2）切向加速度，即科里奥利加速度 a_t，其值等于 $2\omega v$，方向与 a_r 垂直，正方向符合右手定则，如图 6-16 所示。

为了使质点具有科里奥利加速度 a_t，需在 a_t 的方向上加一个大小等于 $2m\omega v$ 的力，

该力来自于管道壁面。根据作用力与反作用力原则，质点也对管壁施加一个大小相等、方向相反的力。这个力就是质点施加在管道上的科里奥利力 F_c，方向与 a_t 相反，其大小为

$$F_c = 2m\omega v \tag{6-18}$$

式中　F_c——质点所受科里奥利力，N；

　　　m——质点的质量，kg；

　　　ω——绕 P 轴旋转的角速度，1/s；

　　　v——质点在管道内匀速运动速度，m/s。

同理，当密度为 ρ 的流体以恒定流速 v，沿图 6-16 所示的旋转管道流动时，任何一段长度为 Δx 的管道都将受到一个大小为 ΔF_c 的切向科里奥利力

$$\Delta F_c = 2\omega v \rho A \Delta x \tag{6-19}$$

式中　A——管道的内截面积，m²。

由于质量流量 $q_m = \rho v A$，从式（6-19）可得质量流量为

$$q_m = \frac{\Delta F_c}{2\omega \Delta x} \tag{6-20}$$

可见，只要能直接或者间接地测量出在旋转管道中流动的流体作用于管道的科里奥利力，就可以测得流体通过管道的质量流量。

在实际工业应用中，要使流体通过的管道围绕 P 轴以角速度 ω 旋转，显然是不切合实际的。这也是早期的科里奥利质量流量计始终未能走出实验室的根本原因。经过几十年的探索，人们终于发现，使管道绕 P 轴以一定频率上下振动，也能使管道受到科里奥利力的作用。而且，当充满流体的管道以等于或接近于其自振频率振动时，维持管道振动所需的驱动力是很小的。这样就从根本上解决了科里奥利质量流量计的结构问题。

2. 结构组成

科里奥利质量流量计主要由传感器和转换器两部分组成。转换器用于使传感器产生振动，检测时间差 Δt 的大小，并将其转换为质量流量。传感器用于产生科里奥利力，其核心是测量管（振动管）。科里奥利质量流量计按测量管形状可分为直管型和弯管型两种，按照测量管的数目又可分为单管型和多管型（一般为双管型）两类。

弯管型测量管具有管道刚度小、自振频率低的优点，可以采用较厚的管壁，仪表耐磨、耐腐蚀性能较好，但易存积气体和残渣而引起附加误差。相反，直管型测量管不易存积气体和残渣，且传感器尺寸小、重量轻，但自振频率高，为使自振频率不至于太高，往往管壁做得较薄，易磨损和腐蚀。单管型测量管不分流，测量管中流量处处相等，对稳定零点有好处，也便于清洗，但易受外界振动的干扰，仅见于早期的产品和一些小口径仪表。双管型测量管由于实现了两管相位差的测量，可降低外界振动干扰的影响。

图 6-17 所示为双 U 形管科里奥利质量流量计的基本结构。两根几何形状和尺寸完全相同的 U 形测量管平行地焊接在支承管上，构成一个音叉，以消除外界振动的影响。被测流体由支撑管进入测量管，流动方向与振动方向垂直。驱动 U 形管产生垂直于支撑管运动的驱动器是由激振线圈和永久磁铁组成的。位于 U 形管的两个直管管端的两个电磁位置传感器用于监控驱动器的振动情况，并以时间差 Δt 的形式检测出测量管的扭转角，将上述时间差经过转换器电路进一步转换成直流 4～20mA 的标准信号，送入显示仪表指示被测质量流量。

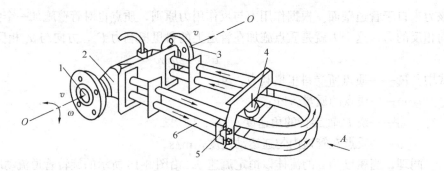

图 6-17 科里奥利质量流量计的结构示意图

1—流体入口；2—支撑管；3—流体出口；4—驱动器；5—电磁位置传感器；6—测量管

3. 科里奥利质量流量计的特点

(1) 科里奥利质量流量计的优点：

1) 准确度高，一般为±0.25%，最高可达±0.1%。

2) 可实现直接的质量流量测量，与被测流体的温度、压力、黏度和组分等参数无关。

3) 不受管内流动状态的影响，无论是层流还是湍流都不影响测量准确度，对上游侧的流速分布不敏感，无前后直管段要求。

4) 无阻碍流体流动的部件，无直接接触和活动部件，免维护。

5) 量程比宽，最高可达 100∶1。

6) 可进行各种液体（包括含气泡的液体、深冷液体）和高黏度（1Pa·s 以上）、非牛顿流体的测量。除可测原油、重油、成品油外，还可测果浆、纸浆、化妆品、涂料、乳浊液等，这是其他流量计不具备的特点。

7) 可进行多参数测量，在测量质量流量的同时，还可同时测得介质密度、体积流量、温度等参数。

8) 动态特性好。

(2) 科里奥利质量流量计的缺点：

1) 由于测量密度较低的流体介质，灵敏度较低，因此不能用于测量低压、低密度的气体、含气量超过某一值的液体和气液二相流。

2) 对外界振动干扰较敏感，对流量计的安装固定有较高要求。

3) 适合 DN150～DN200mm 以下中小管径的流量测量，大管径的使用还受到一定的限制。

4) 压力损失较大，大致与容积式流量计相当。

5) 被测介质的温度不能太高，一般不超过 205℃。

6) 体积和重量较大。

7) 测量管内壁磨损、腐蚀或沉积结垢会影响测量准确度，尤其对薄壁测量管更为显著。

8) 价格昂贵，约为同口径电磁流量计的 2～5 倍或更高。

9) 零点稳定性较差，使用时存在零位漂移问题。

(二) 热式质量流量计

热式质量流量计可用以下两种方法来测量流体质量流量：一种是利用流体流过外热源

加热的管道时产生的温度场变化来测量；另一种是利用加热流体时，流体温度上升某一值所需的能量与流体质量之间的关系来测量。热式质量流量计一般用来测量气体的质量流量，具有压损低、量程比大、高准确度、高重复性和高可靠性、无可动部件以及可用于极低气体流量监测和控制等特点。

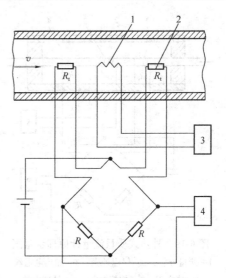

图 6-18　内热式质量流量计原理图
1—加热电阻丝；2—热电阻；
3—加热电源；4—处理电路

1. 内热式质量流量计

目前常用的热式流量计是利用气体吸收热量或放出热量与该气体的质量成正比的原理制成的，分内热式和外热式两种。内热式质量流量计的原理如图 6-18 所示。在被测流体中放入一个加热电阻丝，在其上、下游各放一个热电阻，并保证两个热电阻的温度系数、阻值、结构等参数相同。若被测气体不流动则两个热电阻处的温度相等；若被测气体在管道内由左至右流动，则右方的温度高于左方，即被测气体被加热，此时通过测量加热电阻丝中的加热电流及上、下游的温差来测量质量流量。单位时间内被测气体吸收的热量与温差 Δt 的关系为

$$\Delta Q = q_m c_p \Delta t \tag{6-21}$$

式中　ΔQ ——被测气体吸收的热量（W）；

　　Δt ——被测气体的温升；

　　q_m ——被测气体的质量流量（kg/s）；

　　c_p ——被测气体的比定压热容[J/(kg·K)]。

上、下游热电阻所测温差 Δt，随被测流体流速（流量）升高而变大。如果加热电阻丝只向被测气体加热，管道本身与外界很好的绝热，气体被加热时也不对外做功，则电阻丝放出的热量全部用来使被测气体温度升高，所以加热器的功率 P 为

$$P = q_m c_p \Delta t \tag{6-22}$$

由式（6-22）可知，求质量流量 q_m 可使用两种方法：

（1）恒功率法，即保持加热器功率 P 恒定，则质量流量与温差成反比。

（2）恒定温差法，即保持温差 Δt 恒定，则质量流量与加热功率 P 成正比。

无论从特性关系还是实现手段看，恒定温差法都比恒功率法简单，故得到广泛的应用。此时所求质量流量为

$$q_m = \frac{P}{c_p \Delta t} \tag{6-23}$$

2. 外热式质量流量计

内热式质量流量计具有较好的动态特性，但是由于电加热丝和感温元件都直接与被测气体接触，易被气体污染和腐蚀，影响仪表的灵敏度和使用寿命。由此，研制了非接触式（外加热式）的热式质量流量计，其结构如图 6-19 所示。加热丝和两个热电阻丝缠绕在测

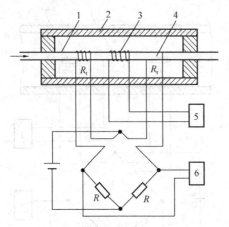

图 6-19 外热式质量流量计原理示意图

1—测量导管；2—保温外壳；3—加热电阻丝；
4—热电阻；5—加热电源；6—处理电路

量导管的外部，并用保温外壳封闭，以减少与外界的热交换。为提高响应速度，测量导管均制成薄壁管，并选择导热性能良好的金属材料，如镍、不锈钢等。两只铂热电阻和另两只电阻组成测温电桥。当管内没有气体，或有气体但不流动时，电桥是平衡的；当有气体流经测量导管时，因带走热量，而使前后热电阻产生温差，引起热电阻阻值的变化，破坏了电桥平衡，通过测量电桥输出的不平衡电压就可测出被测流体的质量流量。

外加热式质量流量计在小流量测量方面具有一定的优势，但只适用于小管径的流量测量，其最大的缺点就是热惯性大，响应速度慢。

3. 刻度换算

由式（6-23）可以看出，只有当 c_p 为常数时，质量流量才与加热功率 P 成正比，与被测气体温升（上、下游温差）成反比。因为 c_p 与被测介质成分、温度和压力有关，所以仪表只能用在中、低压范围内，被测介质的温度也应与仪表标定时介质的温度差别不大。

当被测介质与仪表标定时所用介质的比定压热容 c_p 不同时，可以通过换算对仪表刻度进行如下修正：

$$q_m = q_{m0} \frac{c_{p0}}{c_p} \tag{6-24}$$

式中　　q_{m0}——仪表的刻度值（kg/s）；

q_m——实际被测流体的质量流量（kg/s）；

c_{p0}——标定物质在标定状态下的比定压热容，[J/(kg·K)]；

c_p——实际被测流体在工作状态下的比定压热容，[J/(kg·K)]。

三、间接式质量流量计

间接式质量流量计分为补偿式质量流量计和组合式质量流量计。补偿式质量流量计在用体积流量计测量流体流量的同时，测量流体的温度和压力，然后利用流体密度 ρ 与温度 t 和压力 p 的关系 $\rho = f(t, p)$，求出该温度、压力状态下的流体密度 ρ，进而求得质量流量值。下面主要介绍组合式质量流量计。

组合式质量流量计是在分别测量两个参数的基础上，通过运算器计算得到质量流量值。它通常分为两种：用一个体积流量计和一个密度计的组合；采用两个不同类型流量计的组合。两种不同类型的流量计分别指测量 q_v 的流量计，如涡轮流量计、电磁流量计等；测量 ρq_v^2 的流量计，如差压式流量计。

（一）体积流量计和密度计的组合

1. 检测 ρq_v^2 的流量计和密度计的组合

检测 ρq_v^2 的流量计通常采用差压式流量计，将它与连续测量密度的密度计组合起来就成为能间接求出质量流量的检测系统。其测量原理如图 6-20 所示。孔板两侧测得差压信号 Δp 与 ρq_v^2 成正比。设差压计的输出信号为 x，密度计测得的信号为 y，则有 $x \propto \rho q_v^2$，y

$\infty\rho$，将信号 x 和 y 同时输入到流量计算器进行
开方运算、流量显示和累积计算。其质量流量
的表达式为

$$\sqrt{xy} = K\rho q_v = Kq_m \qquad (6\text{-}25)$$

式中，K 为比例常数。

2. 检测 q_v 的流量计和密度计的组合

检测管内体积流量 q_v 的流量计有容积式流
量计、电磁流量计、涡轮流量计、超声波流量
计等。将这些流量计与检测流体密度 ρ 的密度
计组合，可以测出流体的质量流量。其测量原
理如图 6-21 所示，设流量计的输出信号为 x，
密度计测得的信号为 y，则有 $x\infty q_v$，$y\infty\rho$，将
信号 x 和 y 同时输入到流量计算器进行乘法运算可得

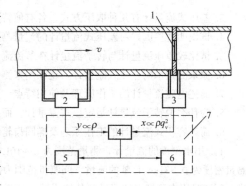

图 6-20 检测 ρq_v^2 的流量计和密度计的组合
1—孔板；2—密度计；3—差压计；4—运算器；
5—流量累积器；6—显示器；7—流量计算器

$$xy = K\rho q_v = Kq_m \qquad (6\text{-}26)$$

式中，K 为比例常数。

（二）两种不同类型流量计的组合

这种质量流量计是由两个不同类型的体积流量计组成的，如图 6-22 所示。通常一个
是差压式流量计，设其输出信号为 x，有 $x\infty \rho q_v^2$，另一个是体积流量计，如容积式流量计
或涡轮流量计等，设其输出信号为 y，有 $y\infty q_v$，将信号 x 和 y 同时输入到流量计算器进
行除法运算可得

$$\frac{x}{y} = K\rho q_v = Kq_m \qquad (6\text{-}27)$$

式中，K 为比例常数。

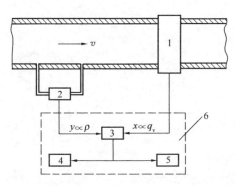

图 6-21 检测 q_v 的流量计和密度计的组合
1—检测 q_v 的流量计；2—密度计；3—运算器；
4—流量累积器；5—显示器；6—流量计算器

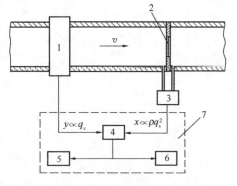

图 6-22 两种不同类型流量计的组合
1—检测 q_v 的流量计；2—孔板；3—差压计；
4—运算器；5—流量累积器；6—显示器；
7—流量计算器

思 考 题 与 习 题

1. 简述差压式流量计的基本构成及使用特点。

2. 什么叫标准节流装置？

3. 差压式流量计有几种取压方式，各有何特点？

4. 试说明哪些因素对差压式流量计的流量测量有影响？

5. 试比较差压流量计与转子流量计在节流流通断面面积和压力差方面有何区别？

6. 原来测量水的差压式流量计，现在用来测量相同测量范围的油的流量，读数是否正确？为什么？

7. 简述电磁流量计的工作原理及使用特点。

8. 为什么说转子流量计是定压式流量计？而差压式流量计是变压降式流量计？

9. 简述容积式流量计的工作原理及椭圆齿轮流量计的基本结构。

10. 用水刻度的流量计，测量范围为 0～10L/min，转子用密度为 7920kg/m³ 的不锈钢制成，若用来测量密度为 0.831kg/L 苯的流量，问测量范围为多少？若这时转子材料改为由密度为 2750kg/m³ 的铝制成，问这时用来测量水的流量及苯的流量，其测量范围各为多少？

第七章 液 位 测 量

液位是指开口容器或密封容器中液体介质液面的高低，用来测量液位的仪表称为液位计。液位测量在现代工业生产过程中具有重要地位。通过液位测量可确定容器里的液体的数量，连续监视或调节容器内流入和流出物料的平衡，使之保持在一定的高度，以保证产品的质量、产量和安全。

目前常用的测量方法有直读法、浮力法、差压法、电容法、核辐射法、超声波法以及激光法、微波法等。这里只介绍应用较为广泛的浮力式、差压式、电气式、超声波液位计的结构、原理及应用。

第一节 静 压 式 液 位 计

一、利用静压差测量液位的原理

静压式液位检测方法是根据液柱静压与液柱高度成正比的原理来实现的。其原理如图7-1 所示，根据流体静力学原理可得

$$\Delta P = P_B - P_A = H\rho g \tag{7-1}$$

式中　ΔP——液柱表面与底面之间的压差；

　　　P_A——容器中液体表面的静压；

　　　P_B——容器中液体底部的静压；

　　　H——液柱的高度；

　　　ρ——液体的密度；

　　　g——重力加速度。

当容器为敞口时，则 P_0 为大气压，上式变为

$$\Delta P = P - P_0 = H\rho g \tag{7-2}$$

由式（7-1）、式（7-2）可见，在测量过程中，如果液体密度 ρ 为常数，则在密闭容器中两点的压差 ΔP 与液面高度 H 成正比；而在敞口容器中则 P 与 H 成正比，也就是说测出 P 和 ΔP 就可以知道敞口容器或密闭容器中的液位高度。

二、压力表测量液位计

压力计式液位计用来测量敞口容器中的液位高度，原理如图 7-2（a）所示，测压仪表通过取压导管与容器底部相连，由测压仪表的指示值便可知道液位的高度。用此法进行测量时，要求液体密度 ρ 为常数，否则将引起误差。

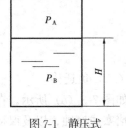

图 7-1　静压式
液位计原理

另外，压力仪表实际指示的压力是液面至压力仪表入口之间的静压力，当压力仪表与取压点（零液位）不在同一水平位置时，应对其位置高度差而引起的固定压力进行修正。

三、法兰式压力变送器液位计

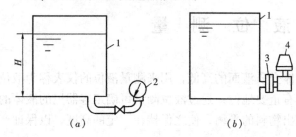

图 7-2 (b) 是用法兰式压力变送器测量液位的原理图，由于容器与压力表之间用法兰将管路连接，故称"法兰液位计"。对于黏稠液体或有凝结性的液体，为避免导压管堵塞，可采用法兰式压力变送器和容器直接相连。其在导压管处加有隔离膜片，导压管内充入硅油，借助硅油传递压力。

图 7-2　压力式液位计
(a) 压力表测液位；(b) 法兰式压力变送器测液位
1—容器；2—压力表；3—法兰；4—变送器

四、压差式液位计

在对密闭容器液位进行测量时，容器下部的液体压力除与液位高度有关外，还与液面上部介质压力有关。在这种情况下，可以用测量差压的方法来获得液位，如图 7-3 所示。差压液位计指示值除与液位高度有关外，还与液体密度和差压仪表的安装位置有关。无论是压力检测法还是差压检测法都要求取压口（零液位）与检测仪表的入口在同一水平高度，否则会产生附加静压误差。但是，在实际安装时不一定能满足这个要求。如地下储槽，为了读数和维护的方便，压力检测仪表不能安装在所谓零液位处的地方；采用法兰式差压变送器时，由于在从膜盒至变送器的毛细管中充以硅油，无论差压变送器在什么高度，一般均会产生附加静压。在这种情况下，可通过计算进行校正，更多的是对压力（差压）变送器进行零点调整，使它在只受附加静压（静压差）时输出为"0"，这种方法称为"量程迁移"。

（一）无迁移

无迁移差压变送器测量液位原理如图 7-3 (a) 所示，将差压变送器的正、负压室分别与容器下部和上部的取压点相连通，被测液体的密度为 ρ_1，则作用于变送器正、负压室的差压为 $\Delta P = H \rho_1 g$。当液位 H 在 $0 \sim H_{\max}$ 范围内变化时，对应的 ΔP 在 $0 \sim \Delta P_{\max}$ 范围内变化，变送器输出 I_P 在量程上下限间相应变化。

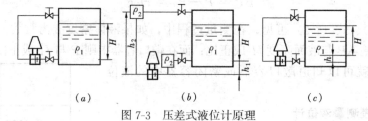

图 7-3　压差式液位计原理
(a) 无迁移；(b) 负迁移；(c) 正迁移

（二）负迁移

如图 7-3 (b) 所示，在实际应用中，为防止容器内液体和气体进入变送器取压室造成管线堵塞或腐蚀，以及保持负压室液柱高度恒定，在变送器正、负压室与取压点之间分别装有隔离罐，并充以密度为 ρ_2 隔离液，（通常 $\rho_2 \gg \rho_1$），这时正、负压室的压差为

$$\Delta P = P_1 - P_2 = (h_1\rho_2 g + H\rho_1 g + P_0) - (h_2\rho_2 g + P_0)$$

$$\Delta P = H\rho_1 g - (h_2 - h_1)\rho_2 g \tag{7-3}$$

式中 P_1、P_2——正、负压室的压力；

ρ_1、ρ_2——被测液体及隔离液的密度；

h_1、h_2——最低液位及最高液位至变送器的高度；

P_0——容器中气相压力。

根据式（7-3）可知，当 $H=0$ 时，$\Delta P = -(h_2-h_1)\rho_2 g$，输出压力为负值，而且实际工作中，往往 $\rho_2 \gg \rho_1$，所以当最高液位时，负压室的压力也要大于正压室的压力，使变送器的输出为负值，这样就破坏了变送器输出 I_P 与液位之间的正常关系。在变送器量程符合要求的条件下，调整变送器上的迁移弹簧，使变送器在 $H=0,\Delta P = -(h_2-h_1)\rho_2 g$ 时，输出 I_P 为量程下限；在 $H=H_{max}$，最大差压为 $\Delta P_{max} = H_{max}\rho_1 g - (h_2-h_1)\rho_2 g$ 时，变送器输出 I_P 为量程上限，这样就实现了变送器输出与液位之间的正常关系。$Z_- = -(h_2-h_1)\rho_2 g$ 称为负迁移量。

（三）正迁移

图 7-3（c）所示的测量装置中，变送器的安装位置与最低液位不在同一水平面上，变送器的位置比最低液位低 h，这时液位高度 H 与压差之间的关系为

$$\Delta P = (H+h)\rho_1 g \tag{7-4}$$

可见当 $H=0$ 时，$\Delta P = h\rho_1 g$，变送器输出 I_P 大于量程下限；当 $H=H_{max}$ 时，对应的差压 $\Delta P_{max} = (H_{max}+h)\rho_1 g$，变送器输出 I_P 大于仪表量程上限。在变送器量程符合要求的条件下调整变送器迁移弹簧，使变送器在 $H=0,\Delta P = h\rho_1 g$ 时，变送器输出 I_P 为量程下限；使变送器在 $H=H_{max},\Delta P_{max} = (H_{max}+h)\rho_1 g$ 时，变送器输出 I_P 为仪表量程上限，便实现了变送器输出与液位之间的正常关系。$Z_+ = h\rho_1 g$ 称为正迁移量。

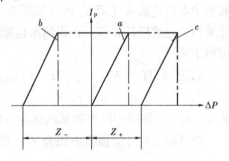

图 7-4 差压变送器迁移示意图

（a）无迁移；（b）负迁移；（c）正迁移

正、负迁移的实质是通过迁移弹簧改变变送器的零点，即同时改变量程的上、下限，而量程的大小不变，如图 7-4 所示。

五、高位水箱的液位测量

在液位计系统中接入一个 U 形管压差计，便可将液位计接到比容器位置低得多的场所进行液位测量或监控。图 7-5 所示为锅炉中测量锅筒水位的水位计工作原理图。这种水位计可以安装到位置比锅筒低得多的运行人员操作台上进行锅筒水位监控。

测量系统由冷凝箱、膨胀室、低地位水位计和连接管等组成。低地位水位计及其旁边的连接管形成一 U 形管差压计。在冷凝箱中，由于蒸汽凝结，所以存在水位，但由于凝结水过多时能溢流到锅筒中去，所以冷凝箱中水位总保持恒定。冷凝箱液面上压力相同，但管路中存在三种密度不同的液体，即炉水密度 ρ_1、凝结水密度 ρ_2 及 U 形管压差计中的重液密度 ρ_3。冷凝箱右边垂直管中的液体由于保温作用，其密度等于炉水密度 ρ_1。

在正常工况下，低位水位计中的流体是静止的，作用在 A 点左侧和右侧的压力应相等，据此可得：

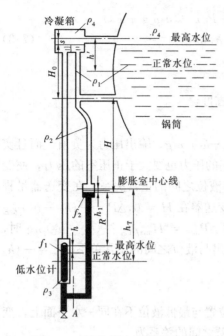

图 7-5　高位水箱水位测量原理图

$$H_0\rho_1 g + H\rho_2 g + R\rho_3 g = (H_0 + H + R)\rho_2 g \tag{7-5}$$

式中　g——重力加速度；

R——最高水位时，水位计中水位和膨胀室中的水位差；

其他符号如图 7-5 所示。

化简上式可得：

$$R = \frac{\rho_2 - \rho_1}{\rho_3 - \rho_2}H_0 \tag{7-6}$$

在上式中，炉水密度 ρ_1 可根据锅筒中压力确定，ρ_1 等于相应于锅筒压力下的水密度；ρ_2 因管外无绝热材料，可取为室温下的水的密度；ρ_3 为未知值，其值应保证使锅筒中水位降低 h 值时，在低位水位计中的液位也同样降低 h 值。由于式 (7-6) 中 R 值也为未知值，所以尚需列出一个方程式来求解 ρ_3 和 R 值。当锅筒水位降低 h 值时，要求低位水位计中的液位也降低 h 值。此时，膨胀室中水位将从 R 上升 h_1 值（见图 7-5）。冷凝箱右侧垂直管内的水位由于和锅筒是一个连通器，也将降低 h 值。在锅筒水位降低 h 值条件下，再根据 A 点右侧及左侧压力相等可得下式

$$h\rho_4 g + (H_0 - h)\rho_1 g + (H - h_1)\rho_2 g + (h + R + h_1)\rho_3 g = (h + R + H + H_0)\rho_2 g \tag{7-7}$$

式中　ρ_4——锅筒中的饱和蒸汽密度（kg/m³）。

设低位水位计的横截面积为 f_1，膨胀室的横截面积为 f_2，则可列出下列几何关系式

$$h_1 = \frac{f_1}{f_2}h \tag{7-8}$$

由式 (7-6)、(7-7)、(7-8) 可得

$$\rho_3 = \frac{\rho_1 + \rho_2(1 + f_1/f_2) - \rho_4}{1 + f_1/f_2} \tag{7-9}$$

式 (7-9) 表明，在设计低地位水位计时，U 形管压差计中灌注的重液密度 ρ_3，不是任意值，而应根据 f_1/f_2、ρ_1、ρ_2 及 ρ_4 算出。当水位计系统确定后 f_1/f_2 比值已确定，则 ρ_3 主要和 ρ_1、ρ_4 有关，亦即和锅筒压力有关。锅炉低地位水位计的重液一般用三溴甲烷和苯配制而成。

第二节　电接触式液位计

一、电容式液位计

电容式液位传感器是利用被测物的介电常数与空气（或真空）不同的特点进行检测的，电容式物位计由电容式物位传感器和检测电容的测量线路组成。它适用于各种导电、

非导电液体的液位或粉状料位的远距离连续测量和指示，也可以和电动单元组合仪表配套使用，以实现液位的自动记录、控制和调节。由于它的传感器结构简单，没有可动部分，因此应用范围较广。

（一）测量导电液体的电容式液位传感器

测量导电液体的电容式液位传感器如图 7-6 所示，在液体中插入一根带聚四氟乙烯绝缘套管的不锈钢电极。由于液体是导电的，容器和液体可看作为电容器的一个电极，插入的金属电极作为另一电极，绝缘套管为中间介质，三者组成圆筒电容器。当液位高度为 $H=0$ 时，即容器内的实际液位低于非测量区 h 时，圆筒电容器的电容 C_0 为

$$C_0 = \frac{2\pi\varepsilon_0 L}{\ln(D_0/d)} \qquad (7\text{-}10)$$

式中　ε_0——聚四氟乙烯绝缘套管和容器内气体的等效介电常数；

　　　L——液位测量范围；

　　　D_0——容器内径；

　　　d——不锈钢电极直径。

当液位高度为 H 时，圆筒电容器的电容 C 为

$$C = \frac{2\pi\varepsilon H}{\ln(D/d)} + \frac{2\pi\varepsilon_0(L-H)}{\ln(D_0/d)} \qquad (7\text{-}11)$$

式中　ε——聚四氟乙烯绝缘套管的介电常数；

　　　D——聚四氟乙烯绝缘套管的外径。

所以，当容器内液位高度由零变化到 H 时，圆筒电容器的电容变化量 ΔC 为

$$\Delta C = C - C_0 = \frac{2\pi\varepsilon H}{\ln(D/d)} - \frac{2\pi\varepsilon_0 H}{\ln(D_0/d)}$$

通常，$D_0 \gg D, \varepsilon > \varepsilon_0$，上式中第二项比第一项小得多，可以忽略不计。则

$$\Delta C \approx \frac{2\pi\varepsilon H}{\ln(D/d)} \qquad (7\text{-}12)$$

当电极确定后，ε、D、d 为定值，上式可写为

$$\Delta C = KH \qquad (7\text{-}13)$$

式中　$K = \dfrac{2\pi\varepsilon}{\ln(D/d)}$。

可见，当电极确定后，ε、D、d 为定值，传感器的电容变化量与液位的变化量呈线性关系。测出电容变化量就可求出被测液位。绝缘套管的介电常数 ε 较大，D/d 较小时，传感器的灵敏度较高。

值得注意的是，如液体是黏滞介质，当液体下降时，由于电极套管上仍粘附一层被测介质，会造成虚假的液位示值，使仪表所显示的液位比实际液位要高。

（二）测量非导电液体的电容式液位传感器

当测量非导电液体，如轻油、某些有机液体等的液位时，可采用两根同轴装配，彼此绝缘的不锈钢管构成同轴套管筒形电容器，两根不锈钢管分别作为圆筒形电容器的内外电极。液位的变化导致圆筒形电容器的内外电极间介质的变化，从而引起电容量的变化，利用这一特性可以测量液位变化。如图 7-7 所示，外套管上有孔，以便被测液体自由地流进或流出。

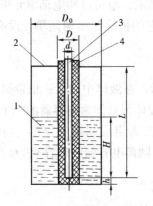

图 7-6　导电液体的

电容式液位测量

1—导电液体；2—容器；

3—不锈电极；4—绝缘套

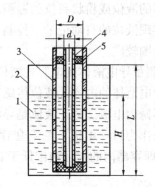

图 7-7　非导电液体的

电容式液位测量

1—非导电液体；2—容器；

3—不锈钢外管；4—不锈钢内管；

5—绝缘套

当被测液位 $H=0$ 时，两电极间的介质是空气，电容器的电容量为

$$C_0 = \frac{2\pi \varepsilon_0 L}{\ln(D/d)} \tag{7-14}$$

式中　ε_0——空气的介电常数；

L——液位测量范围；

D——外电极的内径；

d——内电极的外径。

当液位高度为 H 时，两电极间上下部的介质分别是空气和被测液体，圆筒电容器的电容 C 为

$$C = \frac{2\pi \varepsilon H}{\ln(D/d)} + \frac{2\pi \varepsilon_0 (L-H)}{\ln(D/d)} \tag{7-15}$$

式中　ε——被测液体的介电常数。

所以，当容器内液位高度由零变化到 H 时，圆筒电容器的电容变化量 ΔC 为

$$\Delta C = C - C_0 = \frac{2\pi (\varepsilon - \varepsilon_0)}{\ln(D/d)} H \tag{7-16}$$

可见，当电极确定后，ε、D、d 为定值，传感器的电容变化量与液位的变化量呈线性关系。测出电容变化量就可求出被测液位。

二、电接点液位计

由于密度和所含导电介质的数量不同，液体与其蒸汽在导电性能上往往存在较大的差别，电接点液位计正是利用这一差别进行液位检测的，通过气、液相电阻的不同指示液位高低。电接点液位计的基本组成和工作原理如图 7-8 所示。为了便于测点的布置，被测液位通常由测量筒 2 引出，电接点则安装在测量筒上。电接点由两个电极组成，一个电极裸露在测量筒中，它与测量筒的筒壁之间用绝缘子隔开；另一个电极为所有电接点的公共接地极，它与金属测量筒的筒壁接通。当液体浸没电接点时，由于液体的电阻率较低，电接点的两电极通过液体导通，相应的指示灯亮；而处在蒸汽中的电接点因蒸汽的电阻率很大而不能导通，相应的指示灯不亮。因此，液位的高低决定了亮灯数目的多少。或者反过来

说，亮灯数目的多少反映了液位的高低。根据显示方式的不同，相应地有电接点氖灯液位计、电接点双色液位计和数字式电接点液位计。但是，无论采用哪种显示方式，均无法准确指示位于两相邻电接点之间的液位，即存在指示信号的不连续性，这也就是电接点液位计固有的不灵敏区，或称作测量的固有误差。显然，这种误差的大小取决于电接点的安装间距。

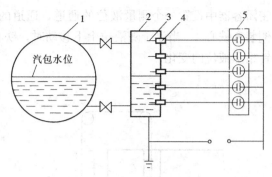

图 7-8　电接点液位计测量原理
1—汽包；2—测量筒；3—电极；4—绝缘套；5—指示灯

　　近年来，电接点液位计得到了较为广泛的应用，尤其是在锅炉汽包水位的测量中，由于其测量结果受汽包压力变化的影响很小，故适用于锅炉变参数工况下的水位测量。但是，这种液位计的液位指示信号具有非连续的阶跃性，因此不宜作为液位连续调节的信号传感器。用电接点液位计测量锅炉汽包水位时，除了上述误差外，最主要的误差是测量筒内水柱温降所造成的测量筒水位与汽包重力水位之间的偏差，因而应该对测量筒采取保温措施。

第三节　浮力式液位计

　　浮力式液位检测的基本原理是通过测量漂浮于被测液面上的浮子（也称浮标）随液面变化而产生的位移来检测液位；或利用沉浸在被测液体中的浮筒（也称沉筒）所受的浮力与液位的关系来检测液位。前者为恒浮力式检测，一般称浮子式液位计，后者为变浮力式检测，一般称浮筒式液位计。

一、浮子式液位计

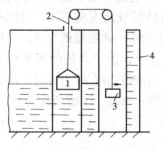

图 7-9　浮子式液位计测量原理
1—浮子；2—绳索；
3—重锤；4—刻度尺

　　浮子式液位计测量原理如图 7-9 所示，将液面上的浮子用绳索联结并悬挂在滑轮上，绳索的另一端挂有平衡重锤，利用浮子所受重力和浮力之差与平衡重锤的重力相平衡，使浮子漂浮在液面上。其平衡关系为

$$W_1 - F = W_2 \qquad (7-17)$$

式中　W_1——浮子的重力；

　　　　F——浮力；

　　　　W_2——重锤的重力。

　　当液位上升时，浮子所受浮力 F 增加，则 $W_1 - F < W_2$，使原有平衡关系被破坏，浮子向上移动。但浮子向上移动的同时，浮力 F 减小，$W_1 - F$ 又增加，直到 $W_1 - F$ 又重新等于 W_2 时，浮子将停留在新的液位上，反之亦然。因而实现了浮子对液位的跟踪。由于 W_1、W_2 是常数，因此浮子停留在任何高度的液面上时，F 值不变，故称此法为恒浮力法。其实质是通过浮子把液位的变化转换成机械位移（线位移或角位移）的变化。

　　图 7-9 所示的浮子式液位计只能用于敞口容器。在密闭容器中的应用如图 7-10 所示。

在密闭容器中设置一个测量液位的通道，通道的外侧装有导轮 1、浮子 2、磁铁 3；通道内侧装有铁心 4。当浮子随液位上下移动时，铁心被磁体吸引而同步移动，通过绳索带动指针指示液位的变化。

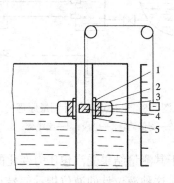

图 7-10 浮子式液位计在
密闭容器中的应用

1—导轮；2—浮子；3—磁铁；

4—铁心；5—非导磁管

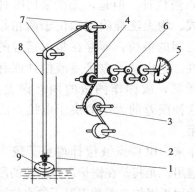

图 7-11 浮子式钢带液位计工作原理

1—导向管；2—盘簧轮；3—钢带轮；

4—钢带链轮；5—显示盘；6—齿轮；

7—导轮；8—钢带；9—浮子

在实际应用中，还可采用各种各样的结构形式来实现液位—机械位移的转换，并可通过机械传动机构带动指针对液位进行指示，如果需要远传，还可通过电或气的转换器把机械位移转换为电信号或气信号。图 7-11 所示为浮子式钢带液位计工作原理，通过盘簧与浮力和浮子重力的平衡，由钢带带动传动机构，靠指针在显示盘上指示液位。显示盘可根据需要装在不同的地方。

二、浮筒式液位计

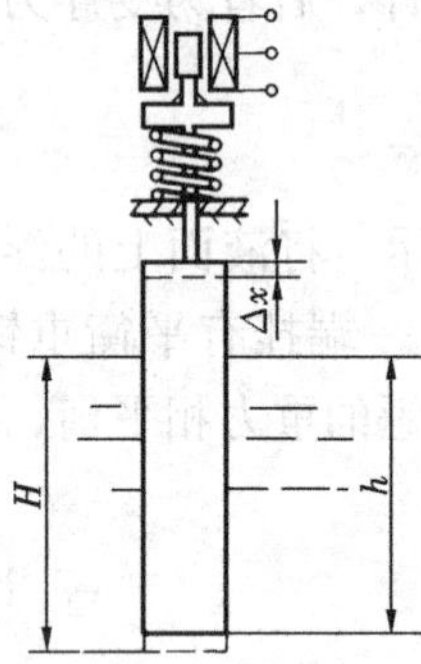

图 7-12 为浮筒式液位计检测原理，它是利用浮筒所受浮力检测液位的。液位高度不同，浮筒被液体浸没高度就不同，对应不同的液位高度浮筒所受的浮力就不同。将一横截面积为 A，质量为 m 的圆筒形空心金属浮筒挂在弹簧上，由于弹簧的下端被固定，因此弹簧因浮筒的重力被压缩，当液位高度 H 为零时，浮筒的重力与弹簧弹力达到平衡时，浮筒停止移动，平衡条件为

$$KX = W \tag{7-18}$$

式中　W——浮筒重量；

K——弹簧的刚度；

X——弹簧由于浮筒重力被压缩所产生的位移。

图 7-12 浮筒式液
位计检测原理

当浮筒的一部分被浸没时，浮筒受到液体对它的浮力作用而向上移动，当浮力与弹力和浮筒的重力平衡时，浮筒停止移动。设液位高度为 H，浮筒由于向上移动实际浸没在液体中的高度为 h，浮筒移动的距离即弹簧的位移改变量 ΔX

$$\Delta X = H - h \tag{7-19}$$

根据力平衡可知

$$W = Ah\rho + K(X - \Delta X) \tag{7-20}$$

式中　　ρ——浸没浮筒的液体密度。

由式（7-18）、（7-20），可得

$$Ah\rho = K\Delta X$$

即

$$h = \frac{K\Delta X}{A\rho} \tag{7-21}$$

一般情况下，$h \gg \Delta X$，由式（7-19）可得，$H=h$，从而被测液位 H 可表示为

$$H = \frac{K\Delta X}{A\rho} \tag{7-22}$$

由式（7-22）可知，当液位变化时，使浮筒产生位移，其位移量 ΔX 与液位高度成正比关系。因此浮力物位检测方法实质上就是将液位转换成敏感元件浮筒的位移变化。可应用信号变换技术进一步将位移转换成电信号，配上显示仪表在现场或控制室进行液位指示和控制。图 7-12 是在浮筒的连杆上安装一铁心，可随浮筒一起上下移动，通过差动变压器使输出电压与位移成正比关系，从而检测液位。

常用的浮筒式液位计还有将浮筒所受的浮力通过扭力管变换成扭力管的角位移，由变送器把角位移转换为电信号，指示液位。

第四节　超声波液位计

一、声学法液位计工作原理

声学法液位计是利用声波传播过程中的一些物理特性如声速、声波反射或声波减弱等来测量液位的。声波式液位计是一种非接触式物位计，无可动部件，不受被测介质的导电率、导热系数或介电常数等的影响。因此应用面广，可用于有毒、有腐蚀性、高黏度液体的测量。但不宜用于含气泡、悬浮杂质和波浪较大的液体液位测量，否则会影响正常反射而产生误差。此外，这种液位计因设备较复杂，价格较高。

图 7-13 所示为声波反射式液位计的工作原理图。图 7-13（a）为在液体中接受反射声波的液位计，图 7-13（b）为在气体中接受反射声波的液位计，图 7-13（c）为在固体中接受反射声波的液位计。图中，由压电元件组成的声换能器通入交流电流后产生反压电效应，成为一个声波发射器。发射器周期地发出短暂的声波，经一段时间后声波从两相界面反射回来并为声波接收器接收。声波接收器也是一种由压电元件组成的声换能器，当收到声波振动力后能使压电元件发生正压电效应并产生交流电流。由于声波在一定介质中传播的速度是不变的，因此测定这段时间间隔值后，即可算出被测液位值。

声波液位计可以采用频率较低的声频或频率较高的超声频发射声波。对气体介质一般用声频，因为超声频在气体中声能衰减较大；对液体或固体介质可用超声频。超声波是指频率高于 20kHz 的声波，超声波声束集中，不易扩散，可提高测量精度。

二、超声波液位计

超声波液位计由超声波换能器和测量电路组成。超声波换能器作为传感器检测液位的变化，并把液位变化转换为电信号。通过测量电路的放大处理，由显示装置指示液位。

超声波换能器可交替地作为超声波发射器与接收器，也可以用两个换能器分别作发射器与接收器，它是液位检测传感器。超声波换能器是根据压电晶体的"压电效应"和"逆

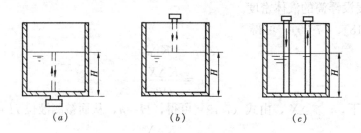

图 7-13 声波反射式液位计工作原理

(a) 液体中反射；(b) 气体中反射；(c) 固体中反射

压电效应"原理实现电能与超声波能的相互转换，其原理如图 7-14 所示。当外力作用于晶体端面时，在其相对的两个端面上有电荷出现，并且两端面上的电荷的极性相反。如果用导线将晶体两端面电极连接起来，就有电流流动，如图 7-14 (a) 所示。当外力消失时，被中和的电荷又会立即分开，形成与原来方向相反的电流，如果用交变的外力作用于晶体端面上，则产生交变电场。这就是压电效应。反之，若将交变电压加在晶体两个端面

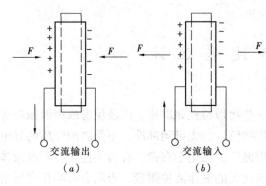

图 7-14 压电效应原理图

(a) 正压电效应；(b) 逆压电效应

的电极上，便会产生逆压电效应，即沿着晶体厚度方向作伸长和压缩交替变化，产生与所加交变电压同频率的机械振动，而向周围介质发射超声波，如图 7-14 (b) 所示。

超声波液位计的测量电路由控制钟、可调振荡器、计数器、译码指示等部分组成。使用超声波液位计进行测量时，将超声波换能器置于容器的底部（或液体的上空）。当控制钟每发一次方波信号时，就激励换能器发射声脉冲，并将计数器复零，同时开始对时间脉冲进行计数，至接收到液面反射波信号后立即停止计数，最后将声脉冲从发射到返回的往返时间的计数换算成液位高度显示出来。

第五节 导电式液位计的应用

一、导电式水位传感器组成的水位控制器

图 7-15 所示为导电式水位传感器组成的水位控制器的电路图，它采用导电式水位传感器探测水位，控制电路由液面专用检测电路 SL 2429A 和时基电路 555 等组成。电路中 C_1、C_5 为振荡电容，C_3、C_4 为高频旁路电容，C_2、C_6 为耦合电容，C_2、C_6 分别将 IC1、IC2 的 8 脚输出的振荡信号送到 9 脚。当探测电极未触水时，IC1、IC2 的 1、14 脚输出为低电平，当水位上升而触及探测电极时，振荡信号被水旁路，IC1、IC2 的 1、14 脚输出为高电平。时基电路 555 组成 RS 触发器，当无水时 IC3 的 2 脚 R、6 脚 S 非端均为低电平，IC3 的 3 脚输出高电平，继电器 K 工作，其常开触点闭合，控制水泵运行加水。当水面升至 B 点时，IC3 的 6 脚 S 非端为高电平，RS 触发器处于保持状态，其输出端 3 脚仍为高电平，水泵继续运

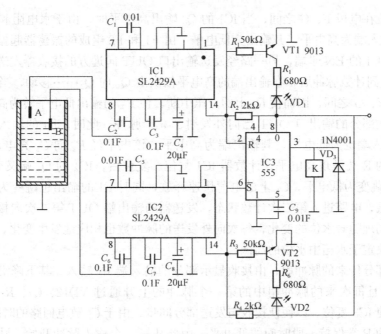

图7-15　导电式水位传感器控制电路图

行加水。当水位升至A点时，IC3的2脚R端变为高电平，其输出端3脚变为低电平，继电器K停止工作，水泵停止运行。当水位低于A点后，IC3的2脚R端又变为低电平，RS触发器又进入保持状态。只有当水位低于B点后，水泵才会重新启动。

二、导电式水位传感器组成的水位遥测仪

图7-16所示为水位遥测仪的电路图，由发射和接收显示两部分组成。其中，发射部分由导电式水位传感器、十进制计数/分配器和非门电路组成。接收显示部分主要由十进制计数/分配器和发光二极管等组成。

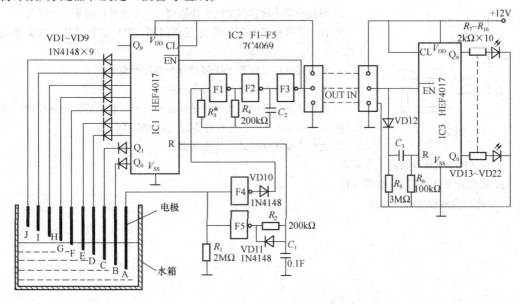

图7-16　水位遥测仪的电路图

如果水位在电极 F、G 之间，当 IC1 的 Q_0 输出高电平时，由于水电阻和 R_1 的分压，反相器 F4 输入端为高电平，其输出为低电平。由 F1 和 F2 组成的振荡器起振，振荡器信号一路送至 IC1 的 EN 非端，另一路经发送输出口 OUT 向远方的接收器发送。当 IC1 的 EN 非端接收到计数脉冲后，在输出端的高电平依次由 Q_1 向 Q_2……移动，当移至 Q_5 时，由于水位在 F、G 之间，因而使 R_1 上的分压中断，使 F4 的输出低电平转为高电平，振荡器停振，发送部分的输出口 OUT 已向外发射了 5 个脉冲。此时，F4 的输入端为低电平时，F5 的输入端也为低电平，其输出端为高电平。该电平经 R_2 向 C_1 充电，约经 20ms 后，使 IC1 的 R 端呈现高电平，计数器 IC1 复位。复位后，IC1 的 Q_0 端又变为高电平，F5 的输出端跳变为低电平，C_1 上的电荷快速释放，同时 F4 的输出也跳变为低电平，振荡器开始起振，电路进入第二次计数状态，发送器的输出端 OUT 第二次向接收部分发送串行脉冲。同理随着水位的变化，每次向外发送的脉冲数也相应地发生变化，每次发射脉冲的多少，决定于水箱中水位的高低。

从发送部分传来的脉冲串，由接收显示部分的输入端 IN 输入，其下降沿送到 IC3 的 EN 非端，而且每次来的脉冲串中的第一个脉冲的上升通过 VD12、C_3、R_5 微分后加入 IC3 的 R 端使 IC3 复位，以便使接收与发送部分同步。由于 C_3 放电回路的时间常数较大，足以使 IC3 的 R 端保持一段时间的低电平，因此从第二个输入脉冲开始，脉冲的上升不会使 IC3 复位。这样，从接收部分输入口 IN 输入 5 个脉冲后，IC3 的 $Q_0 \sim Q_5$ 将分别输出高电平。由于发送的串行脉冲的重复时间很短，再加上人的视觉暂留特性，虽然 5 个发光二极管是依次亮灭的，但给人的印象是同时点亮。从发光二极管点亮的级数便可得知水位的高低。

思 考 题 与 习 题

1. 如图 7-17 所示，压力表示值 $p=3\times10^4$ Pa，$h=50$cm，$\rho=1000$kg/m^3，$g=9.87$m/s^2，求液位深度 H。

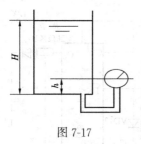

图 7-17

2. 简述声学法液位测量的工作原理。声学法液位测量有何特点？

3. 什么是液位测量时的零点迁移问题？怎样进行迁移？其实质是什么？

4. 差压式液位计按有无迁移量分为哪几种类型？

5. 常用的电接触式液位计有哪几种？

6. 差压式液位计的工作原理是什么？当测量有压容器的液位时，差压计的负压室为什么一定要与容器的气相相连接？

7. 为什么要用法兰式差压变送器？

8. 试述电容式液位计的工作原理。

9. 常用的浮力式液位计有哪几种？

10. 电接点液位计有何特点？

第八章 热量测量

第一节 热阻式热流计

一、热阻式热流计的工作原理

热阻式热流测头是广泛采用的一种热流测头，这种热流测头可用来测量以导热方式传递的热流密度，有热流通过热流测头时，测头热阻层上产生温度梯度，根据傅立叶定律可以得到通过热流测头的热流密度，热流密度的方向与等温面是垂直的，通过热流测头的热流密度可用下式表示

$$q = \frac{dQ}{dS} = \lambda \frac{\partial T}{\partial X} \tag{8-1}$$

式中　q——热流密度；

　　dS——等温面上微元面积；

　　dQ——通过微元面积 dS 的热流量；

　　$\dfrac{\partial T}{\partial X}$——垂直于等温面方向的温度梯度；

　　λ——测头材料的导热系数。

若温度为 T 和 $T+\Delta T$ 的两个等温面平行时，则有

$$q = \lambda \frac{\Delta T}{\Delta X} \tag{8-2}$$

式中　ΔT——两等温面温差；

　　ΔX——两等温面之间的距离。

如果热流测头材料和几何尺寸确定，那么只要测出测头两侧的温差，即可得到热流密度。根据使用条件，选择不同的材料做热阻层，以不同的方式测量温差，就能做成各种不同结构的热阻式热流测头。平板式热流测头是目前使用最广泛的热阻式热流测头，其结构如图 8-1 所示。平板式热流测头输出的热电势与通过热流测头的热流密度用下式表示

$$q = CE \tag{8-3}$$

式中　E——测头输出的热电势（mV）；

　　C——热流测头系数 [W/（m² · mV）]；

　　q——热流密度（W/m²）。

测头系数是热阻式热流测头的重要参数，其值与测头的材料、结构、几何尺寸、热电特性等有关。C 值的大小反映了热流测头的灵敏度，C 值越小测头灵敏度越高，反之，测头灵敏度越低，因此有的文献把 C 值的倒数称为测头的灵敏度。热阻式两侧的温差除了能用平板式热流测头测量外，还可以用差动连接的热电阻测量。热阻式热流测头只需要较小的温度梯度就可以产生较大的输出信号，这对于测量较小热流密度的传热过程是有

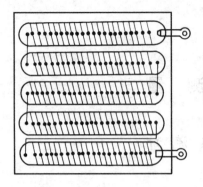

图 8-1 平板式热流测头

利的。

热阻式热流测头能够测量几 W/m²～几万 W/m² 的热流密度。表面接触式安装的测头使用温度一般在 200℃ 以内，特殊结构的测头可以测到 500～700℃。热阻式热流测头反应时间一般较长，随热阻层的性能和厚度不同，反应时间从几秒到几十分钟或更长，可见这类测头比较适合变化缓慢的或稳定的热流测量。

二、热流密度的测量

根据显示方法的不同，国内外生产的热流显示仪表可分为模拟显示和数字显示两大类。近年来随着微处理器及计算机技术的快速发展，国内外一些厂家生产出带有微处理器的智能型热流计，使用更加方便。

（一）指针式热流显示仪表

指针式热流显示仪表是以指针式表头作为显示部件，其结构比较简单，成本低，是应用较为广泛的一种热流显示仪表，图 8-2 所示为 WY-1 型热流显示仪表。主要由直流放大器和指针式表头组成。热流测头将热流密度信号转换成电势信号，经直流放大器放大后驱动指示表头工作，表头直接指示被测热流密度。指示表头是 1.0 级的直流微安表。仪表电源采用 9V 积层电池，功耗 50mW，正常情况下，电池可使用 1～2 个月。显示仪表除直流放大器和指示表头外，在表盘上还设有一些必要的开关、旋钮和插口，使用仪表时，将热流测头引线插头插入测头插口，电源开关接通，再把工作状态开关拨至调零位置，转动调零旋钮，使仪表指针指零。然后根据所需要的测量范围，把量程转换开关打到适当位置，并使工作状态开关投向工作状态，此时仪表即可使用。

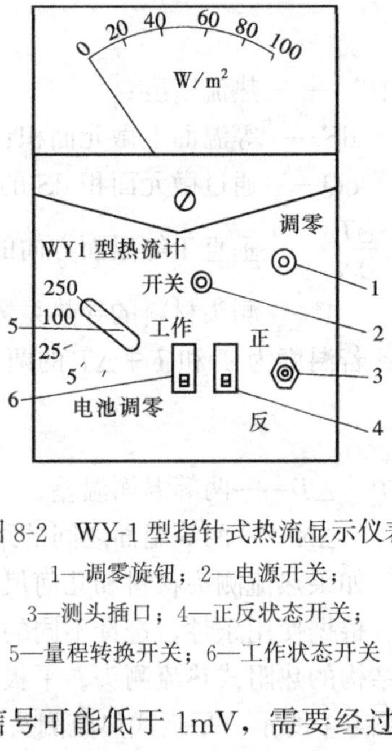

（二）数字式热流显示仪表

数字式热流显示仪主要是解决弱小信号的放大和显示问题，尤其是在测量较小的热流量时，传感器输出信号可能低于 1mV，需要经过放大才能显示，这就需要低漂移的精度高的仪表放大器。热流的测量往往是在现场进行的，使用体积较大的仪表，或者在现场布置很多导线都是不便的，因此，这类仪表大多数是便携式的。数字式热流显示仪的原理方框图如图 8-3 所示。由前置放大器、A/D 转换器、液晶显示器及热电偶、测温用的冷接点自动补偿器等构成。数字显示采用液晶显示器件，显示的最大读数为 1999，超出量程时可有越限指示。

数字式热流显示仪附有测温部分。它

图 8-2 WY-1 型指针式热流显示仪表
1—调零旋钮；2—电源开关；
3—测头插口；4—正反状态开关；
5—量程转换开关；6—工作状态开关

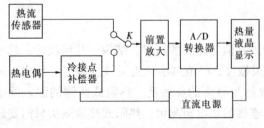

图 8-3 数字式热流显示仪原理框图

采用铜—康铜或镍铬—镍硅热电偶测温，热电偶接点装在热流传感器内部，在测量热流的同时也测出温度的数值。由于传感器很薄，测出的温度与表面温度很接近，因此就可以认为是表面温度。镍铬—镍硅热电偶的线性度很好，使用这种热电偶可以得到较好的测温精度。为了补偿热电偶冷接点的温度，采用了不平衡电桥作为自动冷接点信号补偿器。把热电偶的热电势和补偿器的信号串连后送入前置放大器及数字显示部分，选择适当的放大倍数，就可以直接显示出温度数值。数字式热流显示仪采用9V积层电池供电，工作电流很小，一般可连续使用较长的时间。

（三）热阻式热流计的使用

热流计的应用基本上可以分三种类型：一种是直接测量热流密度；一种是作为其他测量仪器的测量元件，如作为导热系数测定仪、热量计、火灾检测器、辐射热流计、太阳辐射计等仪器的检测元件；另一种是作为监控仪器的检测元件，例如将热流测头埋入燃烧设备的炉墙中监测炉衬的烧损情况等。表8-1列举了热阻式热流计在热工学、能量管理和环境工程中的应用。下面着重介绍热阻式热流计在直接测量热流密度方面的应用。

1. 热流测头的选用

热流测头应尽量薄，热阻要尽量小，被测物体的热阻应该比测头热阻大得多。被测物体为平面时采用板式测头，被测物体为弯曲面时采用可挠式测头。可挠式测头弯曲过度也会对其标定系数有一定影响，因此测头弯曲半径不应小于50mm。另外，辐射系数对热流密度的测量也有影响，所以应采取涂色、贴箔等方法，使测头表面与被测物体表面辐射系数趋于一致。

2. 热流测头的安装

被测物体表面的放热状况与许多因素有关，在自然对流的情况下被测物体放热的大小与热流测点的几何位置有关。对于水平安装的均匀保温层圆形管道，保温层底部散热的热流密度最低，保温层侧面热流密度略高于底部，保温层上部热流密度比下部和侧面均大得多，如图8-4所示。这种情况下，测点应选在管道上部表面与水平夹角约为45°处，此处的热流密度大致等于其截面上的平均值。在保温层局部受冷受热或者受室外气温、风速、日照等因素影响时，热流密度在管道截面上的分布更加复杂，测点应选在能反映管道截面上平均热流密度的位置，最好在同截面上选几个有代表性位置进行测量，与所得到的平均值进行比较，从而得到合适的测试位置。对于垂直平壁面和立管也可作类似的考虑，通过测试找出合适的测点位置。至于水平壁面，由于传热状况比较一致，测点位置的选择较为容易。

热阻式热流计的应用　　　　　　　　　　　　　　表8-1

应用领域	测定对象或应用的仪器	使用温度（℃）	测量范围（W/m²）	参考精度（%）	备注
热工学、能量管理	一般保温保冷壁面	$-80\sim80$	$0\sim500$	5	旋转炉、水冷壁等，包括热分解炉、空调设备
	工业炉壁面	$20\sim600$	$50\sim1000$	5	
	特殊高温炉壁面	$100\sim800$	$1000\sim10000$	10	
	化工厂	$0\sim150$	$0\sim2000$	5	
	建筑绝热壁面	$-30\sim40$	$0\sim200$	5	
	发动机壳	$20\sim80$	$100\sim1000$	5	
	农业、园艺设施	$-40\sim50$	$0\sim1000$	5	
环境工程	一般保温保冷壁面	$20\sim80$	$0\sim250$	3	
	小型锅炉、发动机等	$20\sim60$	$50\sim200$	3	
	坑道、采掘面	$20\sim70$	$200\sim1000$	3	
	空调机器设备	$0\sim80$	$0\sim1500$	3	
	建筑壁面、装修材料	$-40\sim150$	$0\sim1000$	3	
	蓄热蓄冷设备	$0\sim80$	$0\sim1500$	3	

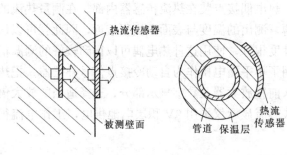

图 8-4 热阻式热流测头的安装

热流测头表面为等温面，安装时应尽量避开温度异常点。有条件时，应尽量采用埋入式安装测头。测头表面与被测物体表面应接触良好，为此，常用胶液、石膏、黄油等粘贴测头，对于硅橡胶可挠式测头可以使用双面胶纸，这样不但可以保持良好接触，而且装拆方便。热流测头的安装应尽量避免在外界条件剧烈变化的情况下测量热流密度，不要在风天或太阳直射下测量，不能避免时可采取适当的挡风、遮阳措施。为正确评价保温层的散热状况，有条件时可采用多点测量和累积量测量，取其平均值，这样取得的效果更理想。使用热流计测量时，一定要热稳定后再读数。

第二节 热水热量指示积算仪

一、热水热量指示积算仪工作原理

以热水为热媒的热源生产的热量，或用户消耗的热量，与热水流量和供、回水焓值有关。它们之间的关系可用下式表示

$$Q = m(h_s - h_r) \qquad (8\text{-}4)$$

式中　Q——热水的热量（kJ/h）；

　　　m——热水的质量流量（kg/h）；

　　　h_r——回水焓值（kJ/kg）；

　　　h_s——供水焓值（kJ/kg）。

热水的焓值为其定压比热与温度之积，即

$$h = c_p t \qquad (8\text{-}5)$$

在供、回水温差不大时，可以把供、回水的定压比热看成是相等的，而且可以看成为一个常数。此时式（8-4）可以写为

$$Q = km(t_s - t_r) \qquad (8\text{-}6)$$

式中　t_s、t_r——分别为供回水温度（℃）；

　　　k——仪表常数，$k = c_p$。

由式（8-6）可以看出，只要测出供回水温度和热水流量，即可得到热水放出的热量。热水热量计正是基于这个原理测量热水热量的。

二、热水热量指示积算仪的组成

热水热量指示积算仪的组成如图 8-5 所示，热水的质量流量经流量

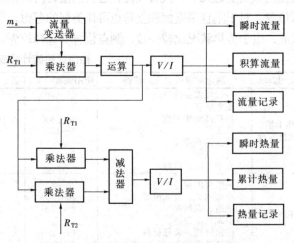

图 8-5　热水热量指示积算仪的组成框图

变送器转换成 0～10mA 或 4～20mA. DC 信号，输入热水热量计。供回水温度由铂热电阻 R_{T1}、R_{T2} 转换为电阻信号，送至仪表的乘法器环节与流量信号在热量运算环节进行乘法运算后，送入减法器相减得到与热水热量成比例变化的电压信号，再经电压电流转换环节变成电流信号，推动表头指示热量瞬时值，并由积算器输出热量累积量。因为水的质量流量与水的密度有关，而水的密度又是随温度变化的，水的温度升高时，其密度减小。所以，在水的体积流量一定的情况下，水的质量流量随水温升高而减小。若忽视了水温对质量流量的影响，将会产生较大的测量误差。为消除热水温度变化对质量测量结果的影响，必须对质量流量进行温度修正。热水流量指示积算仪是利用铂热电阻 R_{T1} 进行温度修正的。流量变送器输出的信号经温度修正后指示热水质量流量瞬时值，并参加热量的乘法运算。

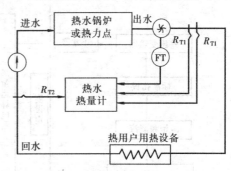

图 8-6　热水热量指示积算仪

三、热水热量指示积算仪的使用

图 8-6 所示为热水热量积算仪与涡轮流量变送器配套使用，测量热水热量的原理示意图，涡轮流量变送器测量供水流量，供水温度用双支铂热电阻 R_{T1} 测量，回水管上的单支铂热电阻 R_{T2} 测量回水温度，同时，R_{T1} 修正流量信号。经热水热量计运算，指示瞬时流量、瞬时热量和累积热量。

为保证仪表的测量精度，热水热量指示积算仪应定期校验。

第三节　饱和蒸汽热量指示积算仪

一、饱和蒸汽热量指示积算仪的工作原理

以蒸汽为热媒的热源产热量或用户耗热量取决于蒸汽流量及蒸汽与凝水的焓差。饱和蒸汽热量可按下式计算

$$Q = m(h_s - h_r) \tag{8-7}$$

式中　Q——蒸汽热量（kJ/h）；

$\quad\quad m$——蒸汽质量流量（kg/h）；

$\quad\quad h_s$——蒸汽焓值（kJ/kg）；

$\quad\quad h_r$——凝水焓值（kJ/kg）。

考虑到蒸汽焓值较凝水焓值大得多，因此，式（8-7）可改写为

$$Q = mh_s \tag{8-8}$$

这样，只要知道蒸汽的质量流量和焓值，即可求得蒸汽的热量。

蒸汽质量流量可以用流量计测得。蒸汽焓值用间接测量的方法得到。过热蒸汽的焓值可以通过测量蒸汽压力和温度求得，饱和蒸汽的焓值只与蒸汽温度有关，测出蒸汽温度便可求得蒸汽焓值。

二、饱和蒸汽热量指示积算仪的组成

NRZ-01 型蒸汽热量指示积算仪的原理框图如图 8-7 所示。它适用于饱和蒸汽热量测量。安装在供汽管上的标准孔板把蒸汽流量信号转换成差压信号，再经差压流量变送器转

换成 $0\sim10mA.DC$ 信号，作为热量计的输入信号。安装在供汽管上的铂热电阻测量蒸汽温度，并输入热量计，与流量信号一起参加热量运算，再由表头数字显示蒸汽热量瞬时值、蒸汽流量、瞬时值。另外，热量信号经积算电路转换后，由仪表指示蒸汽热量累积量。

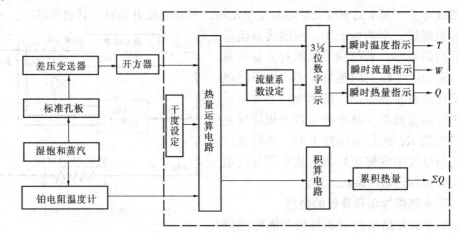

图 8-7 饱和蒸汽热量指示积算仪原理图

三、饱和蒸汽热量指示积算仪的应用

如图 8-8 所示，饱和蒸汽热量指示积算仪与标准孔板、差压流量变送器及铂热电阻配套使用，由标准孔板、差压流量变送器把蒸汽的质量流量转换成直流电信号，与测温铂电阻输出的电阻信号一起输入蒸汽热量指示积算仪，经干度设定和流量系数设定后，仪表直接指示蒸汽的瞬时流量、温度、瞬时热量和累积热量。

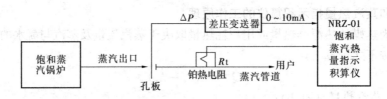

图 8-8 NRZ-01 型饱和蒸汽热量指示积算仪应用框图

思 考 题 与 习 题

1. 简述热阻式热流计的工作原理。

2. 热阻式热流计的选择安装应注意哪些问题?

3. 画图表示热水热量指示积算仪的组成，并简述其工作原理。

4. 试述饱和蒸汽热量指示积算仪的工作原理和组成。

5. 单独采用饱和蒸汽热量指示积算仪或热水热量指示积算仪能否测出热流体的热量?

第九章　微机在热工测量中的应用

第一节　微计算机化测量系统的组成

本章主要介绍微型计算机系统（包括硬件系统和软件系统）、计算机的基本组成、微型计算机的基本组成以及常用的计算机部件、外部设备。

一、计算机的硬件系统组成

所谓硬件是组成计算机的各种电子的、磁的、机械的部件和设备的总称。

（一）计算机硬件的基本结构

计算机的基本硬件结构图如图 9-1 所示。图中显示了计算机硬件系统由运算器、控制器、存储器、输入设备和输出设备五部分组成，并画出这五个部分之间的连接关系，还显示了计算机中数据和控制信息的流动，反映了计算机的基本工作原理。这种结构就是著名的冯·诺依曼结构，即存储程序计算机的基本结构。其基本的特点是将程序和数据都以二进制的形式存储在存储器中，在控制器的指挥下，自动地从存储器中取出指令并执行，以完成计算机的各种工作。

1. 运算器

运算器是对数据进行处理和运算的部件。运算器的主要部件是算术逻辑单元，即 ALU（Arithmetic Logic Unit），另外还包括一些寄存器。它的基本操作是进行算术运算和逻辑运算。算术运算是按算术规则进行的运算，如加、减、乘、除等，逻辑运算一般指非算术性质的运算，如比较大小、移位、逻辑"与"、逻辑"或"、逻辑"非"等。图 9-2 给出了一个简单的运算器的示意图。

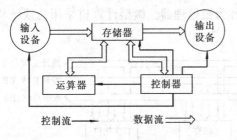

图 9-1　计算机的基本硬件结构

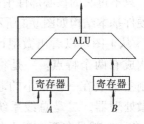

图 9-2　简单运算器示意图

2. 存储器

存储器是用来存储程序和数据的部件。存储器又分内存储器（主存储器）和外存储器（辅助存储器）两类。内存储器简称内存，用来存储当前要执行的程序、数据以及中间结果和最终结果，存储器由许多存储单元组成，每个存储单元都有自己的地址，根据地址就可找到所需的数据和程序。内存储器的结构框图如图 9-3 所示。

外存储器简称外存，是用来长期存储大量暂时不参与运算的数据和程序，以及运算

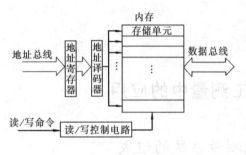

图 9-3　内存储器的结构框图

结果。外存储器一般归属外部设备，它既可以作为输入设备，又可以作为输出设备。

3. 控制器

控制器的主要作用是指挥计算机各部件协调工作。它是计算机的指挥中心，在控制器的控制下，将输入设备输入的程序和数据，存入存储器中，并按照程序的要求指挥运算器进行运算和处理，然后把运算和处理的结果再存入存储器中，最后将处理结果传送到输出设备上。控制器一般由程序计数器 PC（Program Counter）、指令寄存器 IR（Instruction Regisiter）、指令译码器 ID（Instruction Decoder）和操作控制器等组成。程序计数器 PC 是用来存放当前要执行的指令地址，它有自动加 1 的功能。指令寄存器 IR 是用来存放当前要执行的指令代码。指令译码器 ID 是用来识别 IR 中所存放要执行指令的性质。操作控制器是根据指令译码器对要执行的指令译码，产生出实现该指令的全部动作的控制信号。

4. 输入设备

输入设备是将用户的程序、数据和命令输入到计算机的内存储器的设备。最常用的输入设备是键盘，其他还有鼠标、图像扫描仪等。

5. 输出设备

输出设备是显示、打印或保存计算机运算和处理结果的设备。最常用的输出设备是显示器和打印机。常用的输出设备还有绘图仪等。

通常把运算器和控制器合称为中央处理单元，CPU（Central Processing Unit），它是计算机的核心部件。将 CPU 与内存合称为"主机"，把输入设备和输出设备及外存储器合称为外部设备，简称外设。

（二）微型计算机的硬件基本结构

微型计算机的硬件也是由运算器、控制器、存储器、输入设备和输出设备五个部分组成，只不过它的核心部件中央处理单元 CPU，称为微处理器。微型计算机采用总线结构，其硬件基本结构如图 9-4 所示。

从上图可以看出微型计算机的基本构成有两个特点：一是将运算器和控制器集成在一块很小的芯片上，称为微处理器。二是总线系统，所谓总线（Bus）就是在两个以上的数字设备之间传送某种信息的传输线。微型机有三种总线，即数据总线（Data Bus）、

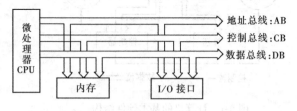

图 9-4　微型计算机硬件基本结构

地址总线（Address Bus）和控制总线（Control Bus）。三种总线从微处理器引出，其他部件如内存和外部设备等连接到三总线系统上。

数据总线是用来传送数据信息。数据总线的位数，决定了微处理器一次能处理的数据的位数，微处理器一次能处理的数据的位数一般称为字长，字长越长的 CPU，处理能力就越强。

地址总线是用来传送地址信息，地址总线的根数决定了微处理器可访问的内存最大范围。若地址总线的根数为 n，则该微处理器可访问内存的最大范围是 2^n。如 Intel 80486 微处理器的地址总线为 32 根，可访问内存的最大范围为 $2^{32} = 4G$，即内存的最大容量可达 4GB。

控制总线是用来传送控制器的各种控制信息。它的根数是由 CPU 的控制功能决定，不同的微处理器差异很大。

微型计算机采用了总线结构，总线结构的主要特点是：工艺简单、扩展性好，提高了微处理器与内存和外设之间信息传输的速度、准确性和可靠性。

二、微计算机化测量系统与智能仪表

微机化测量系统是以微计算机为核心，通过模/数（A/D）转换器及标准总线，与模拟仪表连接。因为计算机只认识和接受数字信息，所以必须用数字量代替模拟量。在测量中，温度、压力等热工量经传感器（或变送器）变为模拟量，通过 A/D 转换器就变成对应的数字量。微机与仪表、仪表与仪表之间能够传送信息。这种系统具有采集数据、处理数据、存储、打印、显示等功能。这种系统中，计算机只作为控制器使用，其任务是进行控制与数据处理，而测量本身仍由常规仪表进行，显然没有充分发挥计算机的作用。如果让计算机参与测量，从而减少和简化一些测量仪表，这既能简化自动测量结构，又降低成本，因而出现了智能仪表。智能仪表是带有微处理器的测量仪表，将各种测量功能与微处理结合为一体化，许多硬件功能用软件程序来完成，不仅能进行测量，而且能存储信号和处理数据。因此，其结构简单、功能灵活，一般来说，智能仪表具有人—机会话、故障诊断、识别工况、参数补偿、非线性修正等智能。

第二节　微机在热工测量中的应用

数据采集及处理是微计算机在生产过程中应用的基础，任何科学研究或工程实践总是离不开对信息的采集、处理和存储。例如在生产过程控制中需要将现场的各种工况数据采集来，然后按一定的控制算法对原始数据加以处理，输出控制量驱动执行机构，达到控制目的。有时，我们还需要把控制系统的输出记录下来，以便评价其质量。在实现数据采集及处理时，只要有足够的内存容量，并配合具有一定速度与精度的变换器，微机就可以在任何场合使用，具有通用性。在完成数据采集以后即可以直接用来进行数据处理工作或进行实时控制等。

一、微机数据采集系统

在现代工业生产过程中，往往需要对大量的过程参数或实验参数进行监视及测量。微机数据采集系统的任务就是要对生产现场的过程参数定时进行检测、记录、存储、处理、打印制表、显示及越限报警等。

数据采集的任务亦可用常规的记录仪表来实现，但由于微机具有灵活、方便、速度快以及判断能力强等一系列特点，因此比一般用常规仪表组成的监测系统有显著的优越性。使用微机可以根据生产要求或生产的实况自动改变监测的周期，对监测点进行调整，对复杂的系统工作情况进行越限报警等数据处理工作。特别是目前微机已大量使用彩色显示终端并具有很强的绘图功能，给数据采集系统带来了更大的方便。例如在工业生产过程中，

可以周期地将管系用不同的色彩显示出来，每一种色彩代表一种流质，在图上相应的温度或压力测量点显示测量结果，当出现越限时，用醒目的红色闪烁显示，并发出报警响声。图 9-5 所示为微机数据采集系统框图。

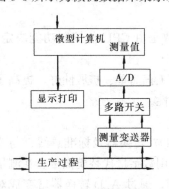

图 9-5　微机数据采集系统框图

使用微机数据采集系统，不仅改善了工作人员的劳动条件，更重要的是对安全生产提供了良好的技术保证，为进一步的数据处理及实时控制打下了基础。

二、微机巡回检测系统的组成

所谓巡回检测就是对生产过程中的各个参数以一定的周期进行检查和测量，检测的结果经计算机处理后再进行显示、打印和报警，以提醒操作人员注意或直接用于控制。由于微机具有快速、灵活和逻辑判断能力，所以可以根据现场的变化，实现自动改变巡回检测周期和各监测点的监视定值，并在巡测中对各参数进行判断和非线性处理。

由于微机在巡视中是利用采样开关对输入通道进行逐个采样，依次处理，再逐个输出。因此，采样是计算机巡回检测的特点之一。微机通过采样把模拟量转换为离散量，但这种离散量还不能直接进入计算机，还必须进行"量化"处理，转化成数字量后再输入到微机中。图 9-6 所示是微机对工业炉多点温度巡回检测系统控制原理图。它由测量传感器及变送器、定时时钟电路、A/D 转换电路、PIO 接口等主要硬件构成。

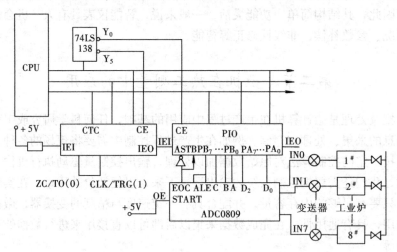

图 9-6　微型机巡回检测原理图

1. 测量传感器及变送器

该系统测量温度范围为 0～800℃，选用镍铬—镍硅热电偶进行测温，其输出的毫伏信号经直流毫伏变送器转换成 0～5 V 的直流信号，以供 A/D 转换用。

2. 定时时钟电路（CTC）

每当定时时间到，CTC 便向 CPU 申请中断一次，CPU 响应中断后则转到中断服务程序进行采样。

3. A/D 转换电路

由于该系统共有 8 个通道，所以选用 ADC0809 作为 A/D 转换器，它有 8 路多路开关，因此，用一个芯片就可以实现采样控制及 A/D 转换。只要改变 C、B、A 三个引脚的数值，便可改变采样的通道号。

4. PIO 接口

PIO 接口用来连接 A/D 转换器及 CPU，A 口为输入方式，用来读入 A/D 转换的数据，B 口为位控方式，PB7～PB5 为输入位，PB4～PB0 为输出位，PB3 用以启动 A/D 转换器，PB2～PB0 用来控制通道号。PB7 用来检查 A/D 转换是否结束，当 A/D 转换结束时，EOC 便输出一高电平，此信号经反相器与 PIO 的 ASTB 联络线相连，ASTB 由高电平变为低电平，此时产生的下降沿信号，用以将 A/D 转换的数据送到 PIO 的 A 口数据寄存器，以便将数据由 A 口输入 CPU。

三、微机巡回检测程序

微机巡回检测程序框图如图 9-7 所示，由两部分组成，其中一部分是主程序，用来对系统进行初始化及产生定时周期；另一部分为数据采样程序，用来实现对 8 个通道的巡回检测。

程序开始时首先对 CTC 进行初始化，用以产生定时中断。当计时时间到，就向 CPU 申请中断，CPU 响应后则转到定时采样程序。在初始化程序中还要对 PIO 各口设置工作方式、设置中断方式、开中断及等待 CTC 定时中断，以便对 8 个炉子的温度进行巡回检测。数据采集程序是 CTC 定时中断服务程序，其任务是对 8 个通道进行巡回检测。巡回检测方法是先把 8 个通道各采样一次，然后再采第二次、第三次……直到每个通道均采样 5 次为止。

该采样程序采用查询方式，即当输出通道号以后，该通道的模拟量被送到 A/D 转换器，然后启动 A/D 转换器，接着对 A/D 转换进行查询。如果未转换完，则继续查询，直到转换完毕。此时读入数据并存入内存，然后修改通道号及内存地址，对下一个通道进行选择。当 8 个通道各采样

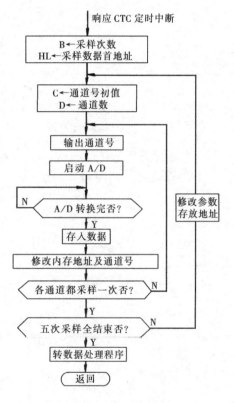

图 9-7　微机巡回检测程序框图

一次以后，再判断五次采样是否全部结束，若尚未结束，则从0～7通道再采样一次，直到采样五次为止。

思 考 题 与 习 题

1. 计算机硬件有哪些基本部分组成。

2. 微计算机化测量系统与常规测量系统相比有哪些优点？

3. 画出表示微机数据采集系统框图，并简述其工作过程。

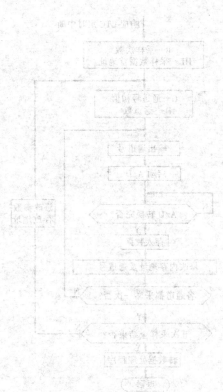

第二篇　自　动　控　制

第十章　自　动　控　制　原　理

自动控制是指在无人直接参与的情况下，利用控制装置使被控对象（如机器、设备或生产过程）自动地按照预定的规律运行或变化的手段。自动控制被应用于生产和科学研究的各个领域，发挥着愈来愈大的作用。随着科技的发展，对自动化程度的要求愈来愈高，自动控制技术水平也愈来愈高。

自动控制可以提高产品质量，提高生产效率，改善劳动条件。自动控制还可以对生产过程进行优化，从而达到节能降耗的目的。

通过学习自动控制的基本原理、自动控制仪表和自动控制系统，对自动控制系统的设计、自动控制仪表的工作原理和使用有深入的了解，为今后从事供热通风与空调工程打下良好的基础。

第一节　自动控制系统的组成与分类

为便于理解自动控制的原理，我们先从手动控制开始分析。

一、手动控制与自动控制

（一）手动控制

图 10-1 为室温手动控制示意图。该图表示冬季采暖室温手动控制过程。送风经过热水加热器 1 加热后送往恒温室，用以控制室内温度，为了使室温保持在要求的数值上或在一定的范围内变化，必须在室内设置一个温度计 2，操作人员根据温度计的指示，不断地改变调节阀 3 的开度，控制加热器的热水量，从而使室温维持在要求的范围内。例如，当操作人员从温度计上观察到的数值低于要求值时，则开大热水阀门，增大加热量，使室温上升到要求的数值；当发现室温高于要求值时，则关小阀门，

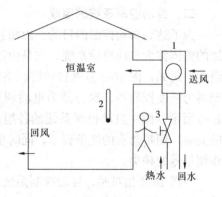

图 10-1　手动控制原理图

减少加热量，使室温下降到要求数值。归纳起来，操作人员所进行的工作是：

（1）观察温度计的指示值；

（2）将室温指示值与室温要求值加以比较，并算出两者的差值，规定用要求值减去指示值为偏差；

（3）当偏差为正时，开大热水阀门，从而使偏差减小，当偏差为负时，则关小热水阀门，也使偏差减小。阀门开大、关小的程度与偏差大小有关。

将上述三步不断重复下去，直到温度指示值回到要求的数值上。这种由人工来直接进行的控制称手动控制。

　　从上述可知，要进行手动控制，必须有测量仪表和一个由人工操作的器件（如上例中的调节阀门）。由人来判断偏差的大小与符号，然后根据这个偏差进行比较、判断和控制。简单说控制就是"检测偏差、纠正偏差"的过程。

　　（二）自动控制

　　手动控制往往是比较紧张和繁琐的工作，容易出现差错；另外，由于人眼的观察和手的操作动作，受到人生理机能的限制，所以达不到高精度和节能控制的要求。假如由一个自动控制装置来完成上述手动操作，就可实现室温的自动控制。

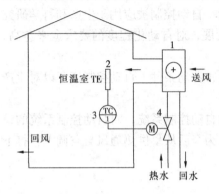

图 10-2　自动控制原理图

　　图 10-2 为室温自动控制系统示意图，控制器 3 将传感器 2 反映的室温测量值与要求值进行比较和运算，用以控制执行器 4，使流入室内的热量与流出室外的热量相平衡，以实现室温的自动控制。上述执行器由执行机构和调节机构（即阀门）组成，称为电动调节阀。从上述手动控制与自动控制过程分析来看，传感器相当于手动控制中的温度计；控制器进行比较和运算；执行器中的电动机相当于人的双手。在人工控制中，人是凭经验支配双手操作的，其效果在很大程度上取决于其经验的正确与否。而在自动控制中，控制器是根据偏差信号，按一定规律自动控制调节阀的，其效果在很大程度上取决于控制器控制规律的选用是否恰当。

二、自动控制系统的组成

　　为了达到自动控制的目的，由相互制约的各个部分，按一定的要求组成的具有一定功能的整体称为自动控制系统。它是由被控对象、传感器（及变送器）、控制器和执行器等组成。例如，图 10-2 室温自动控制系统的被控对象为恒温室，传感器为温度传感器，控制器为温度控制器，执行器为电动调节阀。用框图表示自动控制系统的控制过程，如图 10-3 所示。图中自动控制系统的各组成部分，我们称为环节，用方框表示。各环节之间的关系，用带箭头的线条表示，同时也表示了信号的传递方向。在线条的上方用字母表示作用信号的种类。

　　与图 10-2 相对照，自动控制系统中的被控对象对应的是恒温室和热水加热器，我们称为广义对象，以区别于实际被控对象即恒温室。被控变量是室温，用 θ_a 表示。被控变量应达到的数值称为给定值（或称为设定值）。自动控制系统在工作中会受到来自外部的影响（即干扰），引起被控变量偏离给定值，自动控制系统的作用就是根据被控变量偏离给定值的程度，

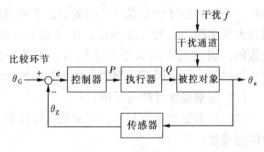

图 10-3　自动控制系统框图

调节执行器，改变进入被控对象（在此指广义对象）的物料量（即进入加热器的热水流量），从而克服干扰，使被控变量恢复（或接近）到给定值。干扰用 f 表示。被控变量偏

离给定值的程度用偏差 e 表示。执行器调节的物料量用 Q 表示。控制器输出的控制信号用 P 表示。自动控制系统中，比较元件是控制器的一个组成部分，在图中把它单独画出来为的是说明其比较作用。比较元件上的输入量有两个，即给定值和传感器的输出信号，两输入量经过比较（相减），输出偏差信号，作用在控制器输入端。传感器则将测量到的被控变量变换成比较元件要求的信号，传递到比较元件。

从总体上看，图 10-3 中，自动控制系统的输入量有两个，即给定值和干扰，输出量有一个，即被控变量。因此，控制系统受到两种作用，即给定作用和干扰作用。系统的给定值决定系统被控变量的变化规律。干扰作用在实际系统中是难于避免的，而且它可以作用于系统中的任意部位。通常所说的系统的输入信号是指给定值信号，而系统的输出信号是指被控变量。输入给定值这一端称为系统的输入端，输出被控变量这一端称为输出端。

由图 10-3 的框图可以看出，从信号传递的角度来说，自动控制系统是一个闭合的回路，所以称为闭环系统。其特点是自动控制系统的被控变量经过传感器又返回到系统的输入端，即存在反馈。显然，自动控制系统中的输入量与反馈量是相减的，即采用的是负反馈，这样才能使被控变量与给定值之差消除或减小，达到控制的目的。闭环系统根据反馈信号的数量分为单回路控制系统和多回路控制系统。

在某些情况下，自动控制系统也可以是开环系统，或者是开闭环复合系统。

三、自动控制系统中常用术语

（一）被控对象

简称对象，指自动控制系统中要进行控制的生产过程或设备。例如，空调房间或锅炉等。

（二）被控变量

指被控对象中要控制的物理量。例如，室内温度、湿度等。一般是自动控制系统的输出量。

（三）给定值

又称设定值，即被控变量应达到的数值。它是自动控制系统的输入量，是和被控变量进行比较的基准量。

（四）干扰

引起被控变量发生变化的外部原因。例如，室外温度的变化、热水供水温度、压力的变化等。

（五）偏差

被控变量的给定值与实测值之差。

（六）操作量

指为使被控变量受到干扰后，再恢复到新稳定值而需要通过调节机构向对象输入的物料量或能量。例如，热水的水量。

四、反馈控制系统的分类

供热通风与空调生产过程中所涉及的自动控制系统很多，但应用最广泛的是反馈控制系统。控制系统按给定值的不同，可分为以下几类：

（一）定值控制系统

给定值保持不变的反馈控制系统称为定值控制系统。例如恒温室自动控制系统等。对于定值控制系统来说，给定值的增量等于零，所以系统的输入量就是干扰信号。要说明的是，根据工艺要求，给定值可以从一个值调整到另一个值。

（二）随动控制系统

给定值随另一变量的变化而变化，该变量的变化规律事先不知道，这样的自动控制系统称为随动控制系统。例如，舒适空调系统的室外温度补偿控制系统，夏季要求室内温度的给定值随室外温度升高而升高，冬季随室外温度降低而升高，以达到节能和舒适的要求。

（三）程序控制系统

给定值按已知的变化规律变化，即给定值是一个已知的时间函数。例如，花卉生产中，人工气候室的温度、湿度、光照时间等按给定的时间规律变化，以满足花卉生产的要求。

第二节　自动控制系统的过渡过程

为了分析自动控制系统的品质指标，首先得分析自动控制系统的过渡过程。当自动控制系统的输入发生变化后，原平衡状态被打破，被控变量将随时间不断变化，经系统的调节，最终稳定下来。被控变量随时间而变化的过程称为系统的过渡过程，即系统从一个平衡状态过渡到另一个平衡状态的全过程。

一、静态与动态

上节已述及，自动控制系统的输入有两种：给定值和干扰，给定值的变化称为给定作用，干扰的变化称为干扰作用。当这两种输入恒定不变时，整个系统若能建立平衡，此时，系统中的各个环节将暂时不动作，即各环节的输出都处于静止状态，这种状态称为静态。例如恒温室自动控制系统中，当进入室内的热量等于排出室外热量，且室温达到控制要求的精度时，此时控制系统达到平衡，即处于静态。当然，静态时，系统内的物料量和能量还在流动，各环节的输入和输出信号还存在，只是它们的变化率为零。

当系统的输入发生变化时，系统的平衡受到破坏，引起被控变量发生变化，系统通过调节，重新达到新的平衡状态。从输入发生变化开始，经过调节，系统重新建立平衡，在这一段时间中整个系统的各个环节和参数都处于变动状态之中，这种变动状态叫做动态。

当然，动态是绝对的，静态是相对的。一般规定当被控变量的变化处于某一较小的范围时，我们就认为是静态。

图 10-4　阶跃信号

二、阶跃信号

阶跃信号指突然从一个数值变化到另一个数值，而且一经加入就持续下去的信号，其变化规律如图 10-4 所示。显然，当输入信号中加入阶跃信号时，对系统来讲是比较严重的情况，如果一个系统对这种输入有较好的调节效果，则对其他形式的输入信号就更适应。因此，对于一个稳定的系统要分析其稳定性、准确性和快速性，常以输入阶跃信号时，被控变量的过渡过程作为判断系统抗干扰能力好坏的标准。系统的给定值和干扰的变化为阶跃信号时，分别称为阶跃给定作用和阶跃干扰作用。

三、过渡过程的基本形式

当系统受到阶跃干扰作用时，系统的过渡过程有以下几种基本形式，如图 10-5 所示。图 10-5（a）为发散振荡，被控变量的变化幅度愈来愈大，这是一种不稳定的过程，在自动控制系统中是应该避免的。图 10-5（b）是等幅振荡，在连续控制系统中一般认为它是不稳定的和不允许的，但在双位控制系统中，只要被控变量的波动幅值及波动频率在工艺所允许的范围内，还是可以采用的。图 10-5（c）是衰减振荡，被控变量经过一段时间的振荡，能很快地趋向一个新的平衡状态，这种过渡过程是比较理想的。图 10-5（d）是单调过程，这种过渡过程是允许的，但由于过渡过程太长，一般认为很不理想。综上所述，图 10-5 中曲线（a）及（b）是不稳定的过渡过程，而曲线（c）及（d）是稳定的过渡过程。多数情况下，希望得到曲线（c）那样的衰减振荡。

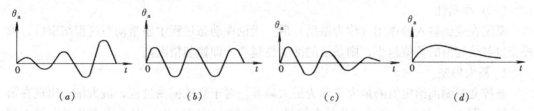

$$（a）\qquad（b）\qquad（c）\qquad（d）$$

图 10-5 过渡过程的几种基本形式

（a）发散振荡；（b）等幅振荡；（c）衰减振荡；（d）单调过程

四、过渡过程的品质指标

自动控制系统控制质量的优劣，一般涉及稳定性、快速性、准确性三个方面的性能。图 10-6 示出了系统受阶跃给定作用和阶跃干扰作用时的过渡过程。

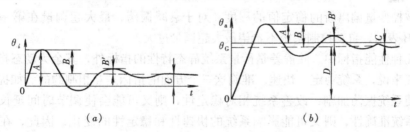

图 10-6 过渡过程质量指标示意图

（a）阶跃干扰作用下的过渡过程；

（b）阶跃给定作用下的过渡过程（虚线表示新稳定值）

自动控制系统中常用来描述控制质量的性能指标有以下几种。

（一）稳定性

当一个静止或平衡工作状态的系统，受到任何输入激励时，如果控制作用能克服系统存在的惯性、延迟等，使系统恢复到原来的平衡状态，系统称为稳定的。稳定性指标有多个，下面只介绍一个衰减比。

衰减比是表示衰减程度的指标。它是前后两个波峰值之比。

$$n=\frac{B}{B'} \tag{10-1}$$

当 $n<1$ 时，过渡过程为发散振荡，表示系统不稳定。$n=1$ 时，为等幅振荡。$n>1$

时，为衰减振荡，衰减比在 4～10 之间较为合适，如果 n 很大，则接近单调过程，通常也是不希望的。

（二）快速性

当稳定的控制系统受到外加的控制信号或扰动作用后，系统能很快地恢复到稳定状态或达到新的平衡状态，则系统的快速性好。快速性指标用调节时间表示。

调节时间是从干扰（或给定值）发生变化起至被控变量又建立新的平衡为止的这一段时间。一般规定被控变量进入静差 C 的 $\pm 2\% \sim \pm 5\%$ 的范围内系统就处于新的稳态。调节时间短，表示过渡过程进行得比较迅速，这时即使干扰频繁出现，系统也能适应，系统质量就高。反之，过渡过程时间太长，当系统受到几个叠加起来的干扰影响时，可能会使系统不符合工艺要求。

（三）准确性

系统在受到输入的作用（称为激励）后，无论在动态过程中还是动态过程结束后，被控变量与给定值的差值越小，则系统的准确性越高，即控制精度高。

1. 最大偏差

被控变量偏离给定值的最大值称为最大偏差。对于衰减振荡过程，最大偏差出现在第一波峰。图 10-6 中以 A 表示，若最大偏差大，且偏离时间又长，则系统离开规定的工艺状态就越远，严重时会发生事故，这是不希望的。

2. 静差

又称余差，指过渡过程终了时的残余偏差，也就是被控变量新的稳定值与给定值之差，在图 10-6 中以 C 表示。其值可正可负。在生产中应尽量消除被控变量的静差。

3. 超调量

表示被控变量偏离新的稳定值的程度。对于衰减振荡，最大超调量在第一波峰，图 10-6 中用 B 表示，自动控制系统不希望最大超调量过大。

以上几种性能指标中，除静差是衡量系统静态特性的指标外，其余为动态指标。对于同一个系统来说，系统稳定、快速、准确这三个方面的指标是互相制约的。如提高系统快速性，会使系统振荡加剧；改善系统相对稳定性，则又可能会使调节时间延长，反应迟缓；提高系统准确性，则又可能影响系统的快速性和稳定性的变化。因此，在生产过程中，应根据对象的特性、工艺要求，对系统的性能指标有所侧重。

第三节　环节的特性参数与传递函数

自动控制系统是由被控对象、控制器、执行器、传感器组成的，自动控制系统的性能指标是由组成的各环节的特性及它们的综合效果体现出来的。要使自动控制系统达到良好的品质指标，首先必须了解和掌握各环节的特性。

环节的特性是指环节输出与输入的关系，即环节受输入信号的影响后，输出的变化规律。环节的特性可以通过实验方法求取，亦可以通过数学方法来描述。采用数学方法描述时，因热工对象的实际特性比较复杂，它们的微分方程式很难推导，也很难求解。通常应作某些假设和简化，然后再根据它们的热工特性（如能量守恒或质量守恒），建立它们的微分方程式，求出它们的解，以便进行分析。

对简单的微分方程式求解可以采用直接求解。但对一些复杂的微分方程，直接求解比较繁琐。对自动控制系统的环节和系统的特性进行数学分析时，往往采用拉普拉斯变换的方法，先对微分方程进行拉普拉斯变换，得出拉普拉斯变换的输入与输出关系后，再进行拉普拉斯反变换，得出环节和系统的输出与输入之间的关系。本节主要分析环节的特性，对拉普拉斯变换作必要的介绍。

一、被控对象的特性

在自动控制系统中对象是一个很重要的环节。自动控制系统能否正常工作并获得预期的效果，不仅决定于控制器，而且在很大程度上是由对象的特性所决定的。不了解对象的特性而随意选用控制装置，有时可能得到与预期相反的效果。

（一）对象的容量与容量系数

对象所储存的物料量或能量称为对象的容量。如空调房间中室内储蓄的能量（即总焓）、容器中储存的液体量。对象具有一定的容量是由于存在某种阻力造成的。例如，房间储蓄能量是因为房间围护结构存在热阻，有进出水口的水槽能储存一定的水量，是由于有出水口的阻力以及水槽底部和四壁的阻挡。

以水槽为例，底面积不同的两个水槽，受同样的干扰时，虽然容量一定，底面积大的，液位变化小。对象储存容量能力的大小，用容量系数 C 表示。对象的容量系数是指当被控变量改变一个单位时，对象容量的变化量。如水槽的容量系数为

$$C = \frac{\Delta V}{\Delta h} \tag{10-2}$$

式中　ΔV——容量的变化量（m^3）；

　　　Δh——液位的变化量（m）。

对于空调房间，其容量系数为

$$C = \frac{\Delta H}{\Delta \theta_a} \tag{10-3}$$

式中　ΔH——室内空气焓的变化量（J）；

　　　$\Delta \theta_a$——室内温度的变化量（℃）。

对象的容量系数愈大，同样干扰作用下，当平衡状态被破坏时，被控变量离开给定值的偏差愈小，因而自动控制系统容易保持平衡状态，这对控制有利，但一旦偏差很大，自动控制系统很难将被控变量调回到给定值。可见，对象的容量系数表示了对象惯性的大小，容量系数越大，对象惯性越大。

（二）对象的自平衡能力

对象的自平衡能力是指当对象在阶跃输入信号作用下，平衡被破坏，在没有操作人员或仪表的干预下，就能依靠自身重新恢复平衡的能力，即被控变量能自动稳定在新的水平上，即称为自平衡能力。对象称之为有自平衡能力的对象。反之，称为无自平衡能力的对象。热工对象大多是有自平衡能力的对象。

（三）对象的特性

研究对象的动态特性是在输入为阶跃信号作用下进行的。在阶跃信号作用下，对象输出信号随时间变化的过程称为对象的过渡响应（或阶跃响应）。

实测和理论推导的结果表明，一般热工对象在阶跃信号 m 作用下的过渡响应归纳为

表10-1所示的三种形式。

序号1的形式为单容对象，无滞后的过渡响应，可用一阶微分方程来描述。过渡过程为一指数曲线。从 $t=0$ 时刻作曲线切线与稳定值交点所对应的时间，称对象的时间常数，其值为 T_1。K_1 为对象的放大系数，是对象的静态指标。

序号2的形式为单容对象，有滞后的过渡响应，亦为一阶微分方程。滞后时间为 τ_1。

序号3的形式为存在两个容量的对象（双容对象），无滞后的过渡响应。当室温对象为单容对象时，带套管的室温传感器的特性即属此种形式。

一般热工对象的过渡响应 表 10-1

序号	特 征	波 形	$f(t)$
1	一阶惯性		$K_1m\left(1-e^{-\frac{t}{T_1}}\right)$
2	带滞后的一阶惯性		$f(t)=\begin{cases}0\\ Km\left(1-e^{-\frac{1-\tau_1}{T_1}}\right)\end{cases}$
3	无滞后的二阶惯性		$\dfrac{1}{\alpha\beta}+\dfrac{\beta e^{-\alpha\tau}-\alpha e^{-\beta t}}{\alpha\beta(\alpha-\beta)}$

1. 对象的特性参数

描述对象特性的参数有放大系数 K、时间常数 T 和滞后时间 τ。

（1）放大系数 K　对象放大系数又称传递系数，用 K 表示。其数值等于被控变量新、旧稳定值之差与干扰变化量之比值。对一阶惯性的对象，放大系数为

$$K=\frac{f(\infty)}{m}=\frac{K_1m}{m}=K_1$$

K 与被控变量的变化过程无关，而只与过程的始态与终态有关，因此，它代表对象的静态特性。

对象的放大系数 K 值大，表示输入信号（干扰或控制作用）对输出信号（被控变量）的稳定值影响大，对象的自平衡能力小；K 值小，对象的自平衡能力大。

（2）时间常数 T　从前述可知，时间常数是通过 $t=0$ 点处作切线，与新稳定值的交点所对应的时间，即被控变量以初始最大上升速度变化到新稳定值所需要的时间。时间常数 T 的大小反映了对象受到阶跃干扰后被控变量达到新稳定值的快慢，也就是自平衡过程时间的长短。因此，可以说对象时间常数是表示对象惯性大小的物理量。

（3）滞后时间 τ 对象的滞后时间有两种：纯滞后和容量滞后。

在单容对象中存在纯滞后。纯滞后又称传递滞后。其产生的原因是从调节机构到调节对象存在一定的距离，进入对象的物质或能量不能立即布满全部对象之中，物料量或能量的传递需要一定的时间。例如图 10-2 所示的恒温室对象，当送风温度改变时，由于从送风口进来的空气不能在一瞬间布满整个恒温室，空气从送风口点传送到恒温室中的测温点需一段时间，这段时间就是恒温室对象的纯滞后。

当对象为多容对象时，还存在着容量滞后。容量滞后是由于物质或能量从流入到流出之间过渡时，在容量之间存在阻力而产生的。如热水加热器和房间组成的对象，热水首先加热散热器的金属片，使金属片与周围空气之间形成温度差之后，才能加热送风，使送风温度随着散热片的温度而上升。双容对象的阶跃响应曲线如图 10-7 所示。

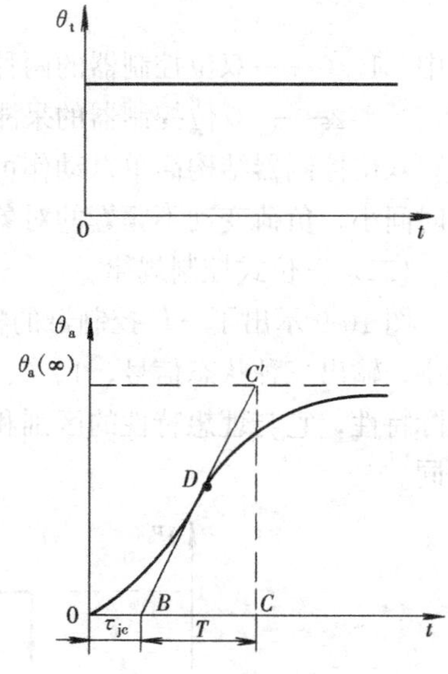

对于带热水加热器的室温调节对象，它由热水加热器和恒温室组成，在这个多容对象中，既有纯滞后又有容量滞后。对象的总滞后等于纯滞后和容量滞后之和。对象的滞后对控制过程会产生不利的影响。它将降低控制系统的稳定性，增大被控变量的最大偏差，拖长过渡过程的时间。

图 10-7 双容对象阶跃响应曲线（无纯滞后）

2．对象特性的两个结论

综上所述，对象的特性是：

（1）具有自平衡能力的对象的动态特性是不振荡的，其阶跃响应曲线是单调曲线。

（2）对象动态特性存在滞后。对象的容量数目越多，调节通道、干扰通道的作用距离越长，滞后时间越长。

二、控制器的特性

控制器的特性指控制器的输出与输入之间的关系。控制器的作用就是根据给定值与实测值的差值（偏差 e），按预定的控制规律去控制执行器的动作，从而使被控变量保持在需要的范围内或按一定规律变化。控制器输出信号的作用叫控制作用。

控制器的输出信号 P 与输入信号 e 之间构成的控制规律，可分为断续控制规律和连续控制规律。前者的输出与输入之间的关系是不连续的；后者的控制规律是连续的。常用的断续控制规律有双位式、三位式和时间比例式等，连续控制规律的有比例（P）、比例积分（PI）、比例微分（PD）、比例微分积分（PID）控制规律。

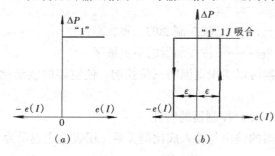

图 10-8 双位调节特性

(a) 理想的；(b) 实际的

（一）双位控制器的特性

图 10-8 分别示出了双位控制器的特

性，图 10-8（a）为理想特性，双位控制器根据偏差 e 的大小，输出通、断两种信号。图 10-8（b）为实际特性，它与理想特性的区别是存在呆滞区，以避免控制器的频繁动作，延长控制器的寿命。呆滞区指不能引起控制器动作的偏差区间 2ε。即，如果被控变量对给定值的偏差不超出这个区间，控制器的输出将保持原来状态不变。

实际的双位控制器的表达式为

$$P=\begin{cases}1 & e\geqslant\varepsilon \\ 0 & e\leqslant-\varepsilon\end{cases} \qquad (10\text{-}4)$$

式中　1、0——双位控制器的两种状态；

　　　2ε——双位控制器的呆滞区。

双位控制器结构简单，动作可靠，常用于允许被控变量有一定波动，反应时间长，滞后时间小，负荷变动不频繁的对象，如一般的空调房间。

（二）三位式控制规律

图 10-9 示出了三位控制器的特性。图 10-9（a）为理想特性，三位控制器根据偏差的大小，输出三种状态信号，1、0、-1。区间（$-\varepsilon_0$，ε_0）称为不灵敏区。图 10-9（b）为实际特性，它与理想特性的区别和双位控制器相同，即存在呆滞区，原因也与双位控制器相同。

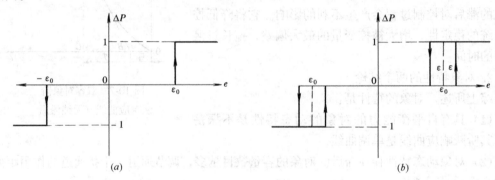

图 10-9　三位控制器的特性

（a）理想的；（b）实际的

实际三位控制器的表达式为

$$P=\begin{cases}1 & e\geqslant\varepsilon_0+\varepsilon \\ 0 & -\varepsilon_0+\varepsilon\leqslant e\leqslant\varepsilon_0-\varepsilon \\ -1 & e\leqslant-\varepsilon_0-\varepsilon\end{cases} \qquad (10\text{-}5)$$

式中　1、0、-1——三位控制器的三种状态；

　　　$2\varepsilon_0$——三位控制器的不灵敏区。

三位控制器可以实现室温的三位控制，使室温的波动比双位控制要小。

（三）比例（P）控制器的特性

比例控制器的输出与输入成比例关系。用表达式表示为

$$P=K_c e \qquad (10\text{-}6)$$

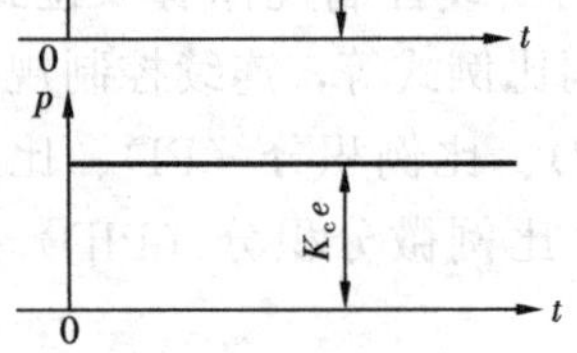

图 10-10　比例
控制器的动特性

式中　K_c——控制器的放大倍数。

其特性曲线如图 10-10 所示。由于比例控制器的输出与偏差成比例，只有当偏差存在时，比例控制器才有控制作用。因此，当自动控制系统的输入为阶跃信号时，通过比例控制器的调节，系统达到稳态时，被控变量存在静差。这是比例控制规律的特点。比例控制作用及时迅速，稳定性好，一般不会产生振荡过程和过调现象。

比例带 δ 是比例控制器的主要特性参数，它的含义是：使控制器输出作 $0\sim100\%$ 变化时，输入信号的变化量占仪表全量程的百分数。计算比例带的公式为：

$$\delta = \frac{\dfrac{\Delta e}{\Delta e_{\max}}}{\dfrac{\Delta P}{\Delta P_{\max}}} \times 100\% \tag{10-7}$$

式中　Δe——控制器输入的变化量；

$\Delta e_{\max}$——控制器输入的全量程（控制器输入的最大范围）；

ΔP——对应 Δe 输入时，控制器的输出变化量；

$\Delta P_{\max}$——控制器输出的全范围（控制器输出的最大值与最小值之差）。

式（10-7）中，$\Delta P_{\max}$、$\Delta e_{\max}$ 为定值，而 $K_c = \Delta P/\Delta e$，因此，比例带 δ 与放大系数 K_c 成反比关系。比例带越小，比例作用越强。

【例 10-1】　一个温度控制器的全量程为 $0\sim50℃$，室温的给定值 $20℃$，要求室温达到 $21℃$ 时阀全关，降到 $19℃$ 时阀全开，求此时该温控器的比例带应调整到多少？

【解】　控制器输出 $0\sim100\%$ 的信号时，阀门从全关到全开。$\Delta P = \Delta P_{\max}$，$\Delta e = 2℃$，

$$\Delta e_{\max} = 50℃，所以：$$

$$\delta = \frac{\Delta e}{\Delta e_{\max}} \times 100\% = \frac{2}{50} \times 100\% = 4\%$$

（四）比例积分控制器的特性

1. 积分控制器的特性

积分控制器的输出 P 与输入 e 对时间的积分值成比例，故称为积分控制器，其表达式为

$$P = \frac{1}{T_I} \int_0^t e \mathrm{d}t \tag{10-8}$$

式中　T_I——积分时间。

当 e 为阶跃变化时，积分控制器的输出如图 10-11 所示。从图 10-11 中可以看出，积分控制器的输出不但与被控变量的偏差大小有关，而且与偏差存在的时间有关。因此，系统中只要有偏差存在，控制器的输出就不断加强，直到偏差消除，使被控变量回复到给定值。所以，积分控制器可以消除静差。但是，不论偏差信号多大，积分控制器的输出都是从零开始，逐渐增加。若单独使用积分控制器时，自动控制系统的调节时间较长，最大偏差较大，且稳定性较差。因此，积分控制器不单独使用。

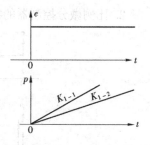

图 10-11　积分控制器的动特性

2. 比例积分控制器的特性

比例积分控制器是比例控制规律与积分控制规律结合起来构成的控制器。其表达式为

$$P = K_c \left(e + \frac{1}{T_1} \int_0^t e \, dt \right) \tag{10-9}$$

式 (10-9) 中的积分时间 T_1 是比例积分控制器的重要参数，积分时间的物理意义是，当积分输出增长到与比例输出相等时，所需要的时间。可以看出，积分时间 T_1 的大小，决定了积分输出增长（或减小）的速度，即积分作用的强弱。

比例积分控制器克服了积分控制器稳定性差的缺点，比例控制规律使控制器反应迅速，积分控制规律能使系统消除静差。因此，在控制质量要求较高的场合，选用比例积分控制器并且合理地调整比例带和积分时间，可以得到较好的控制效果。

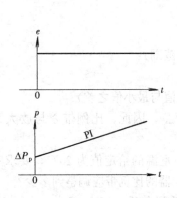
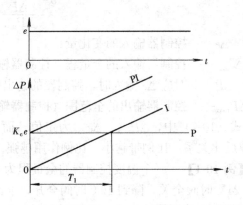

图 10-12 比例积分控制器动特性　　　　图 10-13 积分时间的物理意义

（五）比例微分控制器的特性

1. 微分控制器的特性

微分控制器的输出与被控变量的偏差变化率成比例。其表达式为

$$P = T_D \frac{de}{dt} \tag{10-10}$$

式中　T_D——微分时间。

微分控制器的输出信号与偏差的变化率有关，而与偏差的大小无关。当控制器输入一阶跃信号时，从理论上说，其输出端会输出一无限大的响应信号，而后控制作用消失。所以，微分控制器不单独使用。

2. 比例微分控制器的特性

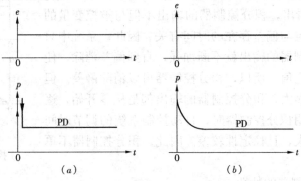

图 10-14 比例微分控制器动特性

(*a*) 理想的；(*b*) 实际的

比例微分控制器是比例控制规律与微分控制规律相结合构成的控制器。表达式为

$$P = K_c \left(e + T_D \frac{de}{dt} \right) \tag{10-11}$$

其特性曲线如图 10-14 所示。当输入为一阶跃信号时，微分控制规律首先输出一个很大的信号，然后，按比例控制规律进行控制。这样的控制方式，具有超前的控制作用，可以防止被控变量产生较大的偏差，使偏差尽快地消除在萌芽状态，从而增加了系统的稳定性。由于后续的控制作用由比例规律完成，所以，比例微分控制器构成的自控系统存在静差。实际的比例微分控制器中，微分规律部分的输入为一个有限值，然后按指数曲线下降，最后到零。

比例微分控制器的微分时间 T_D 是一个重要的特性参数。微分时间的物理意义用图 10-15 说明，当输入量为一固定斜率的直线信号时，比例作用输出为一斜线，而微分作用输出为一个恒定阶跃量，可以看出，使比例作用的输出等于微分作用的输出时，所需的时间就是微分时间 T_D。它反映了微分作用的强弱。比例微分控制器常用于一些要求比较高的自动化控制系统中。

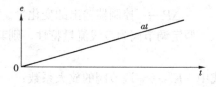
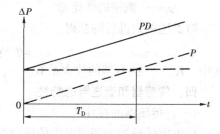

（六）比例积分微分控制器

比例积分微分控制器是综合了比例、积分和微分控制规律的特性构成的控制器，其表达式为

$$P = K_c \left(e + \frac{1}{T_I} \int_0^t e\,dt + T_D \frac{de}{dt} \right) \tag{10-12}$$

图 10-15　微分时间的物理意义

比例积分微分控制器具备了单一控制规律的优点，克服了它们单独控制的缺点。其控制特性曲线如图 10-16 所示。

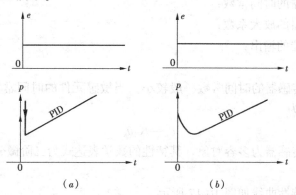

图 10-16　比例积分微分控制器动特性
（a）理想的；（b）实际的

从曲线上可以看出，当控制器输入阶跃偏差信号后，微分作用首先输出一个较大的信号，其次，比例作用迅速反应，若偏差仍不消失，随着微分作用的衰减，积分作用逐渐加强，直到被控变量回复到给定值。这样三种控制规律互相配合，既可以达到快速敏捷（P），又可以达到平稳（D）准确（I）。因此，比例积分微分控制器构成的系统具有良好

的调节品质。

三、执行器的特性

执行器将控制器来的控制信号变成操作量的大小，作用在被控对象上。

执行器有电动调节阀、气动调节阀、电动调节风门、电压调节装置等。执行器由执行机构和调节机构组成。电动、气动执行机构根据控制器来的信号大小，确定调节机构（多为阀门）开度。执行机构一般作为比例环节处理，其数学表达式为

$$\Delta\mu = K'_3 \Delta P \tag{10-13}$$

式中　K'_3——执行机构的放大系数；

　　　$\Delta\mu$——调节阀的开度变化量；

　　　ΔP——控制器输出的变化量。

假定调节阀为直线流量特性，则其开度与流量之间关系为

$$\Delta q = K''_3 \Delta\mu \tag{10-14}$$

式中　K''_3——调节阀的放大系数；

　　　Δq——流量的变化量。

对上述两式进行综合得

$$\Delta q = K'_3 K''_3 \Delta P = K_3 \Delta P \tag{10-15}$$

式中　K_3——执行器的放大系数。

四、传感器和变送器的特性

（一）传感器的特性

以温度传感器为例，温度传感器有无套管和有套管两类。无套管的传感器，属于单容对象，其数学表达式与温度对象的相同

$$T_2 \frac{\mathrm{d}\theta_Z}{\mathrm{d}t} + \theta_Z = K_2 \theta_a \tag{10-16}$$

式中　T_2——传感器的时间常数；

　　　K_2——传感器的放大系数；

　　　θ_Z——传感器的输出；

　　　θ_a——室温。

无套管的温度传感器的时间常数一般较小。当敏感元件的时间常数小到可以忽略时，式（10-16）就变成为

$$\theta_Z = K_2 \theta_a \tag{10-17}$$

有套管的温度传感器为多容对象，其特性的数学表达式为二阶微分方程式，故称为二阶惯性元件。

温度传感器的特性曲线如图 10-17 所示。

（二）变送器的特性

变送器的作用是将传感器的输出信号转换成标准信号，它实际上是一个比例环节，即

$$B_Z = K_B \theta_Z \tag{10-18}$$

式中　B_Z——变送器输出的标准信号；

　　　K_B——变送器的放大系数。

（三）传感器加变送器的特性

综合式（10-16）、（10-18），可得出传感器加变送器的特性

$$T_2 \frac{\mathrm{d}B_Z}{\mathrm{d}t} + B_Z = K_2 K_B \theta_a \qquad (10\text{-}19)$$

当时间常数较小时，其特性变为

$$B_Z = K_2 K_B \theta_a \qquad (10\text{-}20)$$

即传感器加变送器可看成是比例环节。

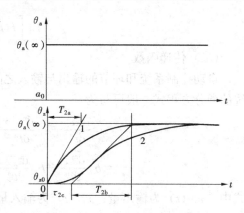

图 10-17 传感器阶跃响应曲线

五、传递函数

（一）拉普拉斯变换

就像进行指数运算时，先将指数式转化成对数式，解出对数式的解后，再将解转化成指数形式一样。一般求解微分方程是一个繁琐的过程，采用拉普拉斯变换后，可以很方便地求解一些复杂的微积分方程。

拉普拉斯变换是一种积分变换，它将微分方程转换为代数方程，简化了常系数微分方程的求解。更重要的是，由于采用了这一方法，能把描述环节和系统的动态特性的数学方程很方便地转换为传递函数，有了传递函数和方块图，分析研究系统和环节的特性就更为方便。

1. 拉普拉斯变换的定义

若以时间 t 为自变量的函数 $f(t)$，其定义域是 $t>0$，那么拉普拉斯变换的运算式是

$$F(s) = \int_0^\infty f(t)e^{-st}\mathrm{d}t \qquad (10\text{-}21)$$

将上式记作：

$$F(s) = L[f(t)] \qquad (10\text{-}22)$$

式中 s 为复数；$F(s)$ 为象函数；$f(t)$ 为原函数。

一个函数可以进行拉普拉斯变换的充分条件是初始值为零、连续或分段连续、象函数存在。在实际工程问题中，这些条件通常是满足的。

2. 常用的拉普拉斯变换定理

（1）线性定理 一个时间函数乘以常数时，其拉普拉斯变换为该时间函数的拉普拉斯变换乘以该常数，即

$$L[af(t)] = aF(s) \qquad (10\text{-}23)$$

若 $f_1(t)$ 和 $f_2(t)$ 的拉普拉斯变换分别为 $F_1(s)$ 和 $F_2(s)$，则有

$$L[f_1(t) + f_2(t)] = F_1(s) + F_2(s) \qquad (10\text{-}24)$$

（2）微分定理 若 $f(t)$ 的各阶导数在 $t=0$ 时均为零，则有

$$L\left[\frac{\mathrm{d}^n f(t)}{\mathrm{d}t^n}\right] = s^n F(s) \qquad (10\text{-}25)$$

利用这一定理，可以将多阶常系数微分方程化为代数方程，解出象函数 $F(s)$ 后，通过拉普拉斯反变换，求出原函数 $f(t)$。

（3）积分定理

若在 $t=0$ 时，$\int f(t)\mathrm{d}t = 0$，则有

$$L\left[\int f(t)\mathrm{d}t\right]=\frac{F(s)}{s} \tag{10-26}$$

（二）传递函数

自动控制系统和环节的输出与输入之间数学表达式可以进行拉普拉斯变换，环节或系统的微分方程式一般可写为

$$a_0\frac{\mathrm{d}^n x_{\mathrm{c}}}{\mathrm{d}t^n}+a_1\frac{\mathrm{d}^{n-1}x_{\mathrm{c}}}{\mathrm{d}t^{n-1}}+\cdots\cdots+a_{n-1}\frac{\mathrm{d}x_{\mathrm{c}}}{\mathrm{d}t}+a_n x_{\mathrm{c}}$$

$$=b_0\frac{\mathrm{d}^m x_{\mathrm{r}}}{\mathrm{d}t^m}+b_1\frac{\mathrm{d}^{m-1}x_{\mathrm{r}}}{\mathrm{d}t^{m-1}}+\cdots\cdots+b_{m-1}\frac{\mathrm{d}x_{\mathrm{c}}}{\mathrm{d}t}+b_m x_{\mathrm{r}} \tag{10-27}$$

式中 $x_{\mathrm{c}}(t)$ 为输出量；$x_{\mathrm{r}}(t)$ 为输入量。

当初始条件为零时，根据拉普拉斯变换的微分定理，上述微分方程式的拉普拉斯变换为

$$(a_0 s^n+a_1 s^{n-1}+\cdots\cdots+a_{n-1}s+a_n)\ X_{\mathrm{c}}\ (s)$$

$$=\ (b_0 s^m+b_1 s^{m-1}+\cdots\cdots+b_{m-1}s+b_m)\ X_{\mathrm{r}}\ (s) \tag{10-28}$$

式中 $X_{\mathrm{c}}\ (s)=L\ [x_{\mathrm{c}}\ (t)]$；$X\ (s)=L\ [x_{\mathrm{r}}\ (t)]$

上式可写为

$$\frac{X_{\mathrm{c}}\ (s)}{X_{\mathrm{r}}\ (s)}=\frac{b_0 s^m+b_1 s^{m-1}+\cdots\cdots+b_{m-1}s+b_m}{a_0 s^n+a_1 s^{n-1}+\cdots\cdots+a_{n-1}s+a_n} \tag{10-29}$$

令

$$W\ (s)=\frac{X_{\mathrm{c}}\ (s)}{X_{\mathrm{r}}\ (s)}$$

$W\ (s)$ 就称为传递函数，传递函数就是在零初始条件下，系统（或环节）的输出和输入的拉普拉斯变换之比。传递函数表达了系统（或环节）输入量转换成输出量的传递关系。它只和系统（或环节）的本身特性有关，而与输入量的变化无关。用方块图表示为

$$\xrightarrow{\ X_{\mathrm{r}}\ (s)\ }\boxed{W\ (s)}\xrightarrow{\ X_{\mathrm{c}}\ (s)\ }$$

传递函数是研究线性系统动态特性的重要工具，利用这一工具可以大大简化系统动态性能的分析过程。

（三）用拉普拉斯变换求取微分方程的解

以空调房间仅有干扰作用的微分方程为例，见本章第四节，式（10-40）为

$$T_{\mathrm{f}}\frac{\mathrm{d}\Delta\theta_{\mathrm{a}}}{\mathrm{d}t}+\Delta\theta_{\mathrm{a}}=K_{\mathrm{f}}\Delta\theta_{\mathrm{f}}$$

若 $\Delta\theta_{\mathrm{f}}$ 为阶跃输入信号，其值为常数，两边取拉普拉斯变换得

$$T_{\mathrm{f}}S\Theta_{\mathrm{a}}+\Theta_{\mathrm{a}}=K_{\mathrm{f}}\Theta_{\mathrm{f}}=\frac{1}{s}K_{\mathrm{f}}\Delta\theta_{\mathrm{f}} \tag{10-30}$$

Θ_{a} 为室温变化量 $\Delta\theta_{\mathrm{a}}$ 的拉普拉斯变换。Θ_{f} 为输入的干扰信号 $\Delta\theta_{\mathrm{f}}$ 的拉普拉斯变换。

整理得

$$\Theta_{\mathrm{a}}=K_{\mathrm{f}}\Delta\theta_{\mathrm{f}}\frac{1}{s\ (T_{\mathrm{f}}s+1)} \tag{10-31}$$

查拉普拉斯变换表得

$$\Delta\theta_{\mathrm{a}}=K_{\mathrm{f}}\Delta\theta_{\mathrm{f}}(1-e^{-\frac{t}{T_{\mathrm{f}}}}) \tag{10-32}$$

对象的传递函数为

$$W\ (s)\ =\frac{\Theta_a}{\Theta_f}=\frac{K_f}{T_f S+1} \tag{10-33}$$

从本例可以看出，利用拉普拉斯变换分析研究系统和环节的特性非常方便。

第四节　被控对象的数学分析

一、恒温室温度对象的数学表达式

如图 10-18，以空调房间冬季采暖的过程为例，为了简化研究，假定不考虑对象的滞后，认为房间为单容对象，无区域温差。

（一）列写微分方程式

根据能量守恒定律，单位时间内进入房间的能量减去单位时间内由房间流出的能量等于房间蓄存能量的变化率。

单位时间内，进入房间的能量：

送风传给房间的热量

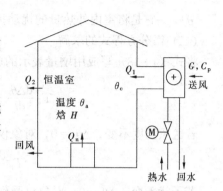

图 10-18　恒温室对象

$$Q_1=Gc_p\ (\theta_c-\theta_a) \tag{10-34}$$

单位时间内室内人体、设备和照明发热量 Q_n

单位时间内，房间流出的能量，即通过围护结构向外放出的热量

$$Q_2=kF\ (\theta_a-\theta_b)\ =\frac{(\theta_a-\theta_b)\ F}{R} \tag{10-35}$$

单位时间内，房间蓄存能量的变化

$$\frac{dH}{dt}=C_1\ \frac{d\theta_a}{dt} \tag{10-36}$$

房间温度对象的微分方程式为

$$C_1\ \frac{d\theta_a}{dt}=Gc_p\ (\theta_c-\theta_a)\ +Q_n-\frac{(\theta_a-\theta_b)\ F}{R} \tag{10-37}$$

式（10-34）～式（10-37）中

G ——送风量（kg/s）；

C_1——对象的容量系数，$C_1=\frac{dH}{d\theta_a}$（kJ/℃）；

θ_a——室内温度（℃）；

c_p——空气的比热 [kJ/（kg·℃）]；

θ_c——送风温度（℃）；

θ_b——室外温度（℃）；

k——围护结构传热系数 [kJ/（m²·℃）]；

F——围护结构总面积（m²）；

R——围护结构总热阻（m²·℃/kJ）；

式（10-37）整理得

$$T_1\ \frac{d\theta_a}{dt}+\theta_a=K_1\ (\theta_c+\theta_f) \tag{10-38}$$

其中

T_1——时间常数（s）；

$$T_1 = \frac{RC_1}{RGc_p + 1}$$

K_1——对象的放大系数（℃/℃）；

$$K_1 = \frac{RGc_p}{RGc_p + 1}$$

θ_f——它是将室内外热量的扰动折算成送风温度变化（℃）。

（二）微分方程式的求解

将式（10-38）写成用增量表示的微分方程式

$$T_1 \frac{d\Delta\theta_a}{dt} + \Delta\theta_a = K_1 (\Delta\theta_c + \Delta\theta_f) \tag{10-39}$$

若送风温度不变，$\Delta\theta_c = 0$，对象仅受到干扰的影响时，式（10-39）写成

$$T_f \frac{d\Delta\theta_a}{dt} + \Delta\theta_a = K_f\Delta\theta_f \tag{10-40}$$

若干扰不变，$\Delta\theta_f = 0$，对象仅受到送风温度变化的影响时，式（10-39）写成

$$T_0 \frac{d\Delta\theta_a}{dt} + \Delta\theta_a = K_0\Delta\theta_c \tag{10-41}$$

式（10-40）、式（10-41）为一阶线性非齐次微分方程，用一般数学方法求出其特解和齐次方程的通解，就可以得出该方程的解。式（10-40）的解为

$$\Delta\theta_a = K_f\Delta\theta_f(1 - e^{-\frac{t}{T_f}}) \tag{10-42}$$

式（10-41）的解为

$$\Delta\theta_a = K_0\Delta\theta_c(1 - e^{-\frac{t}{T_0}}) \tag{10-43}$$

当 $\Delta\theta_f$、$\Delta\theta_c$ 为阶跃信号时，式（10-42）、式（10-43）与表 10-1 中的序号 1 的过渡响应形式相同。

二、湿度对象的动态特性

图 10-19 为恒湿室对象的示意图。假定房间围护结构与空气无湿交换，湿度均匀，则流入室内的含湿量是送风带进室内的含湿量和室内设备、人体的散湿量。流出量为回风带走的含湿量。当突然增大送风含湿量时，根据湿量平衡关系得

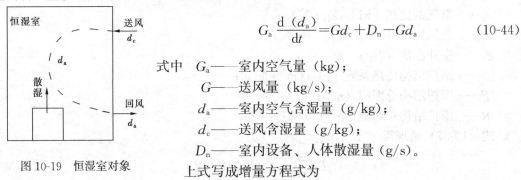

图 10-19 恒湿室对象

$$G_a \frac{d(d_a)}{dt} = Gd_c + D_n - Gd_a \tag{10-44}$$

式中　G_a——室内空气量（kg）；

G——送风量（kg/s）；

d_a——室内空气含湿量（g/kg）；

d_c——送风含湿量（g/kg）；

D_n——室内设备、人体散湿量（g/s）。

上式写成增量方程式为

$$G_a \frac{d(\Delta d_a)}{dt} = G\Delta d_c + \Delta D_n - G\Delta d_a \tag{10-45}$$

若送风换气次数为每秒 N 次，则有 $G = NG_a$，则有

$$\frac{1}{N} \frac{d(\Delta d_a)}{dt} + \Delta d_a = \Delta d_c + \frac{\Delta D_n}{G} \tag{10-46}$$

写成一般式

$$T_1 \frac{d(\Delta d_a)}{dt} + \Delta d_a = K_1(\Delta d_c + \Delta d_f) \tag{10-47}$$

式中　$T_1 = \frac{1}{N}$ (s)；

　　　$K_1 = 1$；

　　　$\Delta d_f = \frac{\Delta D_n}{G}$ (g/kg)。

d_f 为干扰量，它是将室内外湿干扰折算成送风含湿量的变化。

当 $\Delta d_f = 0$ 时，调节通道的微分方程式为

$$T_0 \frac{d(\Delta d_a)}{dt} + \Delta d_a = K_0 \Delta d_c \tag{10-48}$$

当 $\Delta d_c = 0$ 时，干扰通道的微分方程式为

$$T_f \frac{d(\Delta d_a)}{dt} + \Delta d_a = K_f \Delta d_f \tag{10-49}$$

可见，湿度对象的动态特性与温度对象的动态特性相似，作为单容对象处理时，均是一阶惯性环节。

思 考 题 与 习 题

1. 何谓被控对象、被控变量、给定值、偏差和操作量？试用一空调自控系统进行说明。

2. 自动控制系统按给定值的形式不同，可分为哪几类？结合定义，试各举一例。

3. 试画出闭环自动控制系统的原理框图。结合一实例进行说明。

4. 衡量控制系统的过渡过程常用哪几类主要性能指标？具体的指标有哪些？

5. 什么是控制系统的静态和动态？

6. 什么是被控对象特性？什么是对象的自平衡能力？有自平衡能力的对象有什么特性？

7. 什么是纯滞后和容量滞后？其对控制质量有什么影响？试通过某一实例提出减少和消除这些影响的方法。

8. 传感器、执行器与变送器各有什么特性？

9. 比例控制器的特性是什么？什么是比例带？它对控制过程有何影响？

10. 什么是比例积分控制规律？它有什么特点？

11. 什么是积分时间？其物理意义是什么？对控制系统有什么影响？

12. 什么是比例微分控制规律？它有什么特点？

13. 什么是微分时间？其物理意义是什么？对控制系统有什么影响？

14. 什么是比例积分微分控制规律？它为什么有良好的调节品质？

第十一章 自动控制仪表

第一节 自动控制仪表的分类

自动控制仪表的分类方法很多，下面仅从组成和能源种类来分类。

一、按组成分类

自动控制仪表按其组成不同分为基地式仪表、单元组合式仪表和组装式仪表。

（一）基地式仪表

基地式仪表是将传感器、控制器、显示器、记录仪及其辅助装置组装在一个壳体内，形成能独立测量、显示、控制和记录的仪表。它具有结构简单、可靠、经济性好等优点。但其通用性差，控制范围窄，在使用中受到很大的限制。

（二）单元组合式仪表

单元组合式仪表是将各功能分成若干个独立仪表，各单元之间采用统一的标准信号相联系。这些单元经过不同的组合，可构成多种多样、复杂程度不一的自控系统。我国生产的电动单元仪表有 DDZ-Ⅱ型和 DDZ-Ⅲ型。前者采用 0～10mA.DC 的标准信号，后者采用 4～20mA.DC 的标准信号。具有组成与改装方便、灵活、通用性强的优点，给生产、维修、管理等带来很大的方便，广泛用于工业生产过程中。DDZ—S 系列仪表是在总结 DDZ—Ⅱ、DDZ—Ⅲ型仪表经验的基础上，吸取国外先进技术而设计的，采取模拟技术与数字技术相结合的方式，是具有数字化、智能化的新型自动化仪表。DDZ—S 系列仪表正在取代 DDZ—Ⅱ型和 DDZ—Ⅲ型单元组合式仪表。单元组合式仪表分为以下单元：

（1）变送单元　将各种热工参数转换成 0～10mA.DC 或 4～20mA.DC 的统一信号，传送到计算、显示、调节单元。

（2）转换单元　进行电—气、气—电转换或把直流毫伏信号、交流毫伏信号等转换成统一的标准信号。

（3）计算单元　进行加、减、乘、除、平方、开方等多种数学运算。

（4）显示单元　与变送器、转换器或计算器配合，对各种参数进行指示、记录、报警或积算。

（5）给定单元　它在定值控制系统中，用以产生调节单元所需的给定值；在时间程序控制系统中，给定单元的输出就按预先设计好的时间程序变化。

（6）调节单元　接受变送器、转换器、计算器等来的信号与给定单元输出的给定信号进行比较，并输出一个相应的调节信号，以供执行机构操纵调节阀。

（7）执行单元　接受调节器或其他仪表来的统一标准信号，输出为与输入信号成正比的转角力矩（角行程执行器）或位移推力（直行程执行器）操作各种调节机构，以完成自动控制任务。

（8）辅助单元　与调节器配合，对自动控制系统进行自动与手动间的无扰切换。

（三）组装式仪表

它是在单元组合式仪表的基础上发展起来的成套仪表装置，它的基本组件是一块一块具有不同功能的功能模件。所谓功能模件是指各种线路构成的标准电路板，每种电路板具有一种或数种功能，并有同一规格尺寸、输入输出端子、电源和信号制式。这种仪表又称功能模件式仪表或插入式仪表。

现代化的大型建筑物节能及环境控制，需要组成各种复杂控制系统及集中的显示操作。设计人员只要根据工程要求，选用相应的功能模件，配上标准化的机箱和外部设备，就可以灵活地组成各种专用的控制装置。组装式仪表的优点有：

（1）功能齐全、组装灵活。由于组件系列化、标准化、功能独立、插接件和输入输出信号统一，因此可以合理地组成各种装置，以满足不同对象的要求。

（2）安全可靠、维修方便。可以根据每个组件的特点，确定合理的例行试验条件，有利于提高整机的可靠性。当某一组件有故障时，可以迅速更换备用组件，保证系统正常运行。而且由于组件标准化，检查和维修也容易。

（3）操作方便，便于集中监督管理。组件采用集成电路和小型元器件，装置小，控制盘面小，操作方便。

（4）成套性，便于选型设计。由于采用通用接线，以通用成套装置的形式提供用户，方便了设计，缩短安装调校时间。

现在，我国生产的暖通空调专用仪表是属于组装电子式仪表，满足了暖通空调控制上的特殊功能要求，为暖通空调自控的应用和发展提供了设备条件。

二、按使用能源分类

（1）电动仪表　以电作为能源及传送信号的仪表，这种仪表响应快速，易于控制和远距离传送，便于与各种电子装置、计算机等配合，可构成各种复杂的综合控制系统，发展十分迅速，在生产中被广泛应用。

（2）气动仪表　以压缩空气为能源及传递信号的仪表，其传送距离受到限制，具有防爆特点，其执行器作用力大、安全可靠。

（3）直接作用式仪表　这种仪表不需要附加能源，传感器从被测介质中取得能量，就足以推动执行器动作，故又称自力式仪表。

三、按仪表的功能分类

按仪表的功能分类有检测仪表，调节仪表，显示仪表，记录仪表等。

第二节　控　制　器

控制器根据输出信号分为断续输出和连续输出式两类，断续输出的控制器有双位、三位、时间比例、三位式比例积分、三位式比例积分微分控制器等，连续输出的控制器有比例、比例积分、比例微分和比例积分微分控制器。它们可以利用电气元件的特性来实现，也可以通过运算放大器构成的反馈电路来实现。

一、断续输出的控制器

（一）双位控制器

双位控制器的理想特性和实际特性如图 10-8 （a）、（b）所示。实现实际特性的双位控制器可以有电气式和电子式控制器。

1. 电气式双位控制器

电气式双位控制器有多种形式，图 11-1 所示为空调用温度双位控制器的工作原理图。它由感温和控制两部分组成。感温部分由毛细管、波纹管、感温包等组成，内充一定数量的易挥发性液体。感温包置于被控温度的场所；控制部分由杠杆、拉簧、曲杆和两个微动开关组成。

其工作过程是，当感温包所感受的温度升高时，温包内充注的工质的压力升高，使波纹管伸长，波纹管上部的顶针推动杠杆，克服拉簧的拉力，以 O' 为支点顺时针转动，从而使微动开关的按钮分离，按钮随即弹出，微动开关的触点脱开，电路断开。

控制器中的偏心轮用来调节所控制温度的给定值。当偏心轮旋转推动曲杆向左移动，使曲杆绕 O 点顺时针方向旋转，O' 点向上移动，增加了拉簧的拉力，这样就提高了温度控制器的给定值。

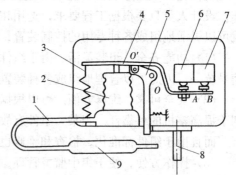

图 11-1　WJ35 型温度控制器原理图

1—毛细管；2—波纹管；3—弹簧；
4—杠杆；5—曲杆；6、7—微动开关；
8—偏心轮；9—感温包

2. 电子式双位控制器

电子式双位控制器一般由测量电路、给定电路、电子放大电路和开关电路等部分组成，它是电子控制器中结构比较简单的一种，图 11-2 是其原理框图。被控变量通过传感器转换成电量后与仪表给定值在测量、给定电路中进行比较、测差，其差值经直流电压放大器放大后推动开关电路（功率级开关放大电路）。此电路根据被控变量来控制一灵敏继电器 $1J$，$1J$ 呈继电特性。图中 $e(u)$ 是偏差量，用电压表示。$e(I)$ 是用电流表示的偏差量，它是由放大电路将电压表示的偏差量转换而来。继电器有两种状态，触头闭合和断开状态。

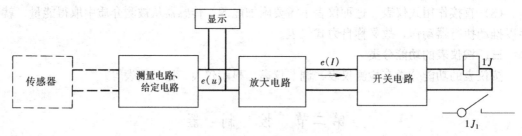

图 11-2　双位控制器原理框图

（二）三位控制器

三位控制器的理想特性和实际特性如图 10-9 所示。电子式三位控制器的原理框图如图 11-3 所示。该控制器使用三位开关电路，三位开关电路根据输入的偏差信号来控制继电器的吸合与释放，使调节机构有三种状态。由于每组开关电路特性都具有呆滞区，所以可实现图 10-9 中的实际三位控制特性。

利用三位控制器控制加热器时，可组成如下三种状态：两组加热器运行、一组加热器

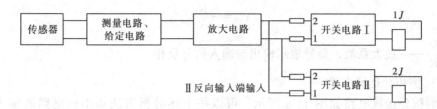

图 11-3 三位控制器原理框图

运行和无加热器运行。如用于控制电动调节阀，可以实现三位恒速控制，即控制执行机构的电动机正转、反转和停转，来实现阀门开大、关小和不动三种状态。

二、连续输出的控制器

连续输出的电子控制器有 P、PI、PD 和 PID 等控制规律，输出信号为 0～10mA. DC，4～10mA. DC 和 0～10V. DC 标准信号。

（一）连续输出电子控制器的组成

一般来说，连续输出的控制器可用图 11-4 框图表示。控制器分为测差、放大电路和运算单元电路等部分组成，运算单元电路根据需要可实现比例、比例积分、比例微分和比例积分微分规律。我国较早使用的动圈式指示调节仪就属于这类仪表。

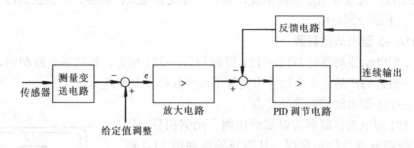

图 11-4 连续输出电子控制器框图

其电路原理是：首先，测量电路将传感器来的热工参数变成电信号，变送器则转换成标准电信号；然后与给定信号相比较发出偏差信号；最后偏差信号经过放大后，送入运算电路，根据控制规律，输出与偏差成某种规律的信号，用于控制调节阀等执行器。运算电路多采用运算放大器构成。下面介绍比例运算和比例积分运算电路。

（二）运算电路

1. 比例运算电路

图 11-5 为比例运算电路，根据运算放大器的基本分析方法，由于放大器的放大倍数很大，所以可以认为放大器的反相输入端和同相输入端的电位接近于零，即所谓接"虚地"；由于放大器的输入阻抗很高，放大器的反相和同相输入端的电流很小，可以当作开路。

即 $V_- - V_+ \approx 0$； $I_i + I_f = 0$；

又因为 $I_i = \dfrac{V_i}{R_i}$；$I_f = \dfrac{V_0}{R_f}$

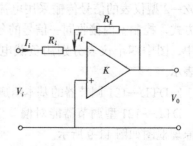

图 11-5 比例运算电路

153

有 $$V_0 = -\frac{R_f}{R_i}V_i \qquad (11-1)$$

式中 $\dfrac{R_f}{R_i}$——放大系数，负号表示输出与输入信号反相。

2. 比例积分运算电路

比例积分运算电路如图 11-6 所示。可以按上述分析方法得出该电路的输出与输入关系

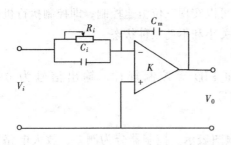

图 11-6 比例积分运算电路

$$V_0 = -\frac{C_i}{C_m}\left[V_i + \frac{1}{R_iC_i}\int_0^t V_i \mathrm{d}t\right] \quad (11-2)$$

式中 R_iC_i——积分时间；

$\dfrac{C_i}{C_m}$——放大系数。

采用放大器还可以构成比例微分运算电路和比例积分微分运算电路。

根据自动控制系统的特点，自动控制公司专门设计了一些控制器供设计人员选用，有些可用于空调工程，有些专用于空调系统，如室外温度补偿式控制器，焓值控制器、空调串级控制器等。下面分别介绍。

三、DDZ—2 型电动控制器

DDZ—2 型电动控制器有 DTL—121 型和 DTL—321 型等，其线路大致相同，DTL—121 型是统一设计的产品，下面以它为例简单说明其特点及原理。

1. DTL—121 型电动控制器的特点

DTL—121 型电动控制器可以实现比例、比例积分、比例微分、比例积分微分控制规律，其面板外形如图 11-7 所示，主要特点有：

(1) 采用晶体管分立元件，线路较复杂。

(2) 信号制采用 0～10mA 直流电流作为现场传输信号；0～2V 直流电压作为控制室内传输信号。

(3) 采用 220V 交流电压作为供电电源。

(4) 现场变送器的供电电源和输出信号分别各用两根导线，因此为四线制，如图 11-8 所示。由图 11-8 还可以看出，DDZ—2 型仪表的信号传输采用电流传送—电流接收的串连制方式，控制室内接收同一信号的各仪表串联在电流信号回路中，图中四个仪表分别用负载电阻 R_{L_1}、R_{L_2}、R_{L_3}、R_{L_4}来表示。

2. DTL—121 调节器的基本组成及各环节作用

DTL—121 型调节器能对偏差信号进行 PID 连续运算，其原理框图如图 11-9 所示。

DTL—121 型调节器由输入回路、自激调制式直流放大器、隔离电路、PID 运算反馈电路及手动操作电路等组成。

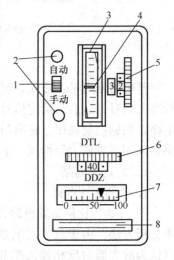

图 11-7 DTL—121 型调节
器面板图

1—手动-自动切换开关；
2—指示灯；3—指示表；
4—偏差指针；5—内给定
拨盘；6—手操拨盘；7—输
出指示表；8—拉手

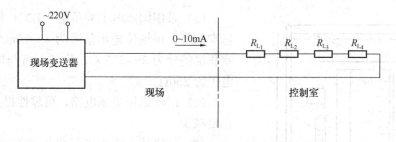

图 11-8 DDZ—2 型仪表信号传输示意图

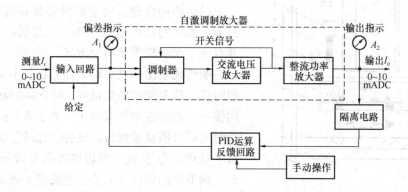

图 11-9 DTL—121 型调节器方框图

输入回路的作用是将测量信号与给定信号相比较，得出偏差信号，其值由偏差指示表显示。测量信号为相应的现场变送器的输出信号；给定信号有内给定、外给定两种，根据系统的要求分别由表内或表外给出。

自激调制式直流放大器由调制器、交流电压放大器和整流功率放大器组成。它的作用是将输入回路送来的偏差信号与反馈回路送来的反馈信号叠加后的综合信号进行放大，最后得到 0～10mA 的直流输出信号。调制器由场效应管组成，其作用是将输入的直流综合信号调制成具有一定频率（由开关信号给出）的交流信号，然后由交流电压放大器进行放大，最后经整流、滤波得到 0~10mA 的直流输出 I_0，这就是整机的输出，I_0 的大小由输出指示表进行显示。

隔离电路实质上是一个电流互感器，其作用是通过磁耦合将输出电流的变化耦合到反馈电路的输入端。

手动操作电路的作用是当调节器切换到手动时，给出一个手持电流直接送往执行器，进行手动操作。

PID 运算反馈电路可以实现比例积分微分运算。调整运算电路元件，可以实现比例、比例积分、比例微分运算。

四、DDZ—3 型电动控制器

1. DDZ—3 型电动控制器的特点

DDZ—3 型仪表在品种及系统中的作用上和 DDZ—2 型仪表基本相同，但是 DDZ—3 型仪表采用了集成电路和安全火花型防爆结构，提高了防爆等级、稳定性和可靠性。其中的一种 DTL—3100 型全刻度指示调节器的正面如图 11-10 所示。DDZ—3 型仪表具有以下特点。

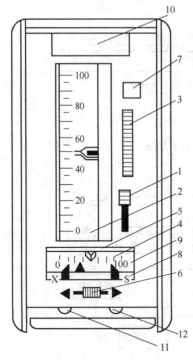

图 11-10 DTL—3100 型调节
器正面图

1—自动-软手动-硬手动切换开关；
2—双针垂直指示器；3—内给定设
定轮；4—输出指示器；5—硬手动
操作杆；6—软手动操作板键；7—外
给定指示灯；8—阀位指示器；9—输
出记录指示；10—位号牌；11—输入
检测插孔；12—手动输出插孔

（1）采用国际电工委员会（IEC）推荐的统一标准信号，现场传输出信号为 4～20mADC，控制室联络信号为 1～5VDC，信号电流与电压的转换电阻为 250Ω。

（2）广泛采用集成电路，可靠性提高，维修工作量减少。

（3）仪表统一由电源箱供给 24VDC 电源，并有蓄电池作为备用电源。

（4）结构合理，适于单独安装和高密度安装。自动、手动的切换以无平衡、无扰动的方式进行，并有硬手动和软手动两种方式。

所谓硬手动和软手动，即若在软手动状态，并同时按下软手动操作板键 6，调节器的输出便随时间按一定的速度增加或减小；若手离开操作板键则当时的信号值就被保持，这种"保持"状态特别适宜于处理紧急事故。当切换开关处理硬手动状态时，调节器的输出量大小完全决定于硬手动操作杆 5 的位置，即对应于此操作杆在输出指示器刻度上的位置，就得到相应的输出。通常都是用软手动操作板键进行手动操作，这样控制比较平稳精细，只有当需要给出恒定不变的操作信号（例如，阀的开度要求长时间不变）或者在紧急时要一下子就控制到安全等情况下，才使用硬手动操作。

（5）有内给定和外给定两种给定方式，并设有外给定指示灯，能与计算机配套使用，可组成 SPC 系统实现计算机监督控制，也可组成 DDC 控制的备用系统。

内给定即调整内给定设定轮，设定给定值。外给定是由计算机或另外的控制器供给给定信号。

（6）整套仪表可构成安全火花型防爆系统。仪表在工艺上对容易脱落的元件都进行了胶封，而且增加了安全单元-安全栅，实现了控制室与危险场所之间的能量限制与隔离，使仪表不会引爆。

2. DDZ—3 型电动控制器的组成与操作

DDZ—3 型控制器有全刻度指示和偏差指示两个基型品种。为满足各种复杂控制系统的要求，还有各种特殊控制器，例如断续控制器、自整定控制器、前馈控制器、非线性控制器等。特殊控制器是在基型控制器功能基础上的扩大。它们是在基型控制器附加各种单元而构成的变型控制器。下面以全刻度指示的基型控制为例，来说明 DDZ—3 型控制器的组成及操作。

DDZ—3 型控制器主要由输入电路、给定电路、PID 运算电路、自动与手动（包括硬手动和软手动两种）切换电路、输出电路及指示电路等组成，其方框图如图 11-11 所示。

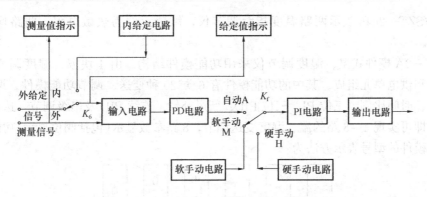

图 11-11　DDZ—3 型控制器结构方框图

在图 11-11 中，控制器接收变送器来的测量信号（4～20mA DC 或 1～5VDC），在输入电路中与给定信号进行比较，得出偏差信号。然后在 PD 与 PI 电路中进行 PID 运算，最后由输出电路转换为 4～20mA 直流电流输出。

控制器的给定值可由"内给定"或"外给定"两种方式取得，用切换开关 K_6 进行选择。当控制器工作于"内给定"方式时，给定电压由控制器内部的高度稳压电源取得。当控制器需要由计算机或另外的控制器供给给定信号时，开关 6 切换到"外给定"位置上，由外来的 4～20mA 电流流过 250Ω 精密电阻产生 1～5V 的给定电压。

五、W（S）ZT、WSZ-2A、WSZ-3 型组装式仪表

中国建筑科学研究院空调所研制了 W（S）ZT、WSZ—2A、WSZ—3 型系列仪表，这些仪表具有多种控制规律，可实现 8 路温、湿度控制等功能，可用于高精度、一般精度的空调生产过程，也可用于舒适性空调节能控制。

（一）仪表的型号表示方法

W（S）ZT 型仪表采用功能模件结构和集成电路，统一接线端子和统一信号制。具有性能先进、功能丰富，结构合理，系统组成灵活；扩展容易，体积小，可靠性高，操作简单，调试容易，安装维修方便等优点。

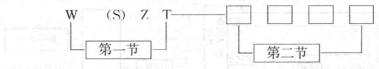

第一节表示温（湿）度指示调节仪表。

第二节各位含义见表 11-1 所示。

W（S）ZT 型仪表型号说明　　　　　　　　　　　　　　表 11-1

第一位		第二、三位				第四位	
代号	含义	代号	含义	代号	含义	代号	含义
1	1 路变送调节功能	0	位式调节	4	位式 PID	0	不带变送器，输入信号 0～10V. DC
2	2 路变送调节功能	1	窄中间带三位调节	5	三位 PI	6	输入敏感元件为热敏电阻
A	带新风补偿调节功能	2	宽中间带三位调节	9	连续 PID	9	输入敏感元件为温湿度传感器
B	串级调节功能	3	时间比例				

如 WSZT—2446 表示两路温度指示调节仪，敏感元件为热敏电阻，两路均为位式 PID 输出。

WSZ—2A 模件式温、湿度调节仪采用功能模件结构。由 4 块温、湿度调节功能模件，数显和供电单元组成。其中的功能模件有 6 类 20 种变送、调节功能模件。调节规律包括位式、时间比例、三位 PI、三位 PID、新风补偿、连续 PID 及串级调节。选用其中 4 种模件、即可实现 4～8 路的温、湿度变送调节，8 路参数显示(包括阀位显示)功能。

功能模件的型号表示方法为

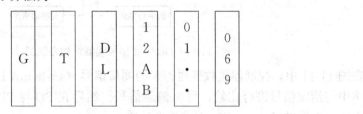

G 表示功能模件；

T 表示调节模件；

D 表示断续输出；L 表示连续输出。

后三位的表示方法与上相同。

如 GTD—156 表示功能模件为 1 路输入，敏感元件为热敏电阻，输出为三位 PI 规律。

WSZ—3 型模件式温、湿度调节仪是中国建筑科学研究院空调所在总结上述两种模件式温、湿度调节仪应用经验后，将其数显单元智能化的新产品。技术性能好，外形美观，既具有常规模拟调节器的优点，又具备与上位机联网的功能，可以实现系统的集中监控。

WSZ—3 型模件式温、湿度调节仪的原理框图如图 11-12 所示。它是由 4 块温、湿度变送调节功能模件、智能巡检和供电单元组成。能实现 8 路参数的分散控制，可靠性高。

下面介绍几种功能模件的工作原理。

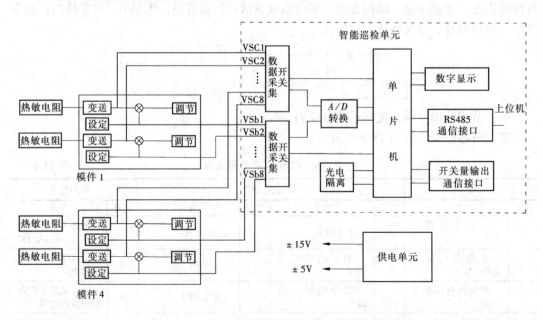

图 11-12　WSZ—3 型模件式温湿度调节仪原理图

（二）GTD—206 温度位式调节模件

此模件原理如图 11-13 所示，它有两路温度输入，采用热敏电阻作测温元件，通过模件中的温度变送、与设定值比较后，由位式开关驱动继电器实现位式调节功能。

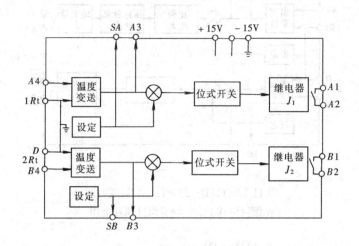

图 11-13　GTD—206 温度位式调节模件原理框图

（三）GTD—236 温度时间比例调节模件

时间比例调节就是指调节器中继电器的通断时间比值 ρ [$\rho = t_{吸} / (t_{吸} + t_{放})$] 与温（湿）度偏差 e（给定值与实测值之差）在比例范围内成近似正比关系。以冬季房间中控制电加热器采暖为例，假定通断周期不变，电加热器功率 N 与偏差、吸合时间与释放时间的关系如图 11-14 所示。

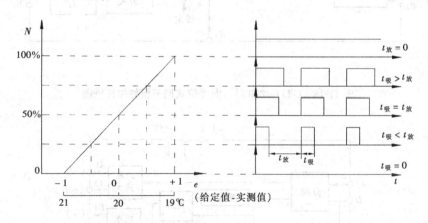

图 11-14　时间比例调节器的调节特性

时间比例调节器克服了简单位式调节仪控制电加热器时，不是将全部电加热量投入，就是将全部电加热量关断的缺点，其调节质量优于简单的位式调节器。

该种调节模件的原理框图如图 11-15 所示。采用压控脉宽变换器的作用是将比例放大器输出的 0~10V. DC 信号转换为继电器的通断信号，变换器不仅能改变时间比值，还能改变通断周期。

（四）GTD—209 温湿度位式调节模件

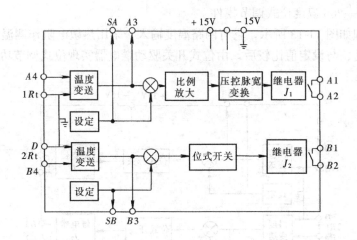

图 11-15　GTD—236（246）温度时间
比例（位式 PID）调节模件原理框图

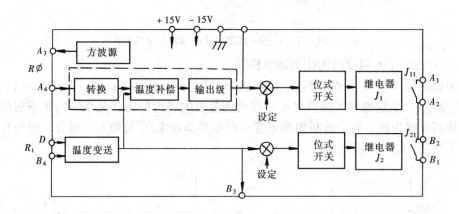

图 11-16　GTD—209 温、湿度位式调节模件原理框图

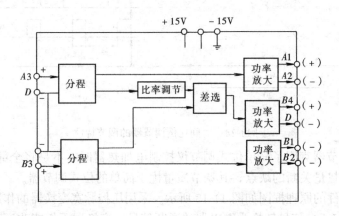

图 11-17　GFL—C20 分程选择模件原理框图

这是一种位式输出的调节模件，如图 11-16 所示。它可以实现温、湿度各一路的变送和位式调节功能。此外，连续输出的温、湿度 PID 调节模件与位式输出的基本一样，只需将"位式开关"改为"PID 运算放大器"，"继电器"改为"功率放大器"，A_1、B_1 分别为两个"功放"的输出"＋"极，用于恒温恒湿系统时，温度调节精度为 0.2～0.5℃；湿度调节精度为 2%～5%RH。

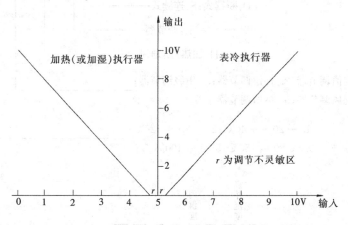

图 11-18　GFL—C20 模件分程特性

（五）GFL—C20 分程差选调节模件

这种调节模件可将线性输出 PID 调节模件的输出信号（如温、湿度调节信号）进行分程和差选，其输出信号可分别控制冷水、热水和加湿执行器，以实现温湿度调节系统不同工况的自动转换和热工参数的调节，是较先进的调节方案。它的特点是既避免了冷热抵消，节省能源，又能获得较高的调节精度，在许多工业恒温恒湿调节系统中被采用。调节模件原理框图、分程特性如图 11-17、图 11-18 所示。

分程器将温、湿度调节器来的 0～10V.DC 输入信号分为两个行程：

1）将 0～5V.DC 段转换为 10～0V.DC 输出信号，它经功率放大后直接推动加热（或加湿）电动执行器。

2）将 5～10V.DC 段转换为 0～10V.DC 输出信号，经差选器选择其中大者，送至功率放大，推动冷水调节阀的执行器。

以上仅是 20 种功能模件中的 4 种模件，其他功能模件可见具体产品资料。

六、E3000 系列仪表

E3000 系列空调专用电子仪表是引进美国江森公司生产的系列空调自控仪表。

E3000 系列仪表的型号表示方法见下页。

如 EDRL21 为具有新风温度补偿的断续式调节器，测温范围−20～＋40℃。下面介绍焓值调节器和连续式串级调节器。

（一）焓值调节器

在空调系统中，当处于过渡季节时，可采用改变新风量的方法，利用新风的自然冷却，实现对房间空调的控制，以最大限度地节省能量。新风量的调节可以利用焓值调节器实现。焓值调节器的电路原理如图 11-19 所示，空气的焓是空气的温度和湿度的函数，因此，焓值调节器的输入为室外空气的温湿度和室内空气的温湿度，通过变送单元将新、回

风温湿度转变为 $0\sim10V.DC$ 信号，输入到焓比较器，得出室内外焓差后，再送至最小信号选择电路与选择信号进行比较，最后输出 $0\sim10V.DC$ 信号，调节新风量。

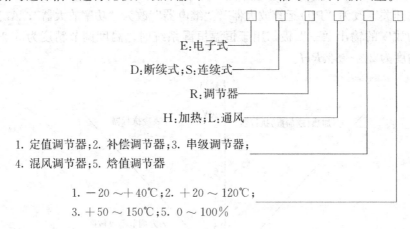

E：电子式

D：断续式；S：连续式

R：调节器

H：加热；L：通风

1. 定值调节器；2. 补偿调节器；3. 串级调节器；
4. 混风调节器；5. 焓值调节器

1. $-20\sim+40℃$；2. $+20\sim120℃$；
3. $+50\sim150℃$；5. $0\sim100\%$

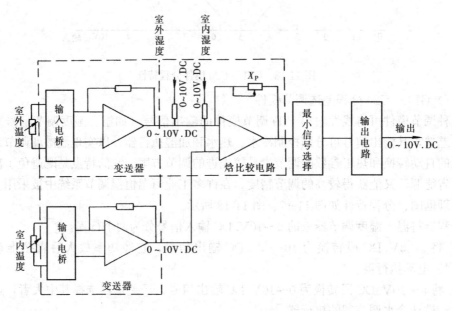

图 11-19　焓调节器原理示意图

（二）室外温度补偿式控制器

室外温度补偿，就是夏季工况，室温给定值能自动地随着室外温度的上升，按一定比例关系而上升，以消除由于室内外温差大所产生的冷热冲击，既节约能量，又提高了舒适感；冬季工况，当室外温度较低时，为了补偿建筑物（如窗、墙）的冷辐射对人体的影响，室温给定值将自动地按一定到温的降低而适当提高。由于这种控制器的给定值随着室外温度而改变，故称为室外温度补偿式控制器。可见，室外温度补偿式控制器构成的控制系统是随动控制系统。

控制器的补偿特性如图 11-20 所示。在夏季工况，当室外温度 θ_w 高于夏季补偿起始点 θ_{2A}（$20\sim25℃$可调）时，室温给定值 θ_g 将随着室外温度的上升而增大，直到补偿极限为止。

即 $$\theta_g = \theta_{g0} + K_s \Delta\theta_w \qquad (11\text{-}3)$$

式中 θ_g ——室温给定值（℃）；

θ_{g0} ——室温初始给定值（℃）；

K_s ——夏季补偿度，$K_s = \dfrac{\Delta\theta_g}{\Delta\theta_w}$（%）；

$\Delta\theta_g$ ——室温给定值变化，$\Delta\theta_g = \theta_g - \theta_{g0}$（℃）；

$\Delta\theta_w$ ——室外温度变化，$\Delta\theta_w = \theta_w - \theta_{2A}$（℃）。

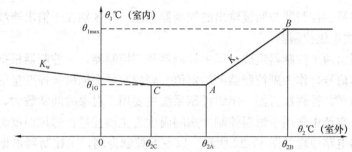

图 11-20 室外温度补偿特性

冬季工况，当室外温度 θ_w 低于冬季补偿起始点 θ_{2B}（10℃）时，其补偿作用与夏季相反，室内温度给定值 θ_g 将随室外温度 θ_w 的降低而升高，即

$$\theta_g = \theta_{g0} - K_w \Delta\theta_w \qquad (11\text{-}4)$$

式中 K_w ——冬季补偿度；

$\Delta\theta_w$ ——室外温度变化，$\Delta\theta_w = \theta_w - \theta_{2B}$。

过渡季工况，室外温度在 $\theta_{2B} \sim \theta_{2A}$ 之间时，补偿单元输出为零，室温给定值保持不变。

三位 PI 室外温度补偿控制器的原理如图 11-21 所示。它由变送单元、补偿单元、PI 运算单元、输出单元和给定值等五部分组成。室外温度传感器（由热敏电阻 R_w 测量）经输入电桥将电阻信号转换为电压信号，再经放大器转换为标准信号 0～10VDC。此信号除参加补偿运算外，还可以供显示、记录仪使用，也可供其他需要室外温度信号的仪表使用。

补偿单元接受室外温度变送器的 0～10VDC 信号和室外温度补偿起始点给定值（θ_{2A}

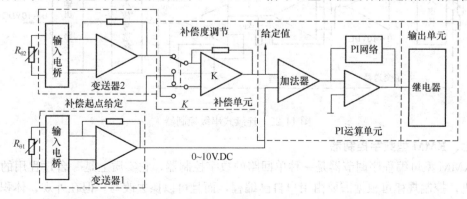

图 11-21 位式输出的补偿式控制器

或 θ_{2B}）转换的 $0\sim10\mathrm{VDC}$ 标准信号，经补偿单元放大器的运算（比例放大，放大倍数夏季为 K_s，冬季为 K_w），输出与偏差成比例的信号，送给加法器的反相输入端。同时，室内温度起始给定值 θ_{g0}（已转换成电压信号）也输入至加法器的反相输入端。加法器将变送单元 1 输入的信号与室内温度起始给定值信号叠加，作为室内温度给定值，该值与室温测量值（由热敏电阻 R_n 测量）比较，得出的室内温度偏差信号输入 PI 运算单元，再经继电器转换成开关信号。继电器为三位开关特性。控制器设有冬夏转换开关，补偿单元的补偿度冬夏可调。

连续输出的补偿控制器与断续输出的控制器相似，其区别在于输出连续信号。

（三）连续式串级控制器

串级控制器由两个控制器组成，即主控制器和副控制器，主控制器根据被控变量与给定值的偏差输出信号，作为副控制器的给定值。副控制器根据副被控变量的偏差，按一定规律输出控制信号，控制执行器。串级控制系统主要用于对象时间常数大，滞后大，干扰波动大的场合。空调中常用于恒温控制，房间温度为主被控量，送风温度为副被控量。

串级控制器电路原理如图 11-22 所示。以室温控制为例，主控制器根据室内温度和室内温度给定值的偏差，输出与偏差成一定比例关系的信号，作为副控制器的给定值。副控制器根据送风温度与这个给定值的偏差，通过 PI 运算，得出与偏差成 PI 规律的控制信号，经输出电路控制执行器。电路中高低值限值电路用于限制送风温度给定值的范围。当最小信号选择电路输入端无信号时，串级控制器的输出为副控制器的输出。当最小信号选择电路输入端有输入信号时，选择电路的输出为副控制器的输出与最小输入信号二者中的最小值。

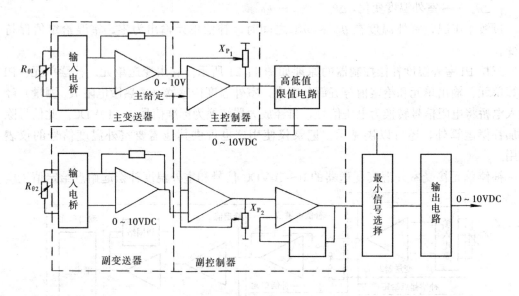

图 11-22　连续式串级控制器

七、KMM 型数字控制器

KMM 型可编程序调节器是一种单回路的数字控制器，它实质上是一台过程用的微型计算机，控制规律可根据需要由用户自己编程，而且可以擦去改写，但在外观、体积、信号制上都与 DDZ—3 型控制相似或一致，是为了把集散系统中的控制回路彻底分散到每一个回路而研制的。KMM 型可编程序调节器可以接收五个模拟输入信号（1～5V），四个数字输入信号，输出三个模拟信号（1～5V），其中一个可为 4～20mA，输出三个数字信号。这种调节器的功能强大，它是在比例积分微分运算的功能上再加上好几个辅助运算的功能，并将它们都装到一台仪表中去的小型面板式控制仪表。它能用于单回路的简单控制系统与复杂的串级控制系统，除完成传统的模拟控制器的比例、积分、微分控制功能外，还能进行加、减、乘、除、开方等运算，并可进行高、低值选择和逻辑运算等。这种调节器除了功能丰富的优点外，还具有控制精度高、使用方便灵活等优点，调节器本身具有自我诊断的功能，维修方便。当与计算机联用时，该调节器能直接接受上位计算机的设定值信号，可作为分散型数字控制系统中装置级的控制器使用。

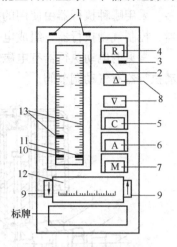

图 11-23　KMM 型调节器正面布置图

1～7—指示灯；8、9—按钮；
10—测量值指针；11—给定值指针；
12—输出值指针；13—备忘值指针

可编程序调节器的面板布置如图 11-23 所示。指示灯 1 分左右两个，分别作为测量值上、下限报警用。

当调节器依靠内部诊断功能检出异常情况后，指示灯 2 就发亮（红色），表示调节器处于"后备手操"运行方式。在此状态时，各指针的指示值均为无效。以后的操作可由装在仪表内部的"后备操作单元"进行。只要异常原因不解除，调节器就不会自行切换到其他运行方式。

可编程序调节器通过学习附加通信接口，就可和上位计算机通信。在通信进行过程中，通信指示灯 3 亮。

当输入外部的连锁信号后，指示灯 4 闪亮，此时调节器功能与手动方式相同，但每次切换到此方式后，连锁信号中断，如不按复位按钮 R，就不能切换到其他运行方式。一按复位按钮 R，就返回到"手动"方式。

仪表上的测量值指针 10 和给定值指针 11 分别指示输入到 PID 运算单元的测量值与给定值信号。

仪表上还设有备忘指针 13，用来给正常运行时的测量值、给定值、输出值作记号用。按钮 M、A、C 及指示灯 7、6、5 分别代表手动、自动与串级运行方式。

第三节　执　行　器

执行器的作用是根据控制器的命令，调节操作量的大小，克服干扰的影响，以达到调节温度、压力、流量等工艺参数的目的。它是自动控制系统的终端部件。

从结构来说，执行器由执行机构和调节机构两部分组成。执行机构是执行器推动部分，它根据控制器的命令产生相应的推力或位移（可以是角位移和直线位移）。调节机构常见的是调节阀，它接受执行机构的操纵改变阀芯和阀座的流通面积，达到调节介质流量的目的。

执行器按使用的能源分，有电动、气动和液动三种。电动执行器动作快，能源取用方便，适于远距离的信号传递，尤其适用于计算机控制，目前发展很快。气动执行器采用压缩空气为动力，具有结构简单，工作可靠，负载能力大，价格便宜，防火防爆等优点，在工业生产中得到了广泛的应用，但它比电动执行器多一套气源装置，使用维护比较复杂，故在建筑物中不宜使用。液动执行器的特点是推力大，但目前生产过程的调节中使用不多。采用哪种执行器由使用的控制器来决定，但也有采用电子控制器，再通过电—气转换器，控制气动执行器，组成电—气混合控制系统。

常见的电动执行器有电磁阀、电动阀、电动风门和带电压调节装置的电加热器等，气动执行器有气动调节阀。

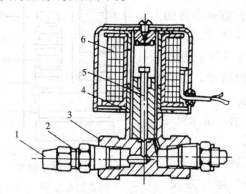

图 11-24　直动式电磁阀
1—接管螺母；2—接头；3—阀体；
4—垫片；5—铁芯；6—线圈组

一、电磁阀

电磁阀接受控制器的通断信号，开启或关闭阀门。电磁阀有直动式和导动式两种，图11-24为直动式电磁阀。当电磁线圈通电时，产生电磁吸力，吸引阀芯上移，阀门打开，使流体通过。当线圈断电时，阀芯在自身重力和弹簧力的作用下，关闭阀门。直动式电磁阀的通径较小，一般在13mm 以下。

图 11-25 为导动式电磁阀，它由导阀和主阀组成。导阀为通径较小的电磁阀，主阀受导阀的开关信号控制。当导阀线圈通电后，导阀开启，使排出孔打开，造成主阀中的活塞上部压力减小，在压差作用下，活塞上移，主阀开启。当导阀线圈失电后，导阀关闭，主阀中的活塞上部因有阻尼孔与进口连通，压力升高，活塞在自身重力的作用下下移，主阀关闭。

电磁阀的通径选择是根据工艺管道的管径，取与管道的直径相同。电磁阀根据使用介

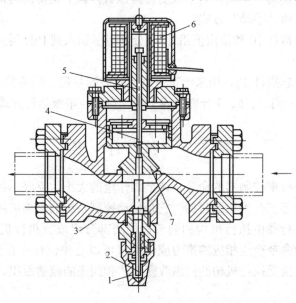

图 11-25　导动式电磁阀
1—帽盖；2—调节杆；3—阀体；4—阀针；5—衔铁；6—线圈组；7—浮阀组

质不同，有水用、油用、消防用、制冷用、燃气用电磁阀等。近年来，还出现了多路电磁阀、双联组合电磁阀、三位电磁阀、数字阀等。

二、电动调节阀

电动调节阀是以电动机为动力元件，控制器输出信号为阀门开度的大小，它是一种连续动作的执行器。

电动调节阀的执行机构根据配用的调节机构不同，输出方式有直行程、角行程和多转式三种类型，分别同直线移动的调节阀、角位移的蝶阀、多转的调节阀等配合工作。

图 11-26 表示出了直线移动的电动调节阀原理，阀杆的上端与执行机构相连，下端为阀芯，电动执行机构将控制器的输出信号大小和阀门的位置进行比较，通过控制阀杆的升降，改变阀芯的位置。阀芯上升时，流过阀门的流量增加，从而达到调节流量的目的。

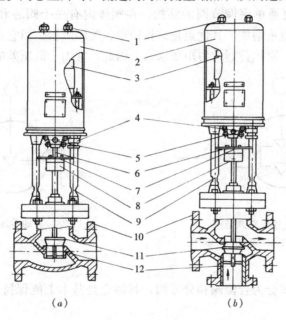

图 11-26 电动调节阀

(a) 直通电动调节阀；(b) 三通电动调节阀

1—螺母；2—外罩；3—两相可逆电动机；4—引线套筒；

5—油罩；6—丝杠；7—导板；8—弹性联轴器；

9—支架；10—阀体；11—阀芯；12—阀座

电动执行器，根据控制电信号，直接操作改变阀的位移。电动执行器大都将伺服放大器与执行合为一体，并增设了行程保护、过力矩保护和电动机过热保护等，以提高可靠性，还具有断电信号保护、输出现场阀位指示和故障报警功能。它可进行现场或远方操作，完成手动操作及手动/自动之间的无扰动切换。

智能电动执行器利用微处理器技术和现场通信技术扩大功能，实现双向通信、PID 调节、在线自动、自校正与自诊断等多种控制技术要求的功能，有效提高自动控制系统的精度和动态特性，获得最快响应时间。

调节阀按结构分为直通阀、三通阀、蝶阀、隔膜阀等，直通阀有直通双座和直通单座式两种，三通阀有合流三通和分流三通两种。

（一）直通双座调节阀

图 11-27 所示为直通双座调节阀的结构。因阀体内有两个阀芯和阀座而得名。流体从左侧进入，分成两股，分别通过两个阀座与阀芯形成的通道后，汇合在一起，由右侧流出。可见，因两个阀芯受到的流体作用力互相抵消，阀杆上受到流体的作用力很小，因此开、关阀时对执行机构的力矩要求较低。同时，与同口径的阀门相比，双座阀的流通能力比单座阀大。但它的关闭严密性不如单座阀，因此泄漏量比单座阀大，且价格比单座阀高。常用于压差较大的场合，但在压差允许的条件下，尽量选用单座阀。

双座阀的阀芯有正装和反装两种，只要将阀芯和阀座位置同时互换，就可以改变安装方式。正装方式的阀为流开规律（流动方向与阀芯开启方向相同），反装方式为流关规律。

（二）直通单座调节阀

图 11-28 所示为直通单座调节阀的结构。在阀体内有一个阀芯和阀座。当阀杆上升时，阀门开度增大，流量增加。其优点是结构简单，关闭严密。但它在压差大的场合阀杆上受到流体的推力大，对执行器的力矩要求大，因此，常用于低压差的场合。

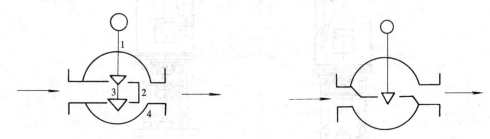

图 11-27　直通双座调节阀
1—阀杆；2—阀座；3—阀芯；4—阀体

图 11-28　直通单座调节阀示意图

（三）三通调节阀

三通阀按作用方式分为合流阀和分流阀，其特点是基本上能保持总流量恒定。因此，它适于定流量系统。

合流阀是将两种流体通过阀时混合后汇成一股总流，分流阀则相反。图 11-29 所示为三通阀的结构简图。合流阀的阀芯和分流阀的阀芯的形状不同，合流阀的阀芯在阀座内部，分流阀的阀芯在阀座外部，这样设计的目的是使流体的流动方向将阀芯处于流开状态，阀能稳定操作。可见，合流阀和分流阀是不可互换使用的。但在公称通径 $DN<$ 80mm 时，由于不平衡力较小，合流阀也可以用于分流的场合。但分流阀在任何场合都不

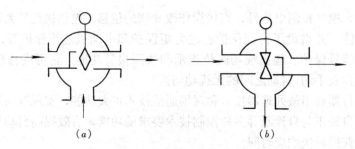

（a）　　　　　　　　　　　（b）

图 11-29　三通调节阀示意图
（a）合流三通；（b）分流三通

可以作为合流阀使用。

（四）气动调节阀

气动薄膜调节阀是由气动薄膜执行机构和调节阀两部分组成。由调节器输出的气压指令信号被气动薄膜执行机构所接受，并将气压信号变化转换成调节阀杆的移动，带动调节阀中的阀芯上、下位移，改变阀门的开启度，从而改变流体通过的能力。气动薄膜调节阀具有结构简单、动作可靠、维修方便，具有防火防爆和价廉的优点。

气动调节阀按其结构的不同，可分为：单座双通常开式或常闭式、双座双通常开式及三通混合式等几种，其结构示意见图 11-30。

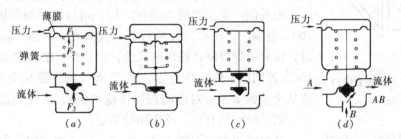

图 11-30　气动调节阀

（a）单座阀，常开式；（b）单座阀，常闭式；（c）双座阀，常开式；（d）三通混合阀

三、电动风门

风门（或称风量调节阀）在通风空调中用来调节送、排风的流量。其结构原理如图 11-31 所示。

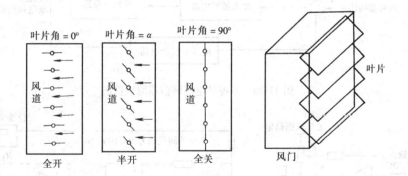

图 11-31　风门的结构原理

风门根据叶片数量分为单叶和多叶型。多叶调节风门有对开多叶式和平行多叶式两种，多叶风门由若干叶片组成。当叶片转动时改变流道的有效截面积，即改变了风门的阻力系数，其流过的风量也相应地改变，从而达到了调节风流量的目的。

电动风门与电动调节阀类似，带有电动驱动器或电动阀门定位器，根据控制器的信号确定风叶的角度。如图 11-32 所示。

四、电压调节装置

电压调节装置用于电加热器能量控制上，它将 PID 控制器输出的连续电流信号转换为一系列的电脉冲，通过可控硅元件，控制电加热器等装置的电压，起到调节能量的作

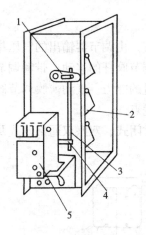

图 11-32 电动调节风门

（平行叶片）

1—风阀传动臂；2—风阀；3—
联动杆；4—传动臂；5—电动执
行机构

用。它广泛用于温度等调节系统上。其电路原理如图 11-33
所示。

五、阀门定位器

阀门定位器有电动和气动两种。阀门定位器接受控制器来
的连续控制信号，通过调节，使阀门位置与控制信号成比例关
系，从而使阀位按输入的信号，实现正确的定位，故得名阀门
定位器。电动阀门定位器装在执行器壳内。

下面以电动阀门定位器为例，分析其工作原理。

电动阀门定位器的功能有：（1）可以在控制器输出的 0～
100％范围内，任意选择执行器的起始点，即执行器开始动作
时，所对应的控制器输出电压值；（2）在控制器输出的 20％～
100％范围内，确定执行器工作范围（执行器从全开到全关，
或从全关到全开所对应的控制器输出值），可任意选择全行程
的间隔；（3）具有正、反作用的给定。

其电路原理图如图 11-34 所示。电动阀门定位器由前置放
大器（I 和 II）、触发器、双向可控硅电路和位置发送器等部
分组成。R_1 是起始点调整电位器，R_2 是全行程间隔调整电位器，R_3 是阀门位置反馈电
位器。

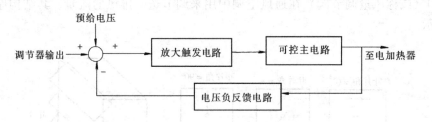

图 11-33 可控硅电压调整器原理框图

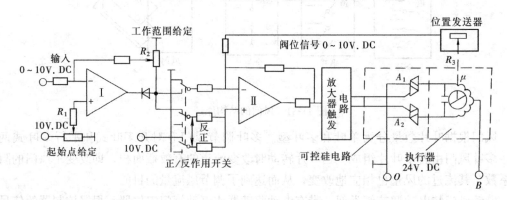

图 11-34 电动阀门定位器原理示意图

控制器来的 0～10V.DC 连续信号接在前置放大器 I 的反相输入端，与由 R_1、R_2 所
决定的信号进行综合，然后作为前置放大器 I 的输入。其输出经正/反作用开关与阀位来
的信号进行综合后，作为放大器 II 的输入，放大器 II 的输出作为触发器的输入信号。触发

器根据输入信号，发出相应脉冲使双向可控硅 A_1、A_2 之一导通，使电容式两相异步电动机向某一方向转动，以达定位目的。

第四节 调节阀的选择与计算

在自动控制系统设计中，应根据调节阀的流量特性，选择调节阀。

一、调节阀的流量特性

调节阀的流量特性是指流过调节阀的流体相对流量与调节阀相对开度之间的关系。即：

$$\frac{Q}{Q_{\max}} = f\left(\frac{L}{L_{\max}}\right) \tag{11-5}$$

式中 $\dfrac{Q}{Q_{\max}}$——相对流量，指调节阀在某一开度的流量与全开时的流量之比。

$\dfrac{L}{L_{\max}}$——相对开度，即调节阀在某一开度下的行程与全行程之比。

令 $q = \dfrac{Q}{Q_{\max}}$，$\mu = \dfrac{L}{L_{\max}}$ 则上式写成：

$$q = f(\mu) \tag{11-6}$$

调节阀的流量大小与阀的开度和前后压差有关。当阀的开度变化时，阀的前后压差会发生变化。为了便于讨论，先假定阀前后压差一定，即先研究理想流量特性，然后再考虑阀的实际情况，即阀的实际流量特性。

（一）调节阀的理想流量特性

调节阀前后压差固定的情况下得到的流量特性称为理想流量特性。

常见的理想流量特性有快开、直线、等百分比、抛物线特性，如图 11-35 所示。它们对应的阀芯形式不同。如图 11-36 所示。

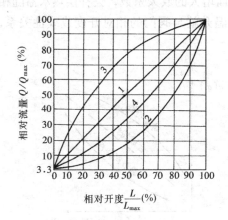

图 11-35 调节阀的理想流量特性
（$R=30$）
1—直线；2—等百分比；3—快开；4—抛物线

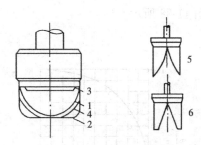

图 11-36 阀芯形状
1—直线特性阀芯（柱塞）；2—等百分比特性阀芯（柱塞）；3—快开特性阀芯（柱塞）；4—抛物线特性阀芯（柱塞）；5—等百分比特性阀心（开口形）；6—直线特性阀芯（开口形）

1. 直线特性

直线特性的阀门的相对流量与相对开度成正比关系。即

$$\frac{\mathrm{d}q}{\mathrm{d}\mu}=k \qquad (11\text{-}7)$$

直线特性的调节阀的放大系数（即直线的斜率）是一常数。但是直线特性的调节阀在阀芯行程变化（$\Delta\mu$）相同的情况下，流量小时，流量变化相对值（$\Delta q/q$）较大；流量大时，流量变化相对值较小。也就是说，在调节阀小开度时，调节作用过强，不易调节；而在调节阀开度较大时，调节作用比较缓慢，不够灵敏。因此，直线特性的阀门适用于流量变化较小的场合。

2. 等百分比特性

等百分比特性的阀门的单位相对行程的变化引起的相对流量的变化与此点相对流量成正比关系。即

$$\frac{\mathrm{d}q}{\mathrm{d}\mu}=kq \qquad (11\text{-}8)$$

将上式积分并代入边界条件，可以得到

$$q=R^{(\mu-1)} \qquad (11\text{-}9)$$

式中 R——可调比，即调节阀的最大流量与最小流量之比。

所以，等百分比特性又称为对数特性。

等百分比特性的阀门，其放大系数（即曲线斜率）随行程的增大而增大，在小流量时，流量变化小；在大流量时流量变化大。并且，在相对行程变化（$\Delta\mu$）相同的情况下，各点的流量变化相对值（$\Delta q/q$）相等。如对于 $R=30$ 的等百分比阀门来说，各点的行程变化为 10% 时，流量变化相对值均为 40%。因此，这种调节阀在接近全关时工作缓和平稳，接近全开时工作灵敏有效，适于流量变化大的系统。

等百分比特性的阀门适用于安装在热水加热器上。热水加热器的静特性是指被加热流体的相对温升 $\theta/\theta_{\max}$ 与热媒的相对流量 $Q/Q_{\max}$ 之间的关系，如图 11-37 所示，显然，当采用等百分比特性的阀门时，用阀门随相对开度增大而增大的放大系数，去补偿热水器随相对流量增大而减小的放大系数，热水加热器的相对温升就与阀门的相对开度成线性关系，如图 11-38 所示。

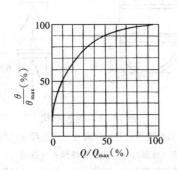

图 11-37 热水加热器的静特性

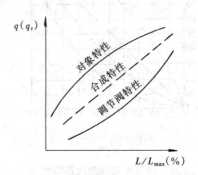

图 11-38 阀与对象的非线性互相补偿

3. 抛物线特性

抛物线特性的调节阀，其单位相对开度所引起的相对流量的变化与该点相对流量的平方根成正比

$$\frac{\mathrm{d}q}{\mathrm{d}\mu}=kq^{\frac{1}{2}} \tag{11-10}$$

其特性曲线介于直线特性曲线和等百分比特性曲线之间。

4. 快开特性

快开特性的调节阀在其行程较小时，流量就比较大，随着行程的增大，流量很快就达到最大，因此称快开特性。它的流量特性定义为：单位相对开度引起的相对流量的变化与该点的相对流量成反比。即

$$\frac{\mathrm{d}q}{\mathrm{d}\mu}=kq^{-1} \tag{11-11}$$

快开特性的调节阀主要用在双位控制、顺序控制和最优时间控制中，调节阀一打开，流量就比较大。

三通调节阀的理想流量特性如图11-39所示。

直线特性的三通调节阀在任何开度时，流过两个分流的流量之和不变，即总流量不变。等百分比特性的调节阀总流量是变化的，在50%开度处总流量最小。抛物线特性介于两者之间。

（二）实际流量特性

在实际工程上，调节阀装在管道系统上，阀前后的压差随阀门的开度增加而减

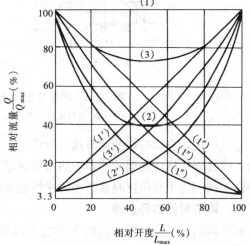

图 11-39 三通调节阀的理想流量特性
（$R=30$，阀芯开口方向相反）
(1) —直线；(2) —等百分比；(3) —抛物线

小。因此，同一开度下，通过调节阀的流量与理想特性时所对应的流量不同。调节阀在阀前后压差随流量变化条件下，调节阀的相对流量与相对开度之间的关系称为实际流量特性或工作流量特性。

如图 11-40 所示，调节阀串联在管道上时，若阀在全开时的压差为 Δp_{1m}，管路系统总压差为 Δp，则阀门的阀权度 S 定义为

$$S=\frac{\Delta p_{1m}}{\Delta p} \tag{11-12}$$

S 表示在系统压力分配上阀门所占有的权度（比值），也称为阀门能力。它表明了阀门实际流量特性偏离其理想流量特性的程度。当管道阻力为零时，$S=1$，为理想流量特性。

若以 Q_{100} 表示存在管道阻力时调节阀全开时的流量，Q 为相对开度 μ 时的流量，用 Q/Q_{100} 表

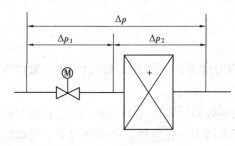

图 11-40 调节阀与管道及换热器的串联

示存在管道阻力时调节阀的相对流量，图 11-41 所示为阀门的实际流量特性。可见，阀门的实际流量特性随着 S 值的减小，发生很大的畸变，成为一组上拱的曲线。理想的直线特性趋向于快开特性；理想的等百分比特性趋向于直线特性。这样造成理想的等百分比特性的阀门在小流量时放大系数增大，大流量时放大系数减小，当用于热水加热器时会影响调节质量，所以，用于热水加热器的等百分比阀门，一般要求 S 不低于 0.3。

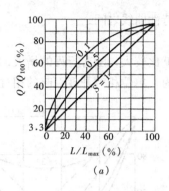 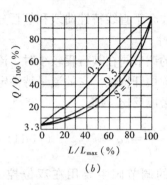

图 11-41　串联管道时调节阀的工作流量特性

(*a*) 直线流量特性；(*b*) 等百分比流量特性

综上所述，直线特性的调节阀一般用于负荷变动小，管道阻力小或阀前后压差一定的场合；等百分比特性的调节阀用于热水加热器、管道阻力大、系统负荷变化大的场合。快开特性的阀门用于双位控制系统和程序控制系统中。

二、调节阀的口径选择

调节阀的口径应根据阀门的流通能力选择。调节阀的流通能力定义为，当调节阀全开、阀两端压差为 10^5Pa、流体密度为 1000kg/m³ 时，每小时流经调节阀的流量（m³/h）。根据上述定义，流通能力 C 值的计算公式为

（一）液体 C 值的计算

$$C = \frac{316Q}{\sqrt{\dfrac{p_1 - p_2}{\rho}}} = \frac{316G}{\sqrt{\rho(p_1 - p_2)}} \tag{11-13}$$

式中　Q——体积流量 （m³/h）；

　　　G——质量流量 （kg/h）；

p_1、p_2——阀前后绝对压力 （Pa）；

　　　ρ——液体密度 （g/cm³）。

（二）气体、蒸汽 C 值的计算

由于气体、蒸汽具有可压缩性，阀前后流体的密度不同，因此，对气体的 C 值计算应加以修正。实际计算时，多采用阀后密度法计算。

从气体动力学中知道，当气体通过调节阀时达到临界压力比 $\beta_{kp} = (p_2/p_1)_{kp}$，流量达到最大值 G_{kp}，这时进一步降低 p_2 压力，流量将不再增大。在绝热流动的情况下，气体的临界压力比为

$$\beta_{kp} = \left(\frac{p_2}{p_1}\right)_{kp} = \left(\frac{2}{k+1}\right)^{\frac{k}{k+1}} \tag{11-14}$$

式中　k——气体的绝热指数。

对于空气，$k=1.41$　$\beta_{kp}=0.528$；

对于饱和蒸汽，$k=1.135$　$\beta_{kp}=0.577$；

对于过热蒸汽，$k=1.3$　$\beta_{kp}=0.546$。

通常，取 $\beta_{kp}=0.5$。这样通过调节阀的空气、蒸汽的流通能力 C 的计算公式是：

1. 如 $p_2 > 0.5p_1$（阀后流体为亚临界状态）

$$C = \frac{10G}{\sqrt{\rho_2 (p_1 - p_2)}} \tag{11-15}$$

式中　G——质量流量（kg/h）；

p_1、p_2——阀前后绝对压力（Pa）；

ρ_2——阀出口截面上的气体密度（kg/m³）。

2. 如 $p_2 \leqslant 0.5p_1$（阀后流体为超临界状态）

此时，不管阀后压力为多少，阀出口截面上的压力保持不变，为 $p_{2kp}=0.5p_1$；阀出口截面上的气体密度也保持不变，为 ρ_{2kp}。p_{2kp}、ρ_{2kp} 均为临界状态下的参数。所以 C 值计算公式为

$$C = \frac{10G}{\sqrt{\rho_{2kp} (p_1 - p_{2kp})}} = \frac{10G}{\sqrt{\rho_{2kp} (p_1 - 0.5p_1)}} = \frac{14.14G}{\sqrt{\rho_{2kp} p_1}} \tag{11-16}$$

式中　G——质量流量（kg/h）；

ρ_{2kp}——阀出口截面上的气体密度（kg/m³）；

p_1——阀进口压力（Pa）。

阀门的流通能力计算后，选取 C 值大于并接近该值的调节阀。

表 11-2 列出了某厂水阀门不同口径时的阀门流通能力。

某厂水阀门的流通能力　　　　　　　　　　　　　　表 11-2

DN	15	15	15	20	25	32	40	50	65	80	100
C	1.6	2.5	4.0	6.3	10	16	25	40	63	100	160

第五节　风量调节阀的流量特性

风量调节阀又称电动风门，它的特性指流过风量调节阀的空气相对流量与阀叶片转角之间的关系。多叶风量调节阀有平行多叶和对开多叶式两种。平行多叶阀的叶片在转动时都沿同一方向转动。对开多叶阀的叶片在转动时相邻叶片沿相反方向转动。两种风量调节阀的特性如图 11-42 所示。风量调节阀装在系统中，希望获得线性的工作特性。从图中可以看出，平行多叶风门在 $S=0.08 \sim 0.20$ 时才接近线性；对开阀在 $S=0.03 \sim 0.05$ 时，接近线性。因此，当管道阻力小时，可选用平行阀；当阀门的管道阻力大时，应选用对开阀。从密封角度考虑，对开多叶阀的密封性较好；从减小噪声和能量损失的角度考虑，对开阀较平行阀优越。

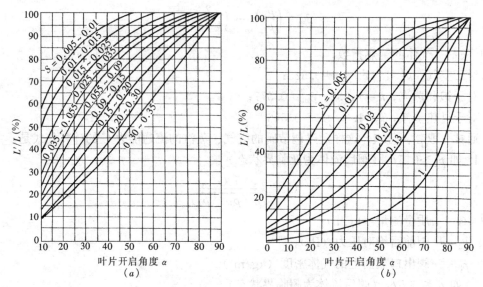

图 11-42 多叶调节风阀流量特性

(a) 平行多叶阀特性； (b) 对开多叶阀特性

思 考 题 与 习 题

1. 何谓空调的新风温度补偿？采用新风温度补偿的目的是什么？试画出新风温度补偿曲线。它属于哪类控制系统？

2. 三通调节阀的种类有哪些？可否互用？为什么？

3. 直通调节阀的种类有哪些？各适用在什么场合？

4. 什么是调节阀的理想流量特性？常见的有哪几种？

5. 直线特性和等百分比特性的调节阀各有什么特点？各适用于什么场合？

6. 阀权度的概念是什么？调节阀与管道设备串联时，流量特性的变化有什么规律？

7. 如何选择调节阀的类型和口径？

8. 多叶调节风门有哪几种？各适用于什么场合？

9. 一温度控制器，测量范围为 $-40 \sim 20℃$，控制器的输出为 $0 \sim 10mA. DC$，要求室温变化 $\pm 1℃$ 时，输出变化为 $0 \sim 10mA. DC$，问该控制器的比例带应调整为多少？

10. 一串联加热系统，热水的流量是 $50m^3/h$，热水温度为 $60℃$，系统前后压差为 $2 \times 10^5 Pa$，若热水直通阀的阀权度取 $S=0.5 \sim 0.7$，求热水阀的流通能力。

第十二章　自动控制系统的应用

自动控制系统按结构形式可分为单回路控制系统与多回路控制系统。这些系统在供热、通风、空调、制冷工程中都得到了应用。

为了正确进行自控系统的设计，首先应对控制对象作全面了解，同时对工艺过程、设备等也要作比较深入的了解，分析表征生产过程状态的各参量，如温度、压力、湿度、成分、液位等，研究各参量间的相互关系；此外，还应考虑控制系统可能出现的干扰，分析其幅度大小、变化频率、进入位置以及是否有必要控制干扰或能否控制干扰；其次是确定被控量及操作量，以及控制器、调节阀的选择等。控制系统控制方案的设计和控制器参数的整定是两个重要方面。如果控制方案设计不正确，仅凭控制器参数的整定，是不可能获得较好的控制质量的，反之，若控制方案设计很好，但是在运行中控制器参数整定不合适，也不能使系统运行在最佳状态。

生产过程自动控制的实施方案，常采用自动控制流程图表示，也称自动控制原理图。它是用规定的文字、图形符号，按照工艺流程绘出的，是自控人员和工艺人员设计思想的集中表现和共同的工程语言。自动控制流程图主要反映每个控制系统中的被控变量及其测点位置，执行器种类及其安装位置，控制器的安装，以及各控制系统之间的关系等。流程图中，一般用圆表示某些自动控制装置，圆内写有两位或三位字母，第一个字母表示被控变量，后续字母表示仪表的功能。常用被控变量和仪表功能的文字符号见表 12-1，图形符号见表 12-2。

自动控制原理图文字符号意义　　　　　　　　　　　　　　　表 12-1

字母	第一位字母		后继字母	字母	第一位字母		后继字母
	被测变量或初始变量	修饰词	功　能		被测变量或初始变量	修饰词	功　能
A	分析		报警	K	时间与时间程序		自动或手动操作
B	喷嘴火焰		供选用	L	物位		指示灯
C	电导率		控制	M	电动机		
D	密度	差		O	供选用		节流孔
E	电压（电动势）		传感器	P	压力或真空		试验点（接头）
F	流量	比（分数）		Q	数量或件数	积分、积算	积分、积算
G	长度		玻璃	R	辐射		记录或打印
H	湿度			S	速度或频率	安全	开关或连锁
I	电流		指示	T	温度		传送
J	功率	扫描		V	黏度		阀、挡板、百叶窗

序号	图形符号	名　称	序号	图形符号	名　称
1	○	室内型传感器一般形式	16		电加热器
2	○	管道型传感器一般形式	17		带电动定位器的电动执行机构
3		热电阻	18		电磁阀
4		热电偶	19		孔板
5		盘面安装控制器或指示器	20		连续开关
6	○	就地安装控制器或指示器	21		转换开关
7		直通阀	22		风管，供水、供汽干管
8		三通阀	23		气动执行机构
9		风门	24		膨胀阀
10		水泵	25		止回阀
11		风机	26		空调房间
12		压缩机	27		信号线
13		冷却塔	28	M	电动执行机构
14		空气加热器	29		过滤器
15		空气冷却器	30		变送器

第一节　空调单回路控制系统

　　单回路控制系统是由传感器、变送器、控制器、执行器及被控对象组成的单一反馈回路的控制系统。由于这种系统结构简单，投资少，易于调整、投运，又能满足一般过程控制的要求，应用十分广泛，尤其适用于被控对象纯滞后和惯性较小，负荷和干扰变化比较平缓，或者对控制精度要求不高的场合。

空调装置由加热器、冷却器、加湿器、去湿器、空气混合器以及净化器等设备组成。空调自动控制的任务是在最大限度节能与安全生产的条件下，自动控制上述各种装置的实际输出量与实际负荷相适应，以满足人们在生产和生活中对空气参数（温度、湿度、压力以及洁净度等）的要求。

一、空气静压自动控制系统

在变风量空气调节系统中，系统的静压应保持恒定，以减小静压波动给各系统带来的干扰。图 12-1 是一静压自动控制系统原理图。图中压力变送器 1 将静压转换为 0～10V DC信号，此信号一方面送至指示器 2 作指示静压用，另一方面送至控制器 3 作控制用。控制器 3 可采用连续输出的，也可以选用断续输出的。前者输入信号为 0～10V DC，即相当于 0～100％标准信号，其输出为 0～10V DC 的 PI 控制信号。这种情况其执行机构需采用带电动阀门定位器的电动执行机构 4，通过控制风机入口导向叶片，进行风量调节以恒定空气静压。

二、空气混合温度自动控制系统

空气混合温度自动控制可以合理地利用新风作为冷源，例如，在冬季和过渡季节，建筑物内发热量较大，室内需供冷风，这时可把新风作为冷源，推迟人工冷源使用时间，节约能耗。混风温度控制系统原理图如图 12-2 所示。图中 1 为温度传感器，置于混合风处，传感器输出信号一方面供指示器 2 指示混风温度，另一方面作为控制器 3 的输入信号，由控制器按预定的控制规律运算，输出 0～10V.DC 的 PI 信号，控制带定位器的电动执行机构 4，通过改变定位器的正、反作用，控制新风、回风和排风阀门。控制器 3 的给定值有 X_{sl}（对应新风阀全开时的混风温度）和最小新风量。

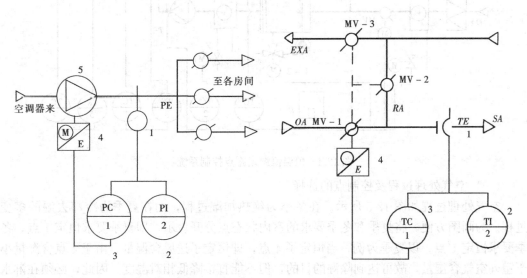

图 12-1 空气静压自动控制　　　　　图 12-2 混风温度自动控制
1—压力变送器；2—压力指示器；3—控制器；　　　1—温度传感器；2—温度指示器；
4—带定位器电动阀门；5—风机　　　　　　3—温度控制器；4—带定位器电动阀门

在冬季，当混风温度低于给定值 X_{sl} 时，根据混风温度按控制器的比例带控制风门开度。混风温度升高，新风阀门开大。当混风温度达到给定值 X_{sl} 时，新风阀门全开，取最

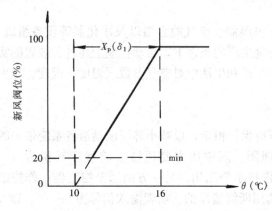

图 12-3 阀门开度与混风温度的关系

大新风量。最小新风量是可调的，例如 20%。新风阀位与混风温度的关系见图 12-3 所示。图中 X_p 是混风温度控制器的比例范围，在此范围内新风阀位与混风温度成线性关系。当混风温度 $\theta > X_{sl}$ 时，进入过渡季节，使用最大新风量。X_{sl} 是给定调整点，此例为 16℃，而比例范围 X_p 为 6℃。由于测温仪表为 $-20 \sim 40$℃量程，比例带为 10%。

三、恒温、恒湿空调自动控制系统

图 12-4 为一个集中式空气处理系统给两个空气区送风，而且 a 区和 b 区室内热负荷差别较大，需增设精加热用电加热器 aDR、bDR，分别调节 a、b 两区的温度。由于两区散湿量差别不大，可用同一机器露点温度来控制室内相对湿度。此系统属定露点控制系统，可应用在余热变化而余湿基本不变的场合。

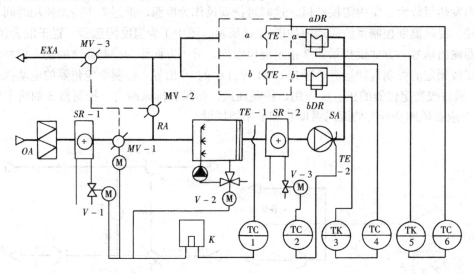

图 12-4 恒温恒湿定露点控制系统

（一）空气处理过程及控制点的选择

空气处理过程如图 12-5 所示。在冬季为绝热加湿过程，而在夏季为冷却去湿的多变过程。为画图方便，将夏季和冬季要求的室内状态点分开表示，即夏季要求恒定 1 点，冬季要求恒定 1′点。以夏季为例，当恒定了 4 点，即恒定了送风含湿量，由于 4 点含湿量小于室外空气含湿量，故可达到除湿的目的，但不能直接降低相对湿度。因此，必须在淋水室后设二次加热器，并根据热湿比线加热到相应的送风温度，以保证室内要求的相对湿度。当 1 点的温度和 4 点状态都恒定时，即达到恒温恒湿的要求。由于 4 点状态的空气已接近饱和状态，所以只需要控制 4 点温度，该点空气状态就确定了。从 4 点至 5 点的加热量，在冬季供热情况下一般用二次加热器；在夏季一般不供热，则采用设在每个房间的进风口处的电加热器完成，不用二次加热器加热。

　　根据空气处理过程分析，控制系统中有三种控制点，分别设在四个地方：室内温度控制点两个，分别设在 a 区和 b 区送风口处；送风温度控制点设在二次加热器 SR-2 后面的总风管内；露点温度控制点设在淋水室出风口挡水板后面。整个系统分为四个子控制系统：a 区室温控制系统，b 区室温控制系统，送风温度控制系统及露点温度控制系统。

（二）系统控制过程

1. 露点温度控制系统

　　该系统由温度传感器 TE-1、控制器 TC-1，电动双通阀 V-1，加热器 SR-1，电动三通阀 V-2 和淋水室等组成。

　　夏季由传感器 TE-1 控制控制器使电动三通阀 V-2 动作，改变冷水与循环水的混合比来自动控制露点温度。冬季则通过电动双通阀 V-1

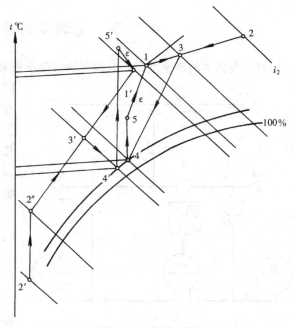

图 12-5　空气处理过程

夏季：1—室内空气状态；2—室外空气状态；3—混合点；
4—露点；5—送风状态

冬季：1′—室内空气状态；2′—室外空气状态；3′—混合点；
4′—露点；5′—送风状态；2″—一次加热后状态

控制一次加热器的加热量，使经过一次混合后的空气加热到 h'_4 线上，再经淋水室绝热加湿，维持露点温度恒定。由于露点的相对湿度已接近 95% 这个恒定值，所以只要露点温度恒定，露点空气状态点 4 也就恒定了。

　　为了避免一次加热器 SR-1 加热的同时向淋水室供送冷水，在电气线路上应保证电动三通阀 V-2 和电动双通阀 V-1 之间互相连锁，即仅当淋水室里全部喷淋循环水时才使用一次加热器 SR-1。反之，则仅当一次加热器的电动双通阀处于全关位置时才向淋水室供送冷水。控制盘上的万能转换开关 K 用于各种工况的转换。在有些自动控制系统中季节工况的转换也可由自动转换装置来完成。

2. 送风温度控制系统

　　送风温度的控制系统由温度传感器 TE-2、控制器 TC-2，电动双通阀 V-3、加热器 SR-2 及送风管道组成，主要是对二次加热器的控制。

3. 室温控制系统

　　室温的 a 区控制系统由 a 区传感器 TE-a、控制器 TC-6、电压调整器 TK-5、电加热器 aDR 组成。b 区控制系统则由 b 区传感器 TE-b、控制器 TC-4、电压调整器 TK-3、电加热器 bDR 组成。a 区、b 区的室温通过对相应的精加热用电加热器的控制来实现。精加热器的加热量与相应空气区的热负荷的变化相适应。

　　实际使用时，冬天为了减少精加热的耗电，送风控制点的给定值提高一些。而到夏季，有些工厂没有蒸汽供应，就用精加热来代替二次加热。因此在设计加热器容量时应根据具体情况进行分析，考虑到使用时的灵活性。

第二节 空调多回路控制系统

随着工程技术的迅速发展，对控制质量要求愈来愈严格，各变量间关系更为复杂，节

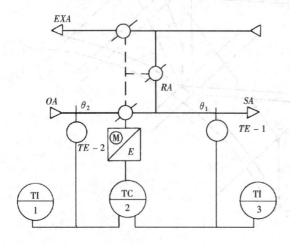

图 12-6 用混风温度和新风温度控制新风量原理图

能要求更为突出。为了满足这些要求，在单回路控制系统的基础上，又发展了多回路控制系统。它与单回路控制系统相比，所采用的传感器、变送器、控制器及执行器等的数量较多，所构成的系统比较复杂，系统功能比较齐全。

一、按混风温度和新风温度控制系统

图 12-6 为用混风温度和新风温度控制新风量的原理示意图。图 12-7 是阀位与温度关系图。控制器 TC-2 同时接受传感器 TE-1 测出的混风温度信号和传感器 TE-2 测出的室外新风温度信号，

按照比例调节规律输出 $0\sim10\mathrm{V.DC}$ 信号，用来控制带电动阀门定位器的电动风门。

在冬季，控制器将根据传感器 TE-1来的混风温度信号控制执行器。随着混风温度 θ_1 的升高，在比例范围 X_{p1} 内，按比例自动地开大新风阀门、关小回风门、开大排风阀门。当混风温度达到给定值 X_{s1}时，新风阀门全开。在夏季，当新风温度达到或超过给定值 X_{s2} 时，控制器能自动地使用新风温度通道，而自动地切换到由室外温度控制控制器，进而控制执行器。

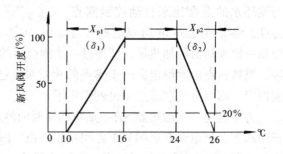

图 12-7 新风阀位与温度关系

同理，在比例范围 X_{p2} 内，随着室外新风温度的升高，自动地按线性关系关小新风阀门。因而，只要合理地整定 X_{s1}、X_{s2}、X_{p1}、X_{p2}，就可以合理地利用新风冷源，达到经济运行的目的。

本例最小新风量整定在 20%，夏季时工况调节器的比例范围为 2℃，比例带为 3.3%。

二、新风温度补偿自动控制系统

室温的给定值随室外空气温度的变化按一定规律变化，称为补偿控制。它既能改善空调房间舒适状况，又能节约能耗。图 12-8 为新风温度自动补偿控制系统，图 12-9 为新风温度自动补偿特性。

在冬季工况下，补偿控制器 3-2 按断续 PI 控制规律控制盘管加热器的电动调节阀 4的开启度，室温给定值 θ_{1c} 从给定的初始值 18℃ 开始，随着室外温度从补偿起点 θ_{2c} 的10℃下降而上升，上升的速率按 -10% 变化。例如，室外温度从 10℃下降到 0℃时，室温给定值增加 1℃，即此时室温给定值为 19℃。在夏季工况下，补偿控制器 3-2 则控制冷却

盘管电动调节阀 5。夏季补偿起点 θ_{2A} 为 20℃，随着室外温度增加，室温给定值按夏季补偿比 62.5%，从 $\theta_{1C}=18℃$ 而上升，直到达到最高补偿极限为止。例如，当室外温度从 20℃ 上升到 36℃ 时，室温给定值上升到补偿极限 $\theta_{1max}=28℃$。在过渡季节，室温给定值不随室外温度变化，补偿单元输出为零。此时既不加热也不制冷，而是最大限度地利用新风，使新风门开到全开状态，使室温随室外温度波动，可满足一般舒适要求。

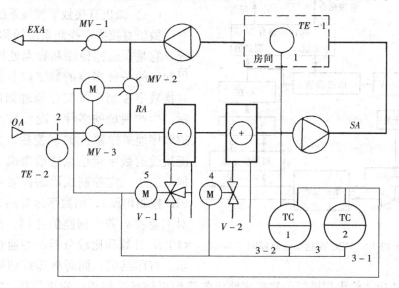

图 12-8　新风温度自动补偿控制系统

1—室温传感器；2—室外温度传感器；3-1—季节转换控制器；

3-2—补偿控制器；4—二通电动调节阀；5—三通电动调节阀

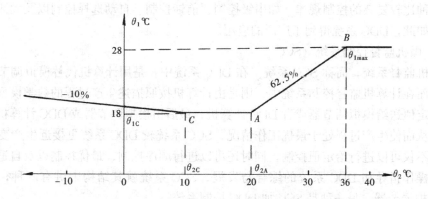

图 12-9　新风温度自动补偿特性

A—夏季补偿起点；B—夏季补偿终点；C—冬季补偿起点；

－10%—冬季补偿比；62.5%—夏季补偿比

第三节　空调计算机控制系统

计算机控制系统与生产过程有密切的关系，应根据生产过程的复杂程度和具体任务采用不同的测控系统。微机测控系统按照计算机参与控制的方式、控制的目的，分为巡回检测数据处理系统、操作指导控制系统、直接数字控制系统、监督控制系统和集散式计算机控制系统。微机巡回检测数据处理系统在第九章已作讨论，这里简要介绍直接数字控制系统、监督控制系统和集散式计算机控制系统。

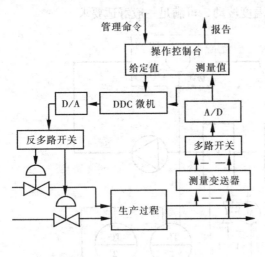

图 12-10　DDC 控制系统原理图

一、计算机控制系统的类型

（一）微机直接数字控制系统（DDC）

微机直接数字控制系统简称为 DDC 系统。它是在巡回检测和数据处理基础上发展起来的一种多路的数字调节装置。微机直接数字控制系统工作原理如图 12-10 所示。生产现场的多种工况参数，经输入通道顺序地采样和 A/D 转换后，变成微机所能接受的数字量信息送给微机。微机则根据对应于一定控制规律的控制算式（例如 PID 控制规律），用数字运算的方式，完成对工业参数若干回路的比例、积分、微分（PID）计算和比较分析，并通过操作台显示、打印结果，同时将运算结果经输出通道的 D/A 转换、输出扫描等装置顺序地将各路校正信息送到相应的执行器，实现对生产装置的闭环控制。

由于微型计算机的速度快，所以一台微型机可代替多个模拟调节器，这是非常经济的。DDC 控制系统的优点是灵活性大，可靠性高。因为计算机计算能力强，所以用它可以实现各种比较复杂的控制规律，如串级控制、前馈控制、自动选择控制以及大滞后控制等。正因如此，DDC 系统得到了广泛的应用。

（二）微机监督控制系统（SCC）

计算机监督系统，简称 SCC 系统。在 DDC 系统中，是用计算机代替模拟调节器进行控制的。而在计算机监督控制系统中，则是由计算机按照描述生产过程的数学模型，计算出最佳给定值送给模拟调节器或者 DDC 计算机，最后由模拟调节器或 DDC 计算机控制生产过程，从而使生产过程处于最优工作情况。SCC 系统较 DDC 系统更接近生产变化实际情况，它不仅可以进行给定值控制，同时还可以进行顺序控制、最优控制以及自适应控制等，它是操作指导和 DDC 系统的综合与发展。SCC 系统就其结构来讲有两种，一种是 SCC 加模拟调节器，另一种是 SCC 加 DDC 控制系统。

1. SCC 加模拟调节器控制系统

图 12-11 所示为 SCC 加模拟调节器控制系统。在该系统中，SCC 监督计算机的作用是收集检测信号及发出管理命令，然后按照一定的数学模型计算后，输出给定值到模拟调节器。此给定值在模拟调节器中与检测值进行比较后，其偏差值经模拟调节器计算后输出到执行机构，以达到调节生产过程的目的。这样，系统就可以根据生产工况的变化，不断地改变给定值，以达到实现最优控制的目的。而一般的模拟系统是不能随意改变给定值的。因此，这种系统特别适合于老企业的技术改造，既用上了原有的模拟调节器，又实现

了最佳给定值控制。

2. SCC 加 DDC 控制系统

SCC 加 DDC 控制系统原理如图 12-12 所示。本系统为两级计算机控制系统，一级为监督级 SCC，其作用与 SCC 加模拟调节器中的 SCC 一样，用来计算最佳给定值。直接数字控制器（DDC）用来把给定值与测量值（数字量）进行比较，偏差由 DDC 进行数字控制计算，经 D/A 转换器和多路开关分别控制各个执行机构进行调节。与 SCC 加模拟调节系统相比，其控制规律可改变，用起来更加灵活，而且一台 DDC 可以控制多个回路，使系统比较简单。SCC 系统比 DDC 系统有着更大的优越性，可以接近于生产的实际情况。另一方面，当系统中模拟调节器或 DDC 控制器出了故障时，可用 SCC 系统代替调节器进行调节。因此，大大提高了系统的可靠性。但是，由于生产过程的复杂性，其数学模型的建立是比较困难的，所以，此系统实现起来比较困难。

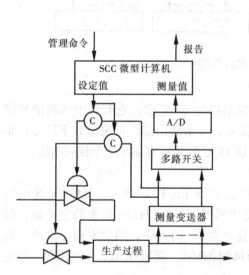

图 12-11 SCC 加模拟调节器控制系统原理图

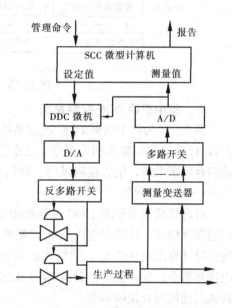

图 12-12 SCC 加 DDC 控制系统原理图

（三）微机集散控制系统

在整个生产过程中，由于生产过程是复杂的，设备分布又很广，其中各工序、各设备同时并行地工作，而且基本上是独立的，故系统比较复杂。然而，随着微机价格的不断下降，人们越来越注意把原来使用中小型计算机的集中控制用分布控制系统来代替，这样就可以避免传输误差及系统的复杂化。在这种系统中，只是必要的信息，才传送到上一级计算机或中央控制室，而绝大部分时间都是各个计算机并行地就地工作。微机集散控制系统，就是将生产过程控制与企业经营管理控制结合起来，由多级计算机来实现全面控制。各级之间既有明确的分工，又有密切的联系，也称作微机分布式控制系统。图 12-13 为微机集散控制系统的框图，这是一个集散式三级控制系统。其中，MIS 是生产管理级，SCC 是监督控制级，DDC 是直接数字控制级。而生产管理级又可分为企业管理级、工厂管理级和车间管理级。因此，该系统实际上是分布式五级管理控制系统。集散系统将以新的控制方法、智能化仪表、专家系统和局部网络等新技术为用户实现过程控制自动化与信息管理自动化相结合的管控一体化的综合集成系统。

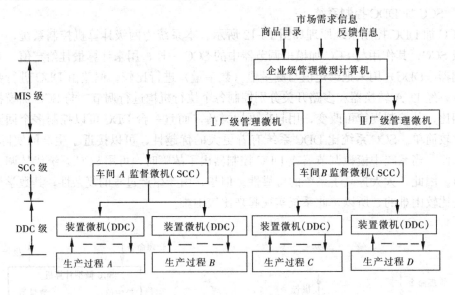

图 12-13　微机集散控制系统图

二、集中空调 DDC 控制系统

图 12-14 为集中空调 DDC 控制系统，DDC 控制器为 C500 型。它有五个模拟信号输入口 $AI1 \sim AI5$，输入两个湿度、三个温度模拟信号。一条输出总线可输出数字信号，驱动四台数字电机，用以控制风门、阀门的开度。该 DDC 控制器有如下三个控制功能。

（一）焓值调节

所谓焓值调节就是 DDC 控制器根据温、湿度传感器 TE-1 或 TE-2、HE-1 送来的室内温湿度信号，计算出室内焓 h_n，根据温、湿度传感器 TE-3、HE-2 送来的室外温、湿度信号计算出室外焓 h_w，然后比较室内焓 h_n 和室外焓 h_w 的大小，结合室内温度值，发出控制指令，驱动数字电动机 $M1$、$M2$，控制回风阀 MV-1、新风阀 MV-2 的开度，改变新风与回风混合比的调节。

（二）空调器最佳启停控制

为了保证工作人员一上班时房间就有适当的舒适温度，空调器应当提前运行，提前得早了，耗电多、浪费能源，提前得晚了，到上班时还达不到舒适温度，这就有一个空调最佳提前运行时间问题。这个最佳时间，实际就是空调器一运行，室温开始变化到室温刚刚进入舒适温度区（如 $20 \sim 28 ℃$）这段过渡过程时间。同样，在下班时空调器也可以提前关闭，关得早了，室温在未下班时已走出舒适温度区，关得晚了，空调器运行时间加长，浪费能源。

显然空调器这个最佳启停时间是随室外气温变化而变化的。在常规控制系统中，最佳启停控制全靠操作者的感觉、经验来控制，真正的最佳启停控制只能在计算机控制系统中才能实现。这个控制程序是人们利用现场操作经验、运行数据记录、综合、归纳出的最佳启停时间数学模型编制的，空调器就按计算机给出的最佳启停时间，启、停运行，以达到最大节能效果。

（三）温度控制

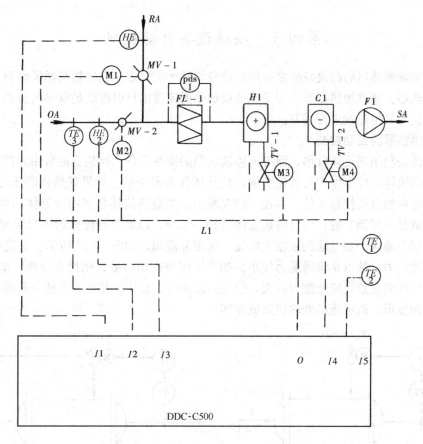

图 12-14 集中空调 DDC 控制系统

TE-1、TE-2、TE-3—房间、房间、新风温度传感器；HE-1、HE-2—回风、新风湿度传感器；

H1—热水加热器；MV-1、MV-2—回风、新风阀；C1—表冷器；

TV-1、TV-2—电动双通阀；F1—送风机；DDC-C500 型直接数字控制器；

FL-1—过滤器；pds-1—压力差开关；OA—新风口；RA—回风口；SA—排风口；

I1、I2、I3、I4、I5—模拟信号输入口；O—数字信号输出口；L1—数字信号输出总线

温度控制是空调器最基本的控制要求。在集中空调 DDC 微机控制系统中室温由温度传感器 TE-1、TE-2 将室温信号通过两个模拟信号输入口送到 DDC 控制器中，经采样、A/D 转换将模拟温度信号变成数字信号，与给定温度值比较得出偏差，经 DDC 进行运算，从 O 端口输出与偏差成一定关系的数字信号，冬天去驱动数字电动机 M3，控制热水阀 TV-1 的开度，调节进入到热水加热器 H1 的热水量，以适应热负荷的变化；过渡季节去驱动数字电动机 M1、M2，控制回风阀 MV-1 与新风阀 MV-2 的开度，调节新风、回风混合比，以适应冷、热负荷的变化；夏天则驱动数字电动机 M4，控制冷水阀 TV-2 开度，调节进入到表冷器 C1 的冷水量，以适应冷负荷的变化。在 DDC 控制器中，可以根据控制对象的不同特性，选用最合适的控制算法编程，如新风温度补偿控制、预估控制、自动整定最佳 P、I、D 参数控制或模糊控制等，以保证在满足空调舒适、卫生要求的前提下，达到最大的节能效果。如果要改变 DDC 控制器的控制规律，则只需改变控制程序即可，而无需改变系统的硬件设备，因而投资省、设备组成简单，还可实现上述模拟控制器无法实现的复杂控制规律，这是计算机控制系统的突出优点。

第四节　换热设备自动控制

用以实现换热目的的设备称之为换热设备，其种类较多。在供热与通风空调工程中常用的有换热器、蒸汽加热器等。为了保证被加热的流体出口温度满足供热的要求，必须采用自动控制对其传热量进行调节。

一、换热器的自动控制

换热器是利用热流体放热，而冷流体被加热的换热设备。换热器最常用的控制方案是把被加热的流体出口温度作为被控变量，载热体作为操作量。如果载热体的压力较平稳，可以采用简单的自动控制系统，如图 12-15 所示。当载热流体是利用冷流体回收热量时，它的总流量是不好调节的，可以将热流体分路一部分，以调节冷流体的出口温度 T_{1o}，分路一般采用三通阀。如三通阀装在入口处，则用分流阀，如图 12-16 所示。分流阀的优点是没有温度应力，缺点是流通能力较小。如三通阀装在出口处，则用合流阀，如图 12-17 所示。合流阀的优点是流通能力较大，但在高温差时，管子的热膨胀会使三通阀承受到较大的应力而变形，造成连接处的泄漏或损坏。

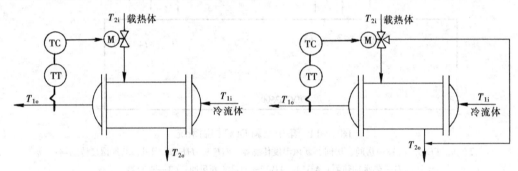

图 12-15　换热器简单的自动控制系统　　　　图 12-16　换热器分流阀自动控制系统

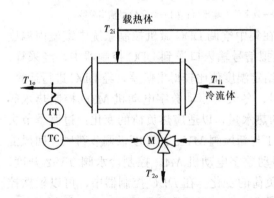

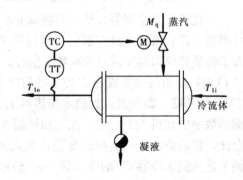

图 12-17　换热器合流阀自动控制系统　　　　图 12-18　蒸汽加热器的常用自动控制方案

二、蒸汽加热器自动控制

蒸汽加热器的被控变量是冷流体的出口温度，操作量为蒸汽流量。图 12-18 为最常用的调节方案，如果受到干扰作用的影响，使加热器的出口温度低于设定值，则调节器根据偏差而动作，控制调节阀开大，蒸汽流量增加，调节阀阀后压力增加，使传热平均温差增大，结果传热量增加，从而使被加热流体温度上升，回到设定值。

　　这种方案进行调节的过程中，加热器传热面积和传热系数基本上维持不变，传热量的改变主要是通过改变传热平均温差来实现的。一般来说，这种控制方案是比较灵敏的。如果阀前蒸汽压力有波动，且变化较频繁，将影响控制品质，满足不了工艺要求时，则可经过稳压对总管进行压力控制。常采用如图 12-19 所示的出口温度对阀后压力的串级自动控制系统；或者采用出口温度对蒸汽流量的串级自动控制系统，如图 12-20 所示。

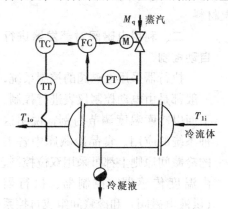

图 12-19　出口温度对阀后压力的
串级自动控制系统

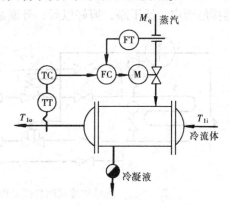

图 12-20　出口温度对蒸汽流量的
串级自动控制系统

第五节　制冷自动控制

　　制冷装置的自动化系统主要包括蒸发器温度的自动控制、冷凝器温度的自动控制、压缩机的能量自动控制和制冷装置的自动保护等四部分。这里介绍利用热力膨胀阀、电磁阀对蒸发器的自动控制。

一、利用热力膨胀阀对蒸发器进行自动控制

　　图 12-21 是利用热力膨胀阀控制制冷剂流量的制冷系统示意图。空调负荷是经常变化的，要求制冷装置的制冷量也要相应地变化。而制冷量的变化，就是循环的制冷剂流量的变化，所以，需要对蒸发器的供液量进行调节，实现对载冷剂，即被冷却介质的温度控制。空调用制冷装置一般都用热力膨胀阀来控制制冷剂流量。它既是控制蒸发器流量的调节阀，也是制冷装置的节流阀，所以热力膨胀阀也称热力调节阀。热力膨胀阀是一种直接作用式调节阀，安装在蒸发器入口管上，感温包安装在蒸发器

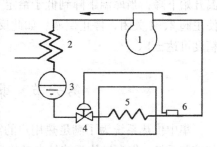

图 12-21　利用热力膨胀阀控制制
冷剂流量的制冷系统示意图

1—压缩机；2—冷凝器；3—储液罐；4—膨胀
阀；5—蒸发器；6—感温包

的出口管上，在感温包中，充注感温的液体或气体。热力膨胀阀是利用蒸发器出口处的制冷剂蒸气过热度的变化来调节供液量，实现温度控制的。当进入蒸发器的供液量小于蒸发

器热负荷的需要时，膨胀阀的开度增大，制冷剂流量增多；相反，热负荷减少时，阀的开度变小，制冷剂流量相应减少。

这种控制器操纵调节阀动作的能量是取自被控介质的能量，不需要另加能源，故属直接作用式控制器。这种控制器简单可靠，一般适用于小型冷库、采用氟利昂作制冷剂，要求控温精度不高的场合。热力膨胀阀的安装要注意液体流向，要将膨胀阀的出口接在蒸发器5的进口管上，感温包6应贴附在蒸发器的出口管上。感温包所在位置最好应低于膨胀阀，而且应水平放置或者头朝部下，以保证感温工作介质液体始终在温包中，温包同蒸发器接触面应除锈干净，缚好以后，外面最好包以保温材料。

二、利用电磁阀对蒸发器进行自动控制

执行器采用电磁阀的控制系统，一般都是由电动控制仪表进行控制。下面以冷库温度调节为例，说明这种系统的应用。食品冷藏库中各类的冷藏间原则上都可采用双位控制，由温度传感器、控制器、执行器（供液电磁阀）和冷藏间组成自控系统。但由于各种冷藏间使用性质和要求各不相同，所以在具体控制方法上有些区别。图12-22为利用电磁阀对蒸发器进行自动控制的冻结物冷藏间自控原理图。

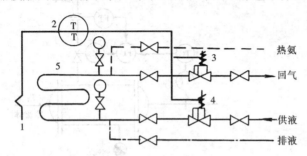

图 12-22　冻结物冷藏间自控原理图
1—热电阻；2—控制器；3—气用常闭型电磁主阀；
4—液用常闭型电磁主阀；5—蒸发器

冻结物冷藏间以氨为制冷剂，热电阻1安装在冷藏间反映平均温度的地方，对采用冷风机的系统，宜放在风速较高的回风口处。控制器2控制蒸发器5的供液和回气电磁主阀的开闭。当库温高于给定值上限时，温度控制器2的触头接通，发出需降温信号，分别使供液和回气主阀上的电磁导阀打开，控制两主阀3、4打开，制冷剂流入蒸发器，于是库温开始下降；当库温下降到低于给定下限温度时，温度控制器触头断开，电磁导阀关闭，使主阀3、4关闭，停止供液。如此反复动作，可使库温控制在所需的范围内，一般控制精度可达±1℃。

第六节　集中供热系统自动控制

集中供热系统为了满足热用户的需要，节约热能，合理地利用热能，应设置自动检测与控制系统。集中供热系统的自动检测与控制，根据热源、热交换站及热力入口的装置采用不同的自动化系统。达到安全、可靠、环保、经济运行的目的。

一、区域锅炉房集中热交换站自控系统

在锅炉房内设置蒸汽锅炉或热水锅炉作为热源，向一个较大的区域供应热能的系统，称为区域锅炉房集中供热系统。在工矿企业中，大多以蒸汽作为热媒，经过集中热交换站产生热水，供应采暖等用热设备所需的热量。图12-23所示为蒸汽锅炉房内设置集中热交换站的自动化系统。

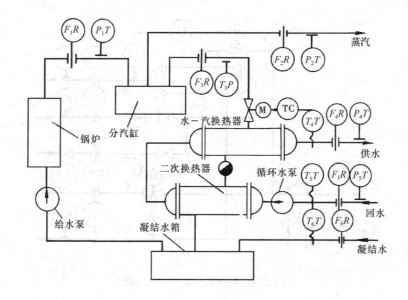

图 12-23　蒸汽锅炉房内设置集中热交换站自动化系统图

蒸汽锅炉产生的蒸汽，先进入分汽缸然后向生产工艺和热水用户供热。一部分蒸汽由蒸汽管送出蒸汽，作为工艺用热；另一部分蒸汽进入汽水加热器将网路回水加热，供应采暖、通风用热设备的所需热量。蒸汽网路及加热器的凝结水，由凝水管道送回凝结水箱。

集中热交换站的自动测控系统，包括自动检测输入的蒸汽压力和流量的 P_1T、F_1R；自动检测工艺用蒸汽压力和流量的 P_2T、F_2R；自动检测加热器用蒸汽的压力和流量的 P_3T、F_3R；自动检测采暖供水压力、温度和流量的 P_4T、T_4T、F_4R；自动检测采暖回水压力、温度和流量的 P_5T、T_5T、F_5R；自动检测凝结水温度和流量的 T_6T、F_6R 等部分。

集中热交换站的自动化系统可对锅炉蒸汽、工艺用汽的压力及流量、采暖热水的供水及回水的压力、温度和流量进行自动检测，在仪表室集中显示，并调节进入加热器的蒸汽量，对热水的供水温度进行自动控制，满足采暖及通风用热的要求，还对蒸汽、热水的用量进行计量，以实现科学化的管理。

二、集中热力站自动化系统

集中供热系统的热力站是城市供热网路向一个小区或多幢建筑物分配、调节与计量热能的场所。在热力站内设置混合水泵，它抽引供热网路的回水与外网的供水混合后，再送往各热用户。供水通过过滤器和磁水器后，进入水—水加热器，被加热后的热水经热水管送出。具有调节热媒参数，实现能量转换和计量的功能。

图 12-24 所示为集中热力站自动化系统，设置有必要的检测、自动调节与计量装置。在外网的供水管及回水管路上安装了压力、温度的测量系统和流量检测与记录系统，可检测供水量、回水量，并能计量漏水量。在生活热水管路上安装了压力、温度及流量的检测仪表。在采暖热水管路上安装了温度、压力、流量的检测仪表及计量采暖系统的供热量的仪表。

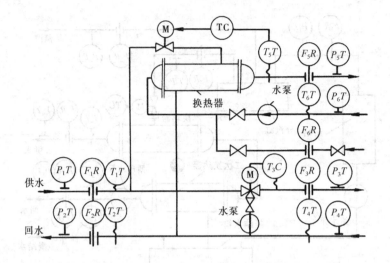

图 12-24　集中热力站自动化系统

第七节　风机盘管空调系统自动控制

风机盘管空调系统按控制器输出信号不同可分为断续控制和连续控制；按通过换热器的工作介质流量不同可分为定流量系统和变流量系统；按制热制冷是否使用同一换热器分为二管制和四管制。实际使用较多的是双位控制二管制变流量系统和连续控制二管制变流量系统。

一、双位控制二管制变流量系统

双位控制二管制变流量风机盘管系统自控方式，较简单易行，适用于控制精度要求不高的场合，节能效果不如变流量自控方式好。图 12-25 为双位控制二管制变流量系统原理图。风机盘管机组采用二管制水系统，二通电动调节阀调节，房间温度控制器选用简单的双位调节形式，手动三档开关选择风机的转速。由室内温度控制电动二通阀的启或闭。以夏季制冷为例，当室温高于设定上限值时，控制器 TC 输出为 1，使电动调节阀打开，冷冻水进入换热器，房间温度降低。当房间温度低于设定下限值时，控制器 TC 输出为 0，

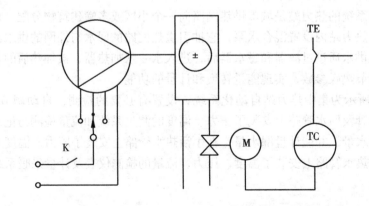

图 12-25　双位控制二管制变流量系统原理图

二通阀断电，自动切断水路。风机电路和水路电动调节阀门连锁，二通阀断电时风机停转。

二、连续控制二管制变流量系统

图 12-26 为连续控制二管制变流量系统原理图。其工作原理与双位控制二管制变流量系统相似。不同之处在于，温度控制器 TC 的输出信号随着室温变化而变化，通过电动阀门定位器改变电动双通阀的开度，从而使工作介质流量与实际负荷相适应。

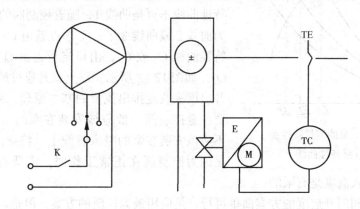

图 12-26　连续控制二管制变流量系统原理图

第八节　流体输送设备自动控制

流体的输送是一个动量传递过程，流体在管道内流动，从泵或压缩机等输送设备获得能量，以克服流动阻力，泵是液体的输送设备，压缩机则是气体的输送设备。

流体输送设备的基本任务是输送流体和提高流体的压头。在连续性生产过程中，除了某些特殊情况，如泵的启停、压缩机的程序控制和信号连锁外，对流体输送设备的控制，多数是属于流量或压力的控制，如定值控制、比值控制及以流量作为副变量的串级控制等。

一、离心泵的控制方案

离心泵是最常见的液体输送设备。它的压头是由旋转翼轮作用于液体的离心力而产生的。转速越高，则离心力越大，压头也越高。离心泵流量控制的目的是要将泵的排出流量恒定于某一给定的数值上。离心泵的流量控制大体有三种方法。

（一）控制泵的出口阀门开度

通过控制泵出口阀门开启度来控制流量的方法如图 12-27 所示。当干扰作用使流量发生变化偏离给定值时，控制器发出控制信号，阀门动作，控制结果使流量回到给定值。改变出口阀门的开启度就是改变管路上的阻力，阻力的变化引起流量的变化，这得从离心泵的特性加以解释。

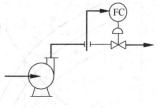

图 12-27　改变泵出口
阻力控制流量

在一定转速下，离心泵的排出流量 Q 与泵产生的压头 H 有一定的对应关系，如图 12-28 曲线 A 所示。在不同流量下，泵所能提供的压头是不同的，曲线 A 称为泵的流量特性曲线。泵提供的压头又必须与管路上的阻力相平衡才能进行操作。H 克服管路阻力所需压头大小随流量的增加而增加，如曲线 1 所示。曲线 1 称为管路特性曲线。曲线 A 与曲线 1 的交点 C_1 即为进行操作的工作点。此时泵所产生的压头正好用来克服管路的阻力，C_1 点对应的流量也即为泵的实际出口流量。

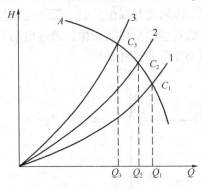

图 12-28　泵的流量特性曲线管路特性曲线

当控制阀开启度发生变化时，由于转速是恒定的，所以泵的特性没有变化，即图 12-28 中的曲线 A 没有变化。但管路上的阻力却发生了变化，即管路特性曲线不再是曲线 1，随着控制阀的关小，可能变为曲线 2 或曲线 3 了。工作点就由 C_1 移向泵的流量特性曲线 C_2 或 C_3，出口流量也由 Q_1 改变为 Q_2 或 Q_3，如图 12-28 所示。以上就是通过控制泵的出口阀开启度来改变排出流量的基本原理。采用本方案时，要注意控制阀一般应该安装在泵的出口管线上，而不应该安装在泵的吸入管线上（特殊情况除外）。这是因为控制阀在正常工作时，需要有一定的压降，而离心泵的吸入高度是有限的。

控制出口阀门开启度的方案简单可行，是应用最为广泛的方案。但是，此方案总的机械效率较低，特别是控制阀开度较小时，阀上压降较大，对于大功率的泵，损耗的功率相当大，因此是不经济的。

（二）控制泵的转速

当泵的转速改变时，泵的流量特性曲线会发生改变。如图 12-29 所示，曲线 1、2、3 表示转速分别为 n_1，n_2，n_3 时的流量特性，且有 $n_1 > n_2 > n_3$。在同样的流量情况下，泵的转速提高会使压头 H 增加。在一定的管路特性曲线 B 的情况下，减小泵的转速，会使工作点由 C_1 移向 C_2 或 C_3，流量相应也由 Q_1 减少到 Q_2 或 Q_3。

这种方案从能量消耗的角度来衡量最为经济，机械效率较高，但调速机构一般较复杂，所以多用在蒸汽透平驱动离心泵的场合，此时仅需控制蒸汽量即可控制转速。

（三）控制泵的出口旁路

如图 12-30 所示，将泵的部分排出量重新送回到吸入管，用改变旁路阀开启度的方法来控制泵的实际排出量。控制阀装在旁路上，由于压差大，流量小，所以控制阀的尺寸可以选得比装在出口管道上的小得多。但是这种方案不经济，因为旁路阀消耗一部分高压液

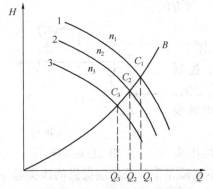

图 12-29　改变泵的转速控制流量

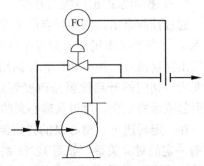

图 12-30　改变旁路阀控制流量

体能量，使总的机械效率降低，故很少采用。

二、往复泵的控制方案

往复泵也是常见的流体输送机械，多用于流量较小、压头要求较高的场合，它是利用活塞在气缸中往复滑行来输送流体的。

往复泵提供的理论流量可按下式计算：

$$Q = 60nFs \tag{12-1}$$

式中　Q——理论流量，m^3/h；

　　　　n——每分钟的往复次数；

　　　　F——气缸的截面积，m^2；

　　　　s——活塞冲程，m。

由上述计算公式中可清楚地看出，从泵体角度来说，影响往复泵出口流量变化的仅有 n、F、s 三个参数，或者说只能通过改变 n、F、s 来控制流量。了解这一点对设计流量控制方案很有帮助。往复泵常用的流量控制方案有三种。

（一）改变原动机的转速

这种方案适用于以蒸汽机或汽轮机做原动机的场合，此时，可借助于改变蒸汽流量的方法方便地控制转速，进而控制往复泵的出口流量，如图 12-31 所示。当用电动机作原动机时，调速机构较复杂，随着变频调速技术的发展，应用越来越广泛。

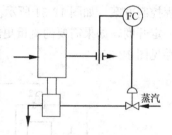

图 12-31　改变转速的方案

（二）控制泵的出口旁路

如图 12-32 所示，用改变旁路阀开度的方法来控制实际排出量。这种方案由于高压流体的部分能量要白白消耗在旁路上，故经济性较差。

（三）改变冲程 s

计量泵常用改变冲程 s 来进行流量控制。冲程 s 的调整可在停泵时进行，也有可在运转状态下进行的。

往复泵的出口管道上不允许安装控制阀，这是因为往复泵活塞每往返一次，总有一定体积的流体排出。当在出口管线上节流时，压头 H 会大幅度增加。图 12-33 是往复泵的压头 H 与流量 Q 之间的特性曲线。在一定的转速下，随着流量的减少压头急剧增加。因此，企图用改变出口管道阻力既达不到控制流量的目的，又极易导致泵体损坏。

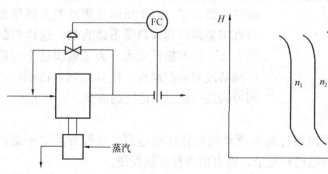

图 12-32　改变旁路阀开度控制流量　　　　图 12-33　往复泵的特性曲线

三、压气机的控制方案

压气机和泵同为输送流体的机械，其区别在于压气机是提高气体的压力。气体是可以压缩的，所以要考虑压力对密度的影响。压气机的种类很多，按其作用原理不同可分为离心式和往复式两大类；按进、出口压力高低的差别，可分为真空泵、鼓风机、压缩机等类型。在制订控制方案时必须考虑到各自的特点。

压气机的控制方案与泵的控制方案有很多相似之处，被控变量同样是流量或压力，控制手段大体上可分为三类。

（一）直接控制流量

对于低压的离心式鼓风机，一般可在其出口直接用控制阀控制流量。由于管径较大，执行器可采用蝶阀。其余情况下，为了防止出口压力过高，通常在入口端控制流量。因为气体的可压缩性，所以这种方案对于往复式压缩机也是适用的。在控制阀关小时，会在压缩机入口端形成负压，这就意味着，吸入同样容积的气体，其质量流量减少了。流量降低到额定值 50%～70%以下时，负压严重，压缩机效率大为降低。这种情况下，可采用分程控制方案，如图 12-34 所示。出口流量控制器 FC 操纵两个控制阀。吸入阀只能关小到一定开度，如果需要的流量更小，则应打开旁路阀 2，以避免入口端负压严重，两阀的特性见图 12-35。

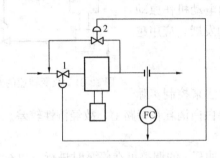

图 12-34　分程控制方案

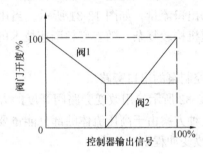

图 12-35　分程阀的特性

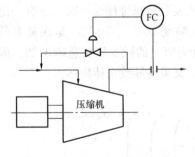

图 12-36　控制压缩机旁路方案

为了减少阻力损失，对大型压缩机，往往不用控制吸入阀的方法，而用调整导向叶片角度的方法。

（二）控制旁路流量

和泵的控制方案相同，如图 12-36 所示为控制压缩机旁路方案。对于压缩比很高的多段压缩机，从出口直接旁路回到入口是不适宜的。这样控制阀前后压差太大，功率损耗太大。为了解决这个问题，可以在中间某段安装控制阀，使其回到入口端，用一只控制阀可满足一定工作范围的需要。

（三）调节转速

压气机的流量控制可以通过调节原动机的转速来达到，这种方案效率最高，节能最好，问题在于调速机构一般比较复杂，没有前两种方法简便。

思 考 题 与 习 题

1. 常用计算机控制系统有哪些类型？
2. 画图表示利用热力膨胀阀对蒸发器进行控制的自控原理。
3. 画出空气静压自动控制原理图，并简述其工作过程。
4. 蒸汽加热器常用自控方案有哪几种？各有何优缺点？
5. 直接数字控制（DDC）的主要组成部分有哪些？
6. 集散控制系统有哪几部分组成？有何特点？
7. 微机监督控制系统按其结构分为哪两类？各有何优缺点？
8. 风机盘管空调系统双位控制二管制变流量系统和连续控制二管制变流量系统的自控方案有何异同？

参 考 文 献

1. 张子慧主编. 热工测量与自动控制. 北京：中国建筑工业出版社，1996.
2. 吕崇德主编. 热工参数测量与处理. 第2版. 北京：清华大学出版社，2001.
3. 严兆大主编. 热能与动力机械测试技术. 北京：机械工业出版社，1999.
4. 林宗虎编著. 工程测量技术手册. 北京：化学工业出版社，1997.
5. 宋文绪，杨帆主编. 自动检测技术. 北京：高等教育出版社，2001.
6. 叶江祺编著. 热工测量和控制仪表的安装. 第2版. 北京：中国电力出版社，1998.
7. 刘耀浩编著. 建筑环境与设备的自动化. 天津：天津大学出版社，2000.
8. 厉玉鸣主编. 化工仪表及自动化. 第3版. 北京：化学工业出版社，1999.
9. 梁德沛主编. 机械参量动态测试技术. 重庆：重庆大学出版社，1987.
10. 杨叔子，杨克冲主编. 机械工程控制基础. 武汉：华中理工大学出版社，1984.
11. 卢文祥主编. 机械制造中的测试技术. 北京：机械工业出版社，1981.
12. 杨黎明主编. 机电一体化系统设计手册. 北京：国防工业出版社，1997.
13. 徐惠民主编. 计算机基础与因特网应用教程. 北京：机械工业出版社，2001.
14. 赵恒侠主编. 热工仪表与自动调节. 北京：中国建筑工业出版社，1995.
15. 西安冶金建筑学院主编. 热工测量与自动调节. 北京：中国建筑工业出版社，1983.
16. 李金川主编. 空调运行管理手册. 上海：上海交通大学出版社，2000.
17. 刘国林主编. 建筑物自动化系统. 北京：机械工业出版社，2003.
18. 李金川主编. 空调制冷自控系统运行管理. 北京：中国建材工业出版社，2002.
19. 施俊良主编. 室温自动调节原理与应用. 北京：中国建筑工业出版社，1983.
20. 胡鼎昌主编. 测试基础. 北京：机械工业出版社，1985.
21. 高魁明主编. 热工测量仪表. 北京：冶金工业出版社，1989.
22. 厉玉明主编. 化工仪表及自动化. 第3版. 北京：化学工业出版社，1999.
23. 陶红艳，余成波主编. 传感器与现代检测技术. 北京：清华大学出版社，2009.
24. 刘传玺，袁照平主编. 自动检测技术. 北京：机械工业出版社，2008.
25. 张华，赵文柱编著. 热工测量仪表. 第3版. 北京：冶金工业出版社，2006.
26. 陈杰，黄鸿编著. 传感器与检测技术. 北京：高等教育出版社，2002.